空间自组织
与
建筑地域性

ARCHITECTURAL REGIONALISM IN
SPONTANEOUS BUILDINGS

卢健松　姜　敏　著

U0172530

中国建筑工业出版社

图书在版编目（CIP）数据

空间自组织与建筑地域性＝ARCHITECTURAL
REGIONALISM IN SPONTANEOUS BUILDINGS ／卢健松，姜
敏著. —北京：中国建筑工业出版社，2019.2
　　ISBN 978-7-112-23087-7

　　Ⅰ . ①空… Ⅱ . 卢… ②姜… Ⅲ . ①建筑设计-研
究 Ⅳ . ①TU2

　　中国版本图书馆CIP数据核字（2018）第291578号

责任编辑：刘　静
责任校对：张　颖
版式设计：锋尚设计

空间自组织与建筑地域性

ARCHITECTURAL REGIONALISM IN
SPONTANEOUS BUILDINGS

卢健松　姜　敏　著

*

中国建筑工业出版社出版、发行（北京海淀三里河路9号）
各地新华书店、建筑书店经销
北京锋尚制版有限公司制版
北京京华铭诚工贸有限公司印刷

*

开本：787毫米×1092毫米　1/16　印张：16　字数：395千字
2021年4月第一版　　2021年4月第一次印刷
定价：68.00元
ISBN 978-7-112-23087-7
　　（33173）

地方—认同

有关建筑地域性的讨论历久弥新，不单因为地域性是建筑的基本属性，而且源自人类本性中对家园故土的眷恋。政治、经济、地理、文化视野中的地域都不尽相同，地域可以是地图上一个抽象的部分，也可以是地球上一个具体的地区、地方或地点。它不仅是一个空间，一些物象的集合，也涵盖与生活息息相关的各个领域。地域的概念难以廓清，但有一点可以肯定，人类的建筑活动离不开一个具体的地点。每个地方都是特定的，在一片更大的自然和文化背景中沐浴着阳光。地方是一个具有身份与意义、可识别的地点，一个可以让人洞察其与居民关系的地点，一个奠定历史的地点（马克·奥日），人们在"此地"的特征和氛围中延展他的世界（马丁·海德格尔），地方是人的"存在之根"（诺伯格-舒尔茨），人类在此得以体验这种"地方感"的复杂诗学。建筑的基本任务就是以空间的方式维护和培育这种凝聚着人类意识和情感的"根性"，并将空间塑造为场所。

全球—地方

全球化的触角致使每个地方都在变化，正如萨斯科·萨森等社会学家指出的，全球化正在全方位地重塑世界。在全球化与地方化你死我活无休止的争论中，建筑师和规划师也扮演着重要的角色。越来越多的人对正在被全球化重构的当代社会持批评态度，认为全球化带来了地方的同质化，导致了"虚无"的普遍存在：从有意义到无意义，从独特到普遍，从时间依赖到永恒，从人类到非人类（乔治·里策尔）；地方在失去它的特殊性，在一个普遍循环和交换的怪圈里被还原为等价的替代品（马西莫·卡恰里）；有的学者认为现代化通信和交通手段建立的联系网络，消除了空间和距离所造成的隔阂，宣称地理时代即将结束，并且全球化将超越地方化取得最后胜利。也有许多学者另有所思：阿密和史瑞夫认为全球规则在进入具有不同历史、社会经济和传统的不同地点时会发生变化。因此，全球化不是暗示地点之间的同一性，而是对不同差异性的保留；曼纽尔·卡斯特认为互联网为我们社会和经济的所有基本活动提供了支柱，并形成了两种相互矛盾的空间形态：基于物理接触与主导体验的"地点的空间"，和由数字通信的全球—地方网络构成的"流动的空间"，但"地点的空间"不会在流动的世界中消失，它们依然会在构建生活和文化方面发挥主导作用；莎伦·左金认为，全球文化的传播可能会使地方在某些方面更趋于同质，而在其他方面则更加异质。她认为文化消费的增长和迎合这种消费的行业会激发城市的象征性经济，以及城市创造象征物和空间的能力。消费文化的混合景观展示出全球与地方文化的碰撞与互补，因而新的地方文化景观必将抹上全球化和地方适应的双重印记。当代社会全球化的流动，表面上削弱了我们与地方之间的联系，但人类身份认同的根本属性和特征无法让我们连根拔起。尽管全球化带来了同质性的变化，但也给不同地方的发展带来了新的机遇和可能。全球与地方的相互作用促使地方文化景观重构，也暗示了一个地方的动态变化或转型比单纯地延续传统更为可行。如果说"因地制宜"是中国人对地方精神的敬重，那么顺应全球化的潮流，"因势利导"应该是我们的胸怀。本来，地方的精神在人类的文明进程中始终在不断地吐故纳新。

地域—主义

"地域主义"是建筑领域对全球地方关系及建筑地域性问题的回应，从20世纪中期刘易斯·芒福德等人的主张到20世纪80年代以来利亚纳·勒费夫尔、亚历山大·楚尼斯以及肯尼斯·弗兰姆普敦的"批判性地域主义"，另有"进步的地域主义""反思的地域主义"种种，这些"主义"不但是对后现代历史主义幻象的抵抗，也试图为当代建筑如何在一个日益扁平的全球化世界中去唤醒地方精神出"主意"。斯蒂文·摩尔在2005年提出过"再生性地域主义"的思想和实践框架，将地域主义作为一种与当代生活条件密切相关的地方实践，试图拓展弗兰普顿过于狭隘的基于美学范畴的建筑主张。摩尔认为，人们不应该屏蔽日常生活的社会和物质环境，仅仅从高雅文化的审美角度来理解建筑。摩尔的"非精英化"观点，一方面可以看作是一种对弗兰姆普敦"批判性地域主义"的批判，另一方面我们也看到在全球—地方互动进程中一些新的趋向，强调专业和非专业的融合，重视当地的生产、生活、生态和技术条件，认为建筑师不仅仅设计"事物"本身，还要参与到地方整合的文化和生态过程中。建筑要融入生活。

日常—建筑

尽管当代建筑的论述大多钟情于非凡的项目，但对于建筑师来说，探索和了解普通平凡的日常建筑及其机制仍然至关重要，因为它们构建了我们生活环境的主导品质。基于对普通事物和日常生活的思考，黛博拉·伯克提倡一种日常建筑，认为在普通熟悉的事物中潜藏着诗意和慰藉。日常建筑不囿于先验的建筑风格或制式，在拒绝明星建筑和泛滥的商业文化的同时，关注多数人的需求，来回应文化和生活的多样性。伯克认为日常建筑具有"普通、匿名、直接、潜伏、不自觉、实用、感性"等特征。当然，日常建筑还是"没有建筑师的建筑"，这一源自鲁道夫斯基的称谓特指"乡土的、匿名的、自发的、本土的、乡村的"建筑，是由没有经过专业训练的建造者们，基于各自共同的文化传统和集体记忆，自发并持续的建筑活动的结晶，也是日常生活的真实体现。正如罗伯特·马奎尔早年在一次演讲中提到的，建筑应该"服务于生活"，建筑师应该从乡土建筑的适宜性和对日常生活的观察中汲取灵感，以便能在一个简单又经济的层面上从专业的角度来帮助和改善个人或社区的生活，而不是给他们带来负担。向日常生活学习是许多与马奎尔具有共识的建筑师的建筑之道。我们不否认每个城市都需要一些有品质的标志性的公共建筑，但不可能每一座建筑都是纪念碑。基于家庭生活直率诚实的日常建筑，表达个人具体而真实的意愿，颂扬普通人的发明与创造，应该是我们建筑师的一个重要参照。

"日常生活"这一术语有着两个平行的存在。其一源自亨利·列斐伏尔等的批判和文化理论，是在日益均质理性的现代社会对之前那种有着惊人多样性的日常生活的怀念。列斐伏尔的《空间生产》与作为严格视觉媒介的对"空间"的专业关注不同，他认为聚焦视觉会导致空间在体验和日常生活中的边缘化；另一种"日常生活"是建筑师的"日常生活"，是被列斐伏尔质疑的"一种将隐喻和视觉编码置于触感、参与和互动之上的方法"。列斐伏尔的日常避开了专业化的活动，属于生活和经验，是日常的苦痛与喜乐；建筑师的日常，表现为他们对日常生活和普通事物的关注与发现，并从中汲取灵感，激发联想。这种联想虽然属于"隐喻和视觉编码"的范畴，但其代码不完全是"自上而下"的专家代码，很大程度上反映了集体的需求和情感。如果说列斐伏尔的日常偏于理论，强调"自下而上"；建筑师的日常则更多地关注实践，是融入专业知识后对日常生活"自上而下"的关照，当然这种关照离不开专业技巧和美学。但是，日常生活可能仍然是不受大多数建筑师影响和吸收活力的领域。对于建筑师来说，这是一个真正的机会，进入到日常生活的真实，认识到设计与生活领域相互联系的必要性。毕竟，建筑服务于生活。

自发—建造

《空间自组织与建筑地域性》研究大量分散的独立营建何以呈现出整体性特质，是卢健松和姜敏在该领域的深耕之作。本书通过对那些超越专业和行业范围的建筑和居住活动的深切关注，对与百姓生活密切相关的自发性建造现象的深入系统研究，从一个崭新的视角，揭示了建筑地域性的内涵与生成机制，对建筑地域性的研究做出了重要的补充。作者在全球—地方互动关系的语境中，以其强烈的社会责任心、敏锐的感知和观察力，深入城乡聚落和社区，在百姓生活的人间烟火中寻找智慧，在普通匿名的日常建造中辨析道理，在司空见惯的残余碎片中寻找活力，从居民自发建造和邻里生活中领悟地方的精神，思考建筑的本质，服务于更和谐美好的生活！卢健松对自发性建造问题的关注始自他在清华读博求学期间，读到书稿，万分喜悦，也让我回想起清华园那段师生共度的美好时光，还有共同参与设计和建造的毛坪村小学，我们一起走在希望的田野上……

杂序为贺！

王路
于清华大学 2021年3月

前言

　　一定尺度的聚落，通过一定时长的演化，总是会在某些特性上趋同，形成有别于其他地区的共性特征，使建成环境呈现出地区的特有风貌。本书在自组织理论视野下，以自发性建造为对象，研究建筑地域性的生成机制及其应用。

　　作为地域建筑的重要特征，自发性是解析建筑地域性的密码。但建筑的自发性并未得到充分研究。本书引入自组织理论作为研究的框架，以历史地段、乡土村落、违建社区等自发性较强的聚落为对象，进一步阐释建筑地域性的生成原理。自发性建造在组织方式上与自组织系统一致，地域性理论与自组织原理在阐释目标上具有一致性。自组织理论框架下，建筑地域性可划分为自发、自觉、自省三个层面，自发层面的地域性是研究重点。建筑的地域性既源于建筑，也源于建造者所受的空间限制，并非自然、人文因素下的必然产物。

　　借助自组织理论框架，自发性建造可以表述为：为改善自身生存环境，以家庭为决策单元，不受外界特定指令控制，自主决策房屋的选址、形式、投资的行为或结果，是对传统民居，城乡住宅自建，城市违章建筑、加建、改建，街头经营设施搭建等行为中自组织特征的总结。作为一种基本的建造组织方式，自发性建造具有存在广泛性、实施开放性、表现多元性三个主要特征，其中实施过程中时间、人员、规则、形态、目的的开放性最为本质。作为大量个体行为的集合，自发性建造充分反映了建筑地域性自发生成的内在规律。

　　在空间自组织的研究中，建筑地域性的影响因素可分为：基本原理、理性要素、非理性要素三个层次。自发性建造系统中六个自组织属性：学习与记忆、形式与功能分离、结构动态适应、形式不可预测、短程通信、特征涌现，被用以对地域性进行再阐释，其中，短程通信与特征涌现揭示了建筑地域特征的生成机制：微观、随机、主观的因素经过产生、成核、达到临界值、形成序参量的过程后，可以对周边环境进行导控，是促进建筑地域性形成、变化的重要因素；建筑地域性是一定地区范围内，大量建筑物共性特征的涌现。

　　在认知建筑地域性生成机制的基础上，本书尝试探讨地域性由自发向自觉、自省转化的途径，着重阐释了主观、非理性的因素如何自下而上地推动建筑地域性的发展，进而思考建筑师介入乡村建设的途径，提出了"分层界定—模块重构""等价有效方法的界定应答"等设计方法。

目录
Contents

7

结语：自发生成的建筑地域性

1

迷失与滥用：当代建筑的地域之惑

丽江十字街（2010年）

> 要在这种种冲突中对地域主义进行反思——作为一种自下而上的设计原则，重释"地方性"在地理、社会、文化上的意义，而非那种陶醉于自恋的、自上而下的设计教条。[①]
>
> ——[荷] 亚历山大·楚尼斯（Alexander Tzonis）

1.1　地域之惑

并不清楚建筑地域性的范畴与含义，却又颇为自信地恣意妄用，这便是当代建筑学界对"地域性"一词的态度。信息化、全球化、网络化的时代，作为一种对抗全球文化趋同的手段，建筑地域性在得到越来越广泛的关注的同时亟须进一步阐释。

1.1.1　对地域性的关注

科技飞速进步，技术不断更新，20世纪的建筑让人忧喜参半。一方面，"大规模的工业技术和艺术创新造就了丰富的建筑设计作品；建筑师医治战争的创伤，造福大众，成就卓越，意义深远。"另一方面，"人类对自然和文化遗产的破坏正威胁着人类自身的生存。"[②]过度滥用的技术，高速发展的城市，使得各个地区的城乡面貌日渐趋同，特色丧失。1920年代现代主义兴起，国际主义风格横扫各地，简单的方盒子令人困倦；1960年代之后，纷繁复杂、莫衷一是的理论，形态各异的建筑作品则令人困惑。

在现代主义与民族风格之间不断地摇摆和反思中，中国的建筑设计行业走过了自己的20世纪。改革开放以来，高速发展的经济、快速增长的城市化水平使得城乡面貌发生了巨大的转变。各种文化设施、生活服务设施建成，建筑质量、人均居住面积不断提高，人们的精神与物质生活都得到了极大的改观。但与此同时，对现代生活的追逐中，"技术和生产方式的全球化带来人与传统的地域空间分离，地域文化的多样性和特色逐渐衰微、消失；城市和建筑物的标准化和商品化致使建筑特色逐渐隐退。建筑文化和城市文化出现趋同和特色危机。"[③]在我国设计行业完全

---

① 亚历山大·楚尼斯，利亚纳·勒费夫尔. 批判性地域主义——全球化世界中的建筑及其特性 [M]. 王丙辰，译. 北京：中国建筑工业出版社，2007：83.

② 以上引注：吴良镛. 国际建协《北京宪章》——建筑学的未来 [M]. 北京：清华大学出版社，2002：177.

③ 吴良镛. 国际建协《北京宪章》——建筑学的未来 [M]. 北京：清华大学出版社，2002：209.

对外开放之前①，建筑设计市场之上充斥着对国外建筑一知半解的模仿；之后，又成为各种新奇理念的实验场。大量草率廉价的复制品、光怪陆离的实验性建筑造成了当前建筑与城市的文化之殇。1990年代开始，"欧陆风"建筑的泛滥，目前"不顾条件地争请'洋'建筑师来本地创名牌②"，这些一脉相承的现象，不仅反映了文化上的怯懦，也体现出对建筑本质属性认知的含混。传统文化如何在现代语境下得以延续，东方文化如何与现代文明结合是众多建筑从业者共同的疑问。

作为对现代建筑的平衡，伴随现代建筑的产生，建筑的地域性一直备受关注。当前，在错综复杂的现实面前，呼唤建筑的地域性更是众多学者解决设计之中文化缺失、思维混乱的方法之一。千年流转之际，吴良镛先生1999年在《北京宪章》中重新郑重提出，要以"根植于地方文化的多层次技术建构"来回应当前这个"大发展、大破坏、大转折"的时代。

1.1.2　建筑地域性研究的困惑

然而，对建筑地域性的理解本身充满困惑。地域性与地方传统、民族主义、画境主义、后现代主义等概念夹杂不清，甚至扭曲为一种新的文化符号、时尚理念、消费概念③。作为建筑的本质属性之一，建筑地域性被简化为建筑与自然要素、人文要素、技术要素④之间的关联，建造者的主观因素、生活中的随机因素被忽略不计。建筑地域性的产生机制落入还原论的窠臼，无法描述其多样化的现实，解释其动态发展的原理；建筑地域性研究的两个主要方面，民居研究与当代地域建筑理论之间也缺少必要的交流，建筑地域性理论无法得到良好的应用。因此，在建筑地域性理论得到广泛关注的同时，进一步认识建筑地域性的生成机制，阐释其内涵尤为必要。

---

① 鉴于以下事件，文中以1990年代为分野，进行探讨。一是1986年，原国家计委、对外贸易经济合作部发布的《中外合作设计工程项目暂行规定》，明确了外国设计机构在国内设计的项目范围，以及项目主管部门对于外方设计机构的资格审查。2000年，建设部印发《建筑工程设计招标投标管理办法》，规定"境外设计单位参加国内建筑工程设计投标的，应当经省、自治区、直辖市人民政府建设行政主管部门批准"；二是对中外合作设计机构从业活动的规定。1992年，建设部和对外贸易经济合作部发布《成立中外合营设计机构审批管理规定》，允许国际市场上有较强竞争能力的注册设计机构或注册建筑师、注册工程师与中国境内设计单位开办中外合营设计机构。2000年，为了促进工程设计专业化的发展和设计水平的提高，建设部发布了《关于国外独资工程设计咨询企业和机构申报专项工程设计资质有关问题的通知》，允许外国设计机构在中国境内成立从事专项工程设计活动的独资设计企业，并可独立申请建筑装饰、建筑智能化等工程设计专项资质。

② 吴良镛.《中国建筑文化研究文库》总序（一）——论中国建筑文化的研究与创造［J］. 华中建筑，2002（6）：25-27.

③ 亚历山大·楚尼斯在《介绍一种当今的建筑趋势——批判性地域主义和体现独特性的设计思路》中也提及了"用于商业和宣传的地域主义"。亚历山大·楚尼斯，利亚纳·勒费伏尔. 批判性地域主义——全球化世界中的建筑及其特性［M］. 王丙辰，译. 北京：中国建筑工业出版社，2007：8.

④ 目前对建筑地域性的理解，对自然要素的重视是基本的共识，对人文要素的解读较为普遍，技术方面的观点大体可以分为三类：1）对技术进步表示忧虑与批判；2）材料、技术的革新不可避免，新技术与自然、人文相结合；3）适宜性技术研究。

1.2 自发生成的地域性①

作为地域建筑的特征之一，"自发性"的重要性并未得到充分认识。本研究试通过对"自发性"进行解读，对建筑地域性的内涵与生成机制做进一步的阐释（图1-1）。

1964年，伯纳德·鲁道夫斯基（Bernard Rudofsky）就已经指出乡土建筑具有地方性与自发性②。然而，长期以来"自发性"直接用以描述乡土建筑的特征，其内涵与重要性没有得到应有尊重，缺乏进一步研究。自组织理论描述了大量单元在与环境持续交换能量与补充物质的前提下，"自发形成结构"并在一定时期内保持稳定的现象。这个过程中，各个单元的状态、结构自发形成的各个环节都不可预言；单元在没有外界特定指令的前提下依靠自身的"自洽性"③形成结构。自组织结构成形的过程与一定地区内建筑共性特征形成的过程基本一致，自组织理论中的"自发性"与乡土建筑中的"自发性"现象颇为相似，具有可比性。因此本书认为：应通过对"自发性"的深入解读，拓展对建筑地域性的认知；"自发性"是促使地域共性成形的根本动力，是探讨建筑地域性生成机制的关键。为进一步论证该假设，本书以自组织理论为框架，以"自发性建造"为题拓展了乡土建筑的研究范畴，进一步认知建筑地域性的内涵与生成机制。

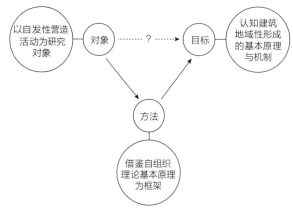

图1-1 本书论述的简要框架

---

① 吴良镛先生也表达过类似观点。"中国有句古话：'礼失而求诸野'（孔子言），意即通过诸如'采风'等活动，寻找已丢失的'礼'。这要从大地中去追求，从自然中去追求，从乡土人文中去追求，去吸取营养。所以，中国建筑要走自己的道路，走地区的道路。一切真正的建筑，就定义来说是区域的，仅从杂志缝里找建筑的未来是行不通的。众多的时髦建筑，喧闹一时，中断了源泉，不要让长时间终会枯萎下去。"吴良镛. 开拓面向新世纪的人居环境学——《人聚环境与21世纪华夏建筑学术讨论会》上的总结发言［J］. 建筑学报，1995（3）：9-15.

② "我们可以称之为地方的、无名的、自发的、土生土长的、乡村的，诸如此类。"参见：RUDOFSKY B. Architecture without Architects［M］. New York：Museum of Modern Art，1964：1，para2.

③ "自洽性：无论何物，它的出现必须与其自身以及其他所有事物是和洽的。"埃里克·詹奇. 自组织的宇宙观［M］. 曾国屏，吴彤，何国祥，等，译. 北京：中国社会科学出版社，1992：38-39.

1.3　礼失而求诸野①

1.3.1　真实且敏感

本书以"自发性建造"拓展地域性研究的对象范畴，研究建筑地域性的生成机制，并探讨其转换为建筑设计方法的可能性。研究过程中，不单把眼光投向历史，投向经典建筑，还将对乡村中平凡的农舍，城市居民自建、改建、加建等生存空间给予足够重视。这些平常建筑也许形式简陋、外形粗鄙，但其中蕴含的理性要素也许正是房屋建造所应当遵循的基本原理。我们追逐大师，在纷繁的流派之中苦苦辨析真理；崇尚经典，在一个个孤立的个案中寻求启迪，却忽视了从最基本的建造方式中寻找答案（图1-2）。

选择自发性建造作为本研究的对象，主要基于其真实性与敏感性。其真实性使得本研究可以

(a)

(b)

图1-2　自发性建造与地域性
（a）衡阳轮渡码头；（b）佛罗伦萨韦基奥大桥
资料来源：（a）作者自摄；（b）斯皮罗·科斯托夫. 城市的组合：历史进程中的城市形态的元素［M］. 邓东，译. 北京：中国建筑工业出版社，2008：226.

---

① 吴良镛先生也表达过类似观点。"中国有句古话：'礼失而求诸野'（孔子言），意即通过诸如'采风'等活动，寻找已丢失的'礼'。这要从大地中去追求，从自然中去追求，从乡土人文中去追求，去吸取营养。所以，中国建筑要走自己的道路，走地区的道路。一切真正的建筑，就定义来说是区域的，仅从杂志缝里找建筑的未来是行不通的。众多的时髦建筑，喧闹一时，中断了源泉，不要很长时间终会枯萎下去。"吴良镛. 开拓面向新世纪的人居环境学——《人聚环境与21世纪华夏建筑学术讨论会》上的总结发言［J］. 建筑学报，1995（3）：9-15.

抛开理论的纷争直接研究现象；其敏感性缩短了观测的时间与空间尺度。

1. 真实性

地域主义的实质是对场所、人的需求与材料特性的真实体现，亚历山大·楚尼斯甚至建议用"现实主义"取代"地域主义"，用"真实性[①]"来取代"地域性"的意义。而自发性建造质朴、纯真，是对一定地区内限定条件、生活方式、价值观念的直接反应，能更好地体现建筑的真实性。

2. 敏感性

建筑的地域特征处于不断的变化之中，不是静止孤立的现象，"建筑是以一种'活的'方式来满足我们'活的'需要[②]"。自发性建造对环境的变化反应敏感，应答及时，能较好地反映材料、形式的变化，体现地域建筑动态变化的实质。

1.3.2   民居到自建

为了有别于传统的乡土建筑研究，引入自组织原理对地域性进行解读，本研究冒昧地以"自发性建筑"为主题，概括乡村、城市的传统建筑、农民自建住宅、城市居民自建房、城市违建社区中的"自组织"特征。和预先统筹规划设计过的房屋相比，这些建筑数量庞大，由建造者、使用者独立地做出决策，自发地进行建造。

"自发性建筑"一定程度上替代了广义的"民居"或"没有建筑师的建筑"[③]。后面二者过多地与"乡土"相纠缠，以致无法涵盖更广泛的层面。一些学者已经意识到了第三世界国家中城市非正规社区与乡土建筑之间的相似性，如何进一步研究是值得拓展的话题。此外，研究者、规划管理者大加赞赏的传统村落，有时建成的时间还不到20年[④]，如何在民居研究中真正把"传统"作为一个动态的过程来对待，需要新的研究思路与方法。再者，"乡土"一词也无法很好地涵盖城镇民居[⑤]，如何将城镇与村落的民居[⑥]置于同一个研究视野之下平等地对待，也是困惑学者们的问题。

对自发性建造特征与内涵进一步的阐释，将在本书的第4章展开。

---

① 有关地域主义"Re-'gion'-alism"与现实主义、真实性"Realism"的论述，参见：亚历山大·楚尼斯，利亚纳·勒费夫尔. 批判性地域主义——全球化世界中的建筑及其特性 [M]. 王丙辰，译. 北京：中国建筑工业出版社，2007：2.

② Minnette de Silva的观点，参见：亚历山大·楚尼斯，利亚纳·勒费夫尔. 批判性地域主义——全球化世界中的建筑及其特性 [M]. 王丙辰，译. 北京：中国建筑工业出版社，2007：34.

③ 伯纳德·鲁道夫斯基在使用这个词时，已经将其限定为"乡土的"。"我们可以称之为地方的、无名的、自发的、土生土长的、乡村的，诸如此类。"参见：RUDOFSKY B. Architecture without Architects [M]. New York：Museum of Modern Art，1964：1，para2.

④ 我们在湖南邵阳城步进行苗寨调研的时候，大多数苗家住宅建于1980年代前后，是一个很好的佐证。台湾宝藏岩地区的保护也是一个很好的例子。

⑤ 李晓峰. 乡土建筑——跨学科研究理论与方法 [M]. 北京：中国建筑工业出版社，2005：2.

⑥ 传统城镇民居与乡村民居有区别；随着城市发展，乡村民居在农村和城市有不同的发展方式，"乡土"一词无法涵盖这些实际的研究需要。

1.3.3　自发、自建、自组织

本书在论述过程中引入了自组织系统的一般特征作为框架，涉及建筑地域性、自发性建造、自组织三个概念。

"建筑地域性"和"自发性建造"的概念含义丰富，后文还将深入探讨。此处着重梳理两个概念的起源、发展历程，关注两个不同的研究线索在什么语境、什么年代开始交融。

建筑的地域性是一个开放的概念，至今也没有统一的共识。地域主义是与地区性相关的主要理论，包括乡土主义以及现代地区主义两个基本组成[1]。乡土主义最早缘起于工艺美术运动中对乡土建筑的关注[2]，现代地域主义一般回溯到英国园林的画境风格[3]。但为作为建筑的基本属性之一，对建筑地域性的关注可以溯源到维特鲁威对建筑特征与气候关系的论述，本书表3-1梳理了工业革命前有关建筑地域性认知的主要观点。本书表3-3亦回顾了现代地域理论的主要观点及事件。19世纪末的工艺美术运动中，平凡的乡村景致开始进入建筑师的视野；1960年代，乡土建筑作为"自发"建成环境为人关注。雷蒙德·亚伯拉罕（Raimund Abraham）在1963年出版的《Elementare Architecture Architectonic》[4]一书中，高度礼赞了未经建筑设计自发建造的乡间磨坊、牛栏。1964年，伯纳德·鲁道夫斯基在《没有建筑师的建筑》（*Architecture Without Architect*）中则较早地以"自发性"作为特征描述了乡土建筑。自发性作为乡土建筑的基本特征得到研究者的广泛共识。2000年，阿拉蒂·沙里（Arati Chari）进一步阐释了乡土建筑的"自发性"内涵："传统建筑，尤其乡土建筑，它们的形式是对场地气候和地形制约的自发回应，也是对其与人们之间复杂结构（常常不可捉摸）的回应，从中我们可以领悟颇多，像他们一样扎根于'基于地志的共同感受'且更加深远地理解人们的处境。"[5]

与传统的、乡土的自发建造相比，对城市的自发建造一直存有偏见。对城市自发建造的研究，发轫于城市自发社区[6]，始于1960年代人类学家威廉·曼京（William Mangin）与建筑学者约

---

① 单军. 建筑与城市的地区性 [D]. 北京：清华大学建筑学院，2001：62-67.

② RICHARDSON V. New Vernacular Architecture [M]. London：Laurence King Publisher. 2001：6-18.

③ 亚历山大·楚尼斯和利亚纳·勒费夫尔在《批判性地域主义——全球化世界中的建筑及其特性》一书的前言部分对当代地域主义运动的发展历程做了清晰的描述，参见：亚历山大·楚尼斯，利亚纳·勒费夫尔. 批判性地域主义——全球化世界中的建筑及其特性 [M]. 王丙辰，译. 北京：中国建筑工业出版社，2007：6.
关于画境风格，另可参见：汉诺-沃尔特·克鲁夫特. 建筑理论史——从维特鲁威到现在 [M]. 王贵祥，译. 北京：中国建筑工业出版社，2005：184，186，187，189，193，194，211，250，256，265，326，501.

④ ABRAHAM R. Elementare Architecture Architectonic [M]. Salzburg：Pustet，2001. 初版时间为1963年。

⑤ CHARI A. A timeless tradition of open space [J]. THE HINDU Special issue with the Sunday Magazine，2000（6）.

⑥ 自发社区指城市贫困人口为解决住房问题自行建造的社区。联合国人居署2003年关于城市住区的报告指出："用以描述这类居住区的英文术语常常包括：自助社区、自建社区、自发社区、违章占地、违章社区、简陋住房区、贫民窟"。"贫民窟是城市当中被忽略的部分，这里房屋和设施都令人痛心的简陋。贫民窟，从肮脏的城市高密区到没有许可的、城市边缘地段蔓延的自发性社区，贫民窟有多种称谓：favelas，kampungs，bidonvilles，tugurios，yet share the same miserable living conditions。""这些社区规模各异，都体现出社区在城市中蔓延的自发性。"在报告的多处行文中，进一步指出违章社区中的自发性特点。参见：UN-HABITAT. The Challenge of Slums：Global Report on Human Settlements 2003（英文版）. 其中文版：联合国人居署. 贫民窟的挑战：全球人类住区报告 [M]. 于静，斯淙曜，程鸿，译. 北京：中国建筑工业出版社，2003：10，82.

翰·特纳（John Turner）对第三世界国家城市居民自建房的关注。约翰·特纳等人在最早的研究中，已经觉察到了贫困人口在违章社区建造中对资源、材料应用的创造力。但后续对城市自发社区的研究仍然较多地从社会性、经济学、城市规划视角与尺度着手，缺少对建筑层面的关注。1984年，杰西·W（Jerzy Wojtowicz）在其没有公开发行的小册子《违章立面》①里，探讨了自下而上的、政府监管之外的立面生成法则，探讨了自发性建造在香港这样一个现代化城市，如何以一种"with and without architecture"的状态存在着。2000年，N.J.哈伯拉肯（N.J.Habraken）的《寻常结构：建成环境中的形式控制法则》②对日常生活空间建构的现象与法则都给予了较为细致的研究，作者将建成环境当成一个自组织实体去理解、观察，改善、提升。

地域建筑、乡土建筑的研究与自发社区研究的交汇，得益于1988年阿摩斯·拉普卜特（Amos Rapoport）富于远见的文章《作为乡土建筑的自发社区》③。在这篇文章中阿摩斯·拉普卜特以乡土建筑为框架，对自发社区的建造进行了解读。尽管对城市自发建造的认知没有阿摩斯·拉普卜特那么彻底，1990年，保罗·奥利弗（Paul Oliver）在他关于世界乡土建筑的著作中，也意识到了自发社区的建筑与传统乡土建筑的相似性。保罗·奥利弗将城市低收入居民的自发性建造单独归于一章。在这一章当中，他把自发性社区中的自发性营建称为某种"大众建筑"，而未以乡土建筑命名。④1995年，彼得·奇力（Peter Kellet）与马克·纳丕尔（Mark Napier）赞同与回应阿摩斯·拉普卜特的论断，他们认为，"自发社区当中的房屋是乡土建筑中的一种，因为它们在没有专家干预的条件下由人们自行建造"。⑤彼得·奇力与马克·纳丕尔的文章⑥很好地展开了关于"违章建筑"的讨论，强调在关联其他因素例如贫穷，作为其起源与产生机制的前提下，对其形态学方面进行研究的重要性。在贫穷以及社会经济产生机制上，贫民窟已经有了很好的研究，与此同时，形式的潜能以及其作为住房的模式还没有得到充分的研究。作者通过实例得到启发，将贫民窟置于从乡土到学术的多重层面之下，指出了贫民窟与传统乡土建筑的相似之处。

我国对乡土建筑的关注由来已久。1926年社会研究所已经对北京郊外农村住宅进行了社会学

① WOJTOWICZ J. Illegal Facades［M］. Hongkong：Privately published，1984.

② HABRAKEN N J. The Structure of the Ordinary：Form Control in the Built Enviroment［M］. Cambridge，Massachusetts：The MIT Press，2000.

③ RAPOPORT A. Spontaneous Settlements as Vernacular Design［M］//PATTON，CARL V. Spontaneous Shelter：International Perspectives and Prospects. Philadelphia：Temple University Press，1988.

④ Rosalia Niniek Srilestari. SQUATTER SETTLEMENT？ VERNACULAR OR SPONTANEOUS ARCHITECTURE？ Case Study：Squatter Settlement in Malang and in Sumenep，East Java［J］. Kumpulan Dimensi Teknik Arsitektur，2005，33（2）：125-130.

⑤ BHARAT G. A Discourse in Transition？ Examining the idea of vernacular architecture through the case of slums as a vernacular form［M］// CEPT University. Papers presented at the 4th ISVS. Ahmedabad：Faculty of Architecture CEPT University，2008：90-99.
      作者注：ISVS全称为International Seminar for Vernacular Settlements，国际聚落乡土研讨会，至今举行了五届。CEPT全称Centre for Environmental Planning and Technology，是位于印度Ahmedabad的一所大学。

⑥ KELLETT P，NAPIER M. Squatter Architecture？ A critical examination of Vernacular theory and spontaneous settlement with reference to south America and south Afica［C］. TDSA：1995，11：7-24.

视角的考察。①在建筑界，1940年代梁思成在中国传统建筑的研究中对地域性做出了思考②。刘敦桢③、刘致平④等对四川李庄周边民居的调研更为详细具体。1980年代以后，随着快速城市化的进程及经济的发展，学者们对民居越来越关注，掀起了研究的热潮，成果丰富。1999年，王澍则以"业余建筑"为题，盛赞了非建筑师的创造（图1-3）。⑤

通过对建筑地域性、乡土建筑、城市自发社区研究历程的回顾，以下四个方面的内容需要进一步思考：1）尽管已经认识到自发社区与乡土建筑之间的共同之处，但并未以自发性作为基本特征对其进行总结，以相对完整的视野对建筑的地域性进行研究。2）虽然以乡土建筑为框架对自发社区进行了描述，却未从自发性社区的视角对建筑地域性研究进行补充。自发性建造对拓展建筑地域性的认识有何价值是尚未思考的问题。3）乡土建筑中蕴含的地域性，如何在当代语境下得以应用。4）作为一种思考方式，地域主义本身具有批判性；作为建筑本质属性，地域性必定具有批判性吗？如何认知其间的差异，需要在当代语境下做进一步研究。

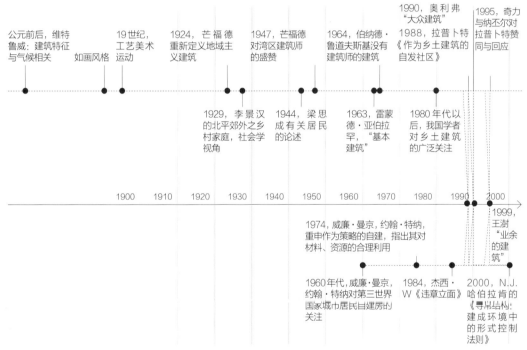

图1-3　建筑地域性与自发性建造的研究脉络及其交汇

① 李景汉. 北平郊外之乡村家庭［M］. 上海：商务印书馆，1929.

② 梁思成. 中国建筑史［M］. 天津：百花文艺出版社，1991. 研究时间是按照相关回忆文章《李庄与梁思成的〈中国建筑史〉》（http://heritage.news.tom.com/Archive/2001/7/4-77478.html）写的。

③ 刘敦桢. 中国住宅概说［M］. 天津：百花文艺出版社，2004. 研究时间按照序言的时间"刘敦桢1956年9月于中国建筑研究室"定的。具体是1953～1956年间。

④ 刘致平. 中国建筑类型及结构：第三版［M］. 北京：中国建筑工业出版社，2000：9-11. 研究时间一栏是按照一版序言的时间定的。

⑤ 王澍. 业余的建筑［J］. 今日先锋，1999（8）：28-32.

本研究拟以自组织系统的基本特征为框架，在街区、村落及其以下的空间尺度上进一步探究自发性建造中的地域性。自发性建造所形成的聚落与自组织系统相似的组织方式，以及地域性研究与自组织系统对单元与系统在时空纬度的相干性共同的关注，奠定了进一步研究的基石。除此，作为一个目标模糊、构成复杂的动态系统，建成环境在自组织理论的基本研究中早已饱受关注[1]，自组织原理业已在城市地理、城市规划等层面广为应用[2]，同济大学綦伟琦在其博士论文《城市设计与自组织的契合》中探讨了自组织理论在城市设计尺度下的应用[3]。另外，文化系统是自组织的[4]，建筑文化也是自组织的，清华大学侯正华在博士论文《城市特色危机与城市建筑风貌的自组织机制》中通过大量数据分析证明建筑风貌的形成具有自组织特征[5]。自发性建造的单体具有较强的开放性，对环境变化较为敏感，应答较为及时，所构成的聚落具有明显的自组织特征。因此，在自发性建造视野下，在聚落空间尺度里以自组织机制对建筑地域性进行探讨，具有可行性。

1.4   路上观察及定性融贯

1.4.1   路上观察

建筑地域性研究，要将形式、材料、尺度等要素与所处环境的自然、人文背景相互关照，只有亲临现场，才能迅速有效地把握影响建筑形态生成的重点因素。此外，由于自发性建造中的群众智慧蕴含在大量细节之中，不到现场体验很难获取。因此，本研究是研究者们亲临现场，在大量拾荒式的素材积累的基础上，结合自组织理论分析形成的。

1.4.2   定性关联

"人的复杂性和历史不能用精致的公式来概括。"[6]本研究主要目的是通过对自发性建造的解

---

① 参见：约翰·霍兰. 隐秩序：适应性造就复杂性［M］. 周晓牧，韩晖，陈禹，等，译. 上海：上海科技教育出版社，2000：1；克劳斯·迈因策尔. 复杂性中的思维：物质、精神和人类的复杂动力学［M］. 曾国屏，译. 北京：中央编译出版社，1999：346.

② 在城市人文地理、经济地理学科方面的总结，参见：袁晓勐. 城市系统的自组织理论研究［D］. 吉林：东北师范大学，2006. 城市规划方面参见：张勇强. 城市空间发展自组织与城市规划［M］. 南京：东南大学出版社. 2006.

③ 参见：綦伟琦. 城市设计与自组织的契合［D］. 上海：同济大学建筑与城市规划学院，2006.

④ 参见：保罗·西利亚斯. 复杂性与后现代主义——理解复杂系统［M］. 曾国屏，译. 上海：上海译文出版社，2006：126-125.

⑤ 参见：侯正华. 城市特色危机与城市建筑风貌的自组织机制［D］. 北京：清华大学建筑学院，2003.

⑥ 阿摩斯·拉普卜特. 宅形与文化［M］. 常青，徐菁，李颖春，等，译. 北京：中国建筑工业出版社，2007：10.

读，寻找建筑地域性自发生成的规律；在人居环境的微观尺度上建立一种自组织观念，并寻找应用的可能。影响建筑形态的因素，数量众多，变化迅速，关系复杂；除此，建成环境作为复杂体系，建筑创作活动创新性极强，输入条件的微小变化也会导致结论的重大变化。因此，依靠数据的研究方法缺少实效性、灵活性，在实际工程中可操作性不强。本研究通过定性的研究，建构诸多要素以及要素与主体之间的关联，进而探讨建筑地域性的生成机制，思考在建筑设计中应用、转化的可能。

1.4.3　综合融贯

"从外围学科中有重点地抓住建筑学的有关部分，加以融会贯通。"[①]本书探讨的核心是建筑的材料、形式、尺度等基本问题，但力图从多学科的视角来分析认知这三个基本问题所关联的自然、人文背景。通过引介自组织研究当中的有关耗散结构判定以及复杂系统的一般性特征作为框架，将其作为一种哲学思考方法，探讨自发性营造过程中，独立的营建活动如何展现出共同的特征并形成地域风貌。

1.4.4　时空比较

研究建筑的地域性，不可避免地涉及特定建筑在时空体系中的定位。因此，在认识气候、地形、文化、经济背景的前提下，有必要对不同时代、不同地域的建筑在材料运用、构造方法进行比较研究。比较主要从以下四个方面着手：1）跨地区比较，认知自然因素对建筑地域性的影响；2）跨时间比较，认知历时性因素对建筑地域性的影响；3）城乡比较，同一地区城市与乡村建筑的地域性进行比较，以及不同经济条件制约下建筑地域性体现方式的不同的比较；4）他组织与自组织模式比较，不同建设管理制度下，建成风貌的比较。

通过四个不同方面的比较，可以筛选出不同环境条件下影响建筑地域性生成的不同敏感因素。这四项比较中，同一地区不同造价建筑物之间，地域性凸显的不同方式长期为人忽视。

---

① 吴良镛. 人居环境科学导论. 北京：中国建筑工业出版社，2002：106.

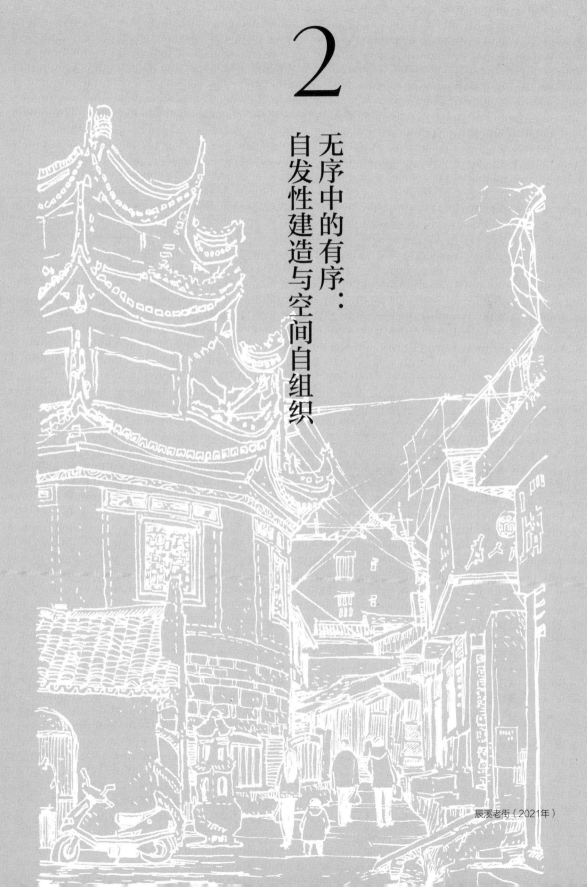

2

无序中的有序：自发性建造与空间自组织

辰溪老街（2021年）

　　自组织原理通常用来阐释大量个体，在没有外界特定指令下由无序向有序，由一种有序向另一种有序的演化过程。为考察自发建造中的地域性，搭建一个概念框架，可以将自发建造视为一种自组织结构。

　　本章通过分析自组织原理与地域性研究、自发性建造之间的关联，建构三者之间的联系，构建研究的概念框架（图2-1）。

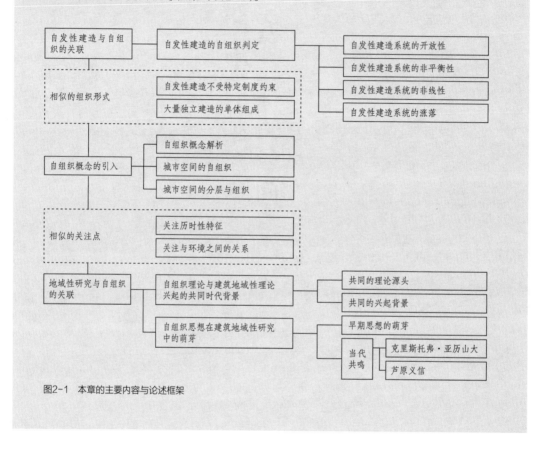

图2-1　本章的主要内容与论述框架

2.1　自组织的基本原理

　　自组织研究中的一些基本理论作为一种思考方法[①]引入本研究。作为一个正在完善并不断发展的学科，自组织理论本身还不是统一的理论，而是一个理论群，但自组织在各个学科都有广泛

① 吴彤. 自组织方法论研究［M］. 北京：清华大学出版社，2001：1. 原文观点节录如下：在这点上，我认为，复杂性科学、非线性科学以及自组织理论并不为他们的思想进行辩护和证明，但是，我赞成后现代思想或我与后现代思想一致的地方是，它打破了认为只有一种方法才是唯一科学的观点，打破了方法唯一的普遍主义神话。

应用。在空间研究方面，已经在城市地理、城市土地利用、城市管网综合等方面做了有益的探索；在较为微观的层次上，自组织规律的探讨相对较少。

以自组织原理合理地阐释建筑地域性的生成机制，"有助于我们人类了解和掌握，在什么情况、条件下运用何种方式，如何进行有效转化，才能取得最优化、最有价值的结果"①，"通过自组织方法论，自然界中纯粹自发的自组织的发展，在人类演化中成为一种自觉的行为"②。对于城市与建筑而言，关注自发性，强调其自组织特征，并非以放任自流的态度对待当今城市与乡村建设，而是寻找一个地区特有的"基本原理"以及更为本质的"隐藏的秩序"，并实现其在设计原理与管理方法上的合理转化以改善城乡面貌。

本节试从基本概念、学科构成、自组织与他组织三个方面认识自组织。

2.1.1　自组织概念解析

2.1.1.1　基本概念

20世纪以来，随着人类探索世界的时空尺度、跨度的增加，牛顿力学不再是人们认知世界和改造世界的唯一钥匙，复杂性科学应运而生。而"自组织研究，是复杂系统中，最核心的财富和理论"。③

自组织的概念最初在协同学（赫尔曼·哈肯，1976）和耗散结构理论（伊利亚·普里戈金，1977）④的研究中确立。"协同学"创始人赫尔曼·哈肯（Hermann Haken）1976年提出了"自组织"的概念，并对自组织给出了具体的定义，获得较为广泛的认同："如果一个体系在获得空间的、时间的或功能的结构过程中，没有外界的特定干涉，我们便说该体系是自组织的。这里'特定'一词是指，那种结构或功能并非外界强加给体系的，而且外界是以非特定的方式作用于体系的。"⑤他用一个通俗的例子描述了自组织与组织之间的区别。一群工人，"如果每一个工人都是在工头发出的外部命令下按完全确定的方式行动，我们称之为组织，或更严格一点，称它为有组织的行为。……如果没有外部命令，而是靠某种相互默契，工人们协同工作，各尽职责来生产产品，我们就把这种过程称为自组织。"

① 吴彤. 自组织方法论研究［M］. 北京：清华大学出版社，2001：14.

② 同上：24.

③ PORTUGALI J. Self-Organization and the City［M］. Berlin：Springer Verlag . 2000：9-16.

④ 自组织概念是一个逐步完善的概念。很难界定谁最终给定了自组织的全面定义。转引自：吴彤. 自组织方法论论纲［J］. 系统辩证学学报，2001，9（3）：4-10.

⑤ 赫尔曼·哈肯. 信息与自组织［M］. 郭治安，译. 四川：四川教育出版社，1988：29.
转引自：吴彤. 自组织方法论纲. 系统辩证学学报，2001，9（3）：4-10.
HAKEN H. Informa toin and Self-organizatoin：A M acroscopic Approach to Complex Systems［M］. Berlin & New York：Springer-Verlag，1988. 11.

　　保罗·西利亚斯（Paul Cilliers）将自组织现象总结为，"自组织是复杂系统的一种能力，它使得系统可以自发地、适应性地发展或改变其内部结构，以更好地应付或处理它们的环境"。[①]作为宇宙固有的动力学原理，自组织现象不仅存在于化学、物理等各个自然科学的领域，而且广泛存在于生命系统与非生命系统[②]。城市作为复杂的巨系统，既作为案例阐释自组织的基本原理[③]，同时也借鉴自组织的相关原理得到发展（图2-2）。

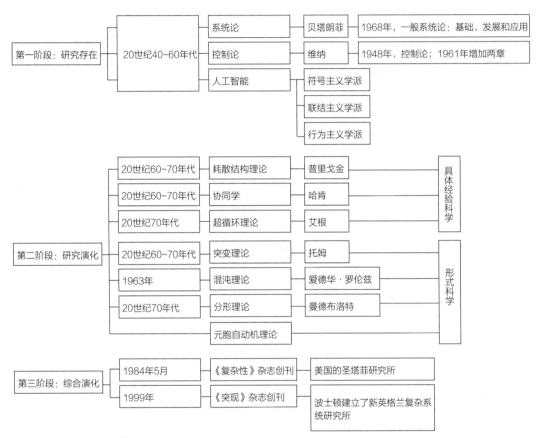

图2-2　复杂性研究的历程[④]
资料来源：根据金吾伦，郭元林. 复杂性科学及其演变［J］. 复杂系统与复杂性科学，2004，1（1）：1-5；张强. 突变理论中的哲学问题初探［J］. 陕西师范大学学报（哲学社会科学版），2001，30（4）：73-75. 等相关文章整理。

---

① 保罗·西利亚斯. 复杂性与后现代主义——理解复杂系统［M］. 曾国屏，译. 上海：上海译文出版社，2006：125.

② 相关观点参见：埃里克·詹奇. 自组织的宇宙观［M］. 曾国屏，吴彤，何国祥，等，译. 北京：中国社会科学出版社，1992：26；王诺. 系统思维的轮回［M］. 大连：大连理工大学出版社，1994：96.

③ 参见：约翰·霍兰. 隐秩序：适应性造就复杂性［M］. 周晓牧，韩晖，陈禹，等，译. 上海：上海科技教育出版社，2000：扉页，1，3.

④ 根据：金吾伦，郭元林. 复杂性科学及其演变［J］. 复杂系统与复杂性科学，2004，1（1）：1-5. 等相关资料整理。

2.1.1.2　学科构成

作为一种哲学思考方式，自组织理论的引介，用以帮助思考自发性营造过程中个体与群体、无序与有序、必然与偶然等命题的答案[①]。作为复杂性研究的重要发展阶段，自组织理论是一个不断融合发展的学科集群，主要包括耗散结构理论、协同学、突变论、超循环理论、分形理论和混沌理论，其前期理论还可以包括朗道的"相变理论"和计算机理论中的"自动机理论"[②]（图2-2）。

自组织的研究成果主要集中在复杂性研究的第二阶段，主要"研究演化，研究系统从无序到有序或从一种有序结构到另外一种有序结构的演变过程"。[③]可以分为具体经验科学与形式科学两个大的方面。了解自组织理论在复杂性学科中的地位，其具体的学科组成，可以更清晰的了解其理论发展的脉络，宏观的定位其学术思想。清华大学吴彤在其《自组织方法论》一书中，对各个理论的内涵与关联做出了进一步的分析，就每一个理论的方法在整个自组织方法论中的地位进行讨论，认为各个理论在"自组织理论对世界认识的图像中都占据一席之地，都具有特殊的方法论的'生态位置龛'"。对各个理论之间的相互关系与作用可以用图来表示[④]（图2-3）。

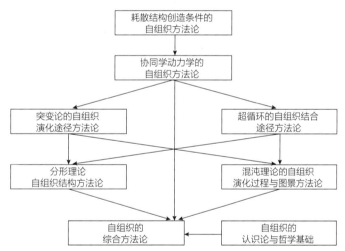

图2-3　各个自组织方法论的关系
资料来源：吴彤. 自组织方法论研究［M］. 北京：清华大学出版社，2001：22.

---

① 其中，耗散结构理论对耗散结构（自组织系统）的判定，协同学中系统各个因子的协同作用方式对本文的研究具有很大的启发作用。分形理论对建筑学研究亦有启发，在地域性形成的研究当中，芦原义信的观点深受其启发。但各个学科的具体内涵在此不作详细解释，可以参见：吴彤. 自组织方法论研究. 北京：清华大学出版社，2001. 中相关内容。

② 它包括"耗散结构""协同学""突变论""超循环""混沌学"理论。参见：吴彤. 自组织方法论研究［M］. 北京：清华大学出版社，2001：2.

③ 根据：金吾伦，郭元林. 复杂性科学及其演变［J］. 复杂系统与复杂性科学，2004，1（1）：1-5. 等相关资料整理。

④ 综合的自组织方法论，即：开放系统，创造条件，加强物质、能量与信息的输入，促使自组织过程得以产生；激励系统内部子系统的非线性相互作用，通过竞争、合作推动系统产生整体新的模式与功能；通过循环耦合，突变渐变途径，使得系统得以维持自组织演化的多样性，增强有序程度和关联程度，通过自相似构建和寻求混沌临界点或域，将系统的演化推进到最大的复杂性可能空间，创造演化有序发展的良机。
参见：吴彤. 自组织方法论研究［M］. 北京：清华大学出版社，2001：23.

2.1.1.3 "自组织"与"他组织"[①]

埃里克·詹奇（Erich Jantsch）在《自组织的宇宙观》开篇引用了《庄子·秋水》中的话："尽师是而无非，师治而无乱乎。是未明天地之理，万物之情者也"[②]。对事物对立面的关注，有利于更深地把握事物本身的性质。"自组织"与"他组织"是一组对立存在的基本概念，辨证理解二者的关系，有助于理解城市发展中"自下而上""自上而下"不同策略的关系，进一步阐释自发性建造的内涵（表2-1）。

组织、非（无）组织、自组织和被组织的概念关系   表2-1

总概念	组织（有序化、结构化）		非或无组织（无序化、混乱化）	
含义	事物朝有序、结构化方向演化的过程		事物朝无序、结构瓦解方向演化的过程	
二级概念	自组织	被组织	自无序	被无序
含义	组织力来自事物内部的组织过程	组织力来自事物外部的组织过程	内部的无序过程非组织作用来自事物	非组织作用来自事物外部的无序
典型	生命的生长	晶体、机器	生命的死亡	地震下的房屋倒塌

资料来源：吴彤. 自组织方法论纲［J］. 系统辩证学学报，2001，9（3）：4-10；吴彤. 自组织方法论研究［M］. 北京：清华大学出版社，2001：10.

作为不可分割的统一体，自组织与被（他）组织对立存在。"所谓自组织系统即指：无需外界特定指令而能自行组织、自行创生、自行演化，能够自主地从无序走向有序，形成有结构的系统。"[③]"所谓他组织是指这样的系统：它不能自行组织、自行创生、自行演化，不能够自主地从无序走向有序，而只能依靠外界特定的指令来推动组织向有序的演化，从而被动地从无序走向有序。"[③]二者之间的关系，可以比较清晰地用表格表示（表2-2）。城市、街区、建筑在一定时段内，可以看作不同尺度层级下，自组织与他组织共同作用的物质空间，具体的论述将在后文展开。

组织、自组织和被组织   表2-2

组织	自组织	无外界特定干预自演化
	被组织	在外界特定干预下演化

资料来源：吴彤. 自组织方法论纲［J］. 系统辩证学学报，2001，9（3）：4-10；吴彤. 自组织方法论研究［M］. 北京：清华大学出版社，2001：9.

---

① 吴彤在《自组织方法论研究》第6~12页中，讨论了组织、被组织、自组织、他组织之间的异同，其中，与苗东升教授在他组织与被组织概念上的讨论、辨析，对建筑学问题上理解自组织概念影响不大，因此在本文的行文当中，不去界定二者的区别。

② 语出《庄子·秋水》，意思是：如果肯定自己的"是"而否定"非"，自以为能"治"而否定"乱"，这就是不明白天地万物变化的规律和道理啊。

③ 吴彤. 自组织方法论研究［M］. 北京：清华大学出版社，2001：3.

"组织"本身可以做名词抑或动词理解[①]，对于城市、街区，甚至建筑，也都可以从动词或者名词的角度来理解：既可以从名词的角度将城市、街区或建筑理解为某个特定时间点的具体结构，也可以从动词的角度来将其理解为动态发展的组织过程（表2-3）。

自组织与他组织的概念名词性与动词性　　　　　　　　表2-3

作为存在物或名词		作为行为或动词	
自组织	他组织	自组织	他组织
没有特定外部作用下自行建立起有序结构的对象群体	在特定外部作用干预下获得有序结构的对象群体	一种有序结构自发形成、维持、演化的过程，即在没有特定外部干预下由于系统内部组分相互作用而自行从无序到有序、从低序到高序、从一种有序到另一种有序的演化过程	系统按照特定的外部指令作用从无序到有序、从低序到高序、从一种有序到另一种有序的演化过程
飞鸟适于飞行的身体结构，包括体形、肌肉、骨骼、翼展等	飞机适于飞行的结构	飞鸟身体长期自然进化的过程	参照飞鸟结构，结合空气动力学原理的飞机设计与制造过程

资料来源：吴彤. 自组织方法论论纲［J］. 系统辩证学学报，2001，9（3）：4-10；吴彤. 自组织方法论研究［M］. 北京：清华大学出版社，2001：10.

2.1.2　城市研究中自组织与他组织

"建筑和城市中的这些特质不能建造，只能间接地由人们日常活动来产生，正如一朵花不能制造，而只能从种子中产生一样。"[②]

城市是一个自组织与他组织共同作用下的复杂系统。当前，对城市的自组织性还需要进一步认识，"人们仍然坚持把现代的城市看成是由市长管辖的那些区域，而从未认识到我们生活其间的真正的城市是一个由许多互相连接的聚居构成的城市系统"。[③]

对于城市空间而言，自组织和他组织这一组对立的概念同时存在。不同的城市发展阶段侧重点不同。城市形成的初期，尤其以集市、交易点为核心形成的集镇，一般以居民的自发聚集为主，建筑的形式、尺寸、位置都缺少约束，以自发性为主要特征；而城市迅速发展之后，为了实现大规模的聚居，城市设计与管理的重心在于以规划、法规、制度约束土地的利用，避免城市的无序发展，减少居民之间的干扰；在信息化社会，对个性的强调，对千篇一律的城市景观的反思，"人"不再被简单地处理为概念上的"平均人"，而作为一个个性格鲜明的个体对待，自组织思想有了新的价值。

除却城市本身发展的阶段不同，自组织与他组织的辩证关系还体现在观察城市的尺度与距离上。不同的空间观察层次上，自组织与他组织的侧重不同。城市既可以视为一个由法规控制管理的系统，强调其"他组织"特征，也可以视为更大层次的城市群体中的一个点，视为"自组织"

---

① 吴彤. 自组织方法论论纲［J］. 系统辩证学学报，2001，9（3）：4-10.
　　吴彤. 自组织方法论研究［M］. 北京：清华大学出版社，2001：6.

② C. 亚历山大. 建筑的永恒之道［M］. 赵冰，译. 北京：知识产权出版社，2002：2.

③ C. A. 道萨迪亚斯的观点，转引自：吴良镛. 人居环境科学导论［M］. 北京：中国建筑工业出版社，2001：225.

体系下的一个元素①。总之，城市的形成与发展既不是少数人意志的忠实体现，也不是完全随意的个体聚集，城市是自组织与他组织博弈与均衡下的产物。

2.1.2.1　城市空间的复杂性

从1960年代开始，规划学者就逐渐认识到城市也是一个复杂的综合体。这种复杂性，一方面源于影响城市发展的因子数量庞大，它们之间相互影响、关联，形成复杂的网络关系，同时也源于城市是由人类聚居而成，大量的有独立意识的人聚居在一起，各自不同的意愿、诉求以及行为，使得城市异常复杂。"人与城市的关系恰恰产生出城市系统整体的复杂性"②。1961年简·雅各布斯（Jane Jacobs）在《美国大城市的死与生》中指出："城市作为人类聚居的产物，有成千上万的人聚集在那里，而这些人的兴趣、能力、需求、财富甚至口味又都千差万别，他们之间相互关联的同时又不断地相互适应，结果产生了错综复杂并且相互支持的城市功用，并形成富有活力的丰富多彩的城市空间。"她认为这种复杂性表现为城市的多样性，并称"多样性是大城市的天性"。③

这种复杂性体现在日常生活当中，约翰·霍兰（John Holland）在《隐秩序：适应性造就复杂性》中描述到：尽管没有一个"中央计划委员会"之类的机构，城市却能有效地、协调地应付无数来自日常生活的、琐细的需求。"买者、卖者、管理机构、街道、桥梁和建筑物都在不停地变化着"，但城市的整体结构基本稳定；不单是城市，对于整个人居环境，尽管"没有哪个组成要素能够独立地保存不变"，但整体结构却延续下来，"正如急流中一块礁石前的驻波"④，是一个动态的稳定模式。城市的自组织特征逐渐被研究者们关注，并得到更为清晰的描述。"对比一下晶体与城市，晶体是一个可以在真空中保持的平衡结构。如果把城镇孤立起来，它就会消亡。⑤""城市系统与外部世界有若干种交换。因此，它可以被解释为一种耗散结构，用一种复杂动力学系统来建模⑥。"

① 城市是城乡特性之下的子系统，这种观点可以从后续关于层次划分的论述中得到进一步阐释。以下观点可以帮助在自组织视野下进行解读，聊作参考。"Ward D. P不再单纯把城市系统看成是一个自组织系统，而是把城市发展看作一个受到大尺度因素限制和修改的局部尺度上的自组织过程，在模拟时更多考虑宏观外部因素的影响。"参见：房艳刚，刘鸽，刘继生，等. 城市空间结构的复杂性研究进展［J］. 地理科学，2005，25（6）：754-761.
② 参见：张勇强. 城市空间发展自组织与城市规划［M］. 南京. 东南大学出版社. 2006：47，63.
③ 刘洋. 混沌理论对建筑可持续发展的启示［G］//中国建筑学会2003年学术年会论文集，2003：100-106.
④ 约翰·霍兰. 隐秩序：适应性造就复杂性［M］. 周晓牧，韩晖，陈禹，等，译. 上海：上海科技教育出版社，2000：1.
⑤ 伊利亚·普里戈金. 确定性的终结：时间、混沌与新自然法则［M］. 湛敏，译. 北京：上海科技教育出版社，1998：49.
⑥ 克劳斯·迈因策尔. 复杂性中的思维：物质、精神和人类的复杂动力学［M］. 曾国屏，译. 北京：中央编译出版社，1999：346.

2.1.2.2　城市空间的自组织与他组织

尽管没有使用专门的术语进行概括，城市建造过程中"他组织"与"自组织"并存的现象一直得到关注。约瑟夫·里克沃特在《城之理念》一书中谈到两种不同的营造方式，"城市是被居民们一点一点地建造起来的，或者被开发商或当权者成片成片地建起来的"[1]。类似的观点，广泛散见于各种关于城市发展历史研究的书籍当中（表2-4）。尽管有不同的划分方法，但都明确了：1）城市发展历程中自组织与他组织并存；2）不同历史阶段，制约城市形态发展的主要因素并不相同，随着社会进步，自组织抑或他组织的主导地位可以转换。

聚落发展与自组织特征　　　　　　　　　　　　　表2-4

人物	无组织	自组织特征明显	他组织特征明显		自组织特征明显
斯皮罗·科斯托夫 （Spiro Kostof）[2]		未经规划的城市	经规划的城市		
吴良镛[3]		不规则城市[4]	规则城市（北京）		
陈训炬[5]		天然形成式样	人工造成式样		
约瑟夫·里克沃特 （Joseph Rykwert）[6]			古代"封闭"的城市	今天"开放"的城市	
费尔南·布罗代尔 （Fernand Braudel）[7]		开放性城市	封闭性城市	服从性城市	
斯皮罗·科斯托夫[7]		前工业城市	工业城市	社会主义城市	
凯文·林奇 （Kevin Lynch）[8]			宇宙模式城市	实用城市	有机城市

① 约瑟夫·里克沃特. 城之理念——有关罗马、意大利及古代世界的城市形态人类学［M］. 刘东洋，译. 北京：中国建筑工业出版社，2006：11.

② 斯皮罗·科斯托夫. 城市的形成：历史进程中的城市模式和城市意义［M］. 单皓，译. 北京：中国建筑工业出版社，2005：13，43.

③ 吴良镛，人居环境科学导论［M］，北京：中国建筑工业出版社，2002：P143.

④ 南京、镇江、福州，不规则城市未必是未经规划的，详参见原文，辨证理解。

⑤ 陈训炬. 都市计划学［M］. 台北：台湾商务印书馆，1978.

⑥ 约瑟夫·里克沃特. 城之理念——有关罗马、意大利及古代世界的城市形态人类学［M］. 刘东洋，译. 北京：中国建筑工业出版社，2006：11.

⑦ 费尔南·布罗代尔的观点。斯皮罗·科斯托夫. 城市的形成：历史进程中的城市模式和城市意义［M］. 单皓，译. 北京：中国建筑工业出版社，2005：27.

⑧ 凯文·林奇的观点。斯皮罗·科斯托夫. 城市的形成：历史进程中的城市模式和城市意义［M］. 单皓，译. 北京：中国建筑工业出版社，2005：27.

续表

人物	无组织	自组织特征明显	他组织特征明显			自组织特征明显
C. A. 道萨迪亚斯 （C. A. Doxiadis）[1]		工业革命前的城市	动态城市（自然、人、社会、建筑、支撑网络等五项元素总是不平衡的）			
	无组织聚落	村落、集镇	静态城市	工业革命之初的早期动态城市	真正的动态城市出现，显示区域化特征	城市连绵区

注：约瑟夫·里克沃特的开放城市观点与费尔南·布罗代尔的开放城市观点不同，后者主要是指"希腊或者罗马。这类城市无论是否有城墙，都'对周边乡村开放，并与乡村地位平等'"。而前者，是指复杂的、多因素共同作用下的现代城市。本表亦部分反映了较之他组织，自组织机的作用更为恒久，以及自组织与他组织机制共同作用，其对应空间形式亦可互为转换的事实。

　　自组织的力与他组织的力共同贯穿城市发展的历程，对城市发展的贡献需要辩证来看。没有哪一个城市是完全无序、毫无章法地发展；亦不会有城市完全受制于某种预设的假想，严格地按照既定的规划实施。城市空间结构的形成、丰富、完善既受到一定的外部"安排"和"组织"制约，也受到由内而外复杂的相互作用而自发形成[2]。不同的历史时段，自组织与他组织程度各有侧重，但总的来说，自组织的力贯穿整个城市史发展各时段，是更为持久、本质的要素，是"内在的规律性机制，隐性而长效地作用于城市空间发展与演化"[3]。诚如斯皮罗·科斯托夫所描述的那样，"许多城市是在没有设计师的情况下形成的，或者有些城市虽然曾经经过设计，但之后随即便卷入了日常生活秩序和诡异的历史变化当中"[4]（图2-4）。而他组织作为"空间发展阶段性规划控制，显性地作用于城市空间发展，同时也在一定程度上反映了人们对空间发展的规律的认知程度"[5]。但"在复杂的社会、经济、政治变化进程中，是否能分辨出导致城市形式产生的那个单一的、自律性的诱发因素，这一点非常值得怀疑……无论经济、战争或技术引发了社会组织中怎样的结构性变化，这些结构性变化一定要得到某种当政机器的支持才能获得制度化的持久性"[6]。

空间发展的组织机制比较　　　　　　　　　表2-5

自组织机制		他组织机制	
隐性	以潜在方式作用于空间系统，即具体的作用力与宏观表现之间没有必然联系	显性	基本上呈现目标—结果的线性操作模式

① C. A. Doxiadis. Ekistics：An Introduction to the Science of Human Settlements. 1968：56-193. 转引自：吴良镛. 人居环境科学导论［M］. 北京：中国建筑工业出版社，2002：255.

② 綦伟琦. 城市设计与自组织的契合［D］. 上海：同济大学建筑与城市规划学院，2006：26.

③ 参见：张勇强. 城市空间发展自组织与城市规划［M］. 南京. 东南大学出版社. 2006：47，63.

④ 斯皮罗·科斯托夫. 城市的形成：历史进程中的城市模式和城市意义［M］. 单皓，译. 北京：中国建筑工业出版社，2005：12.

⑤ 参见：张勇强. 城市空间发展自组织与城市规划［M］. 南京. 东南大学出版社. 2006：47，63.

⑥ Harold Carter的观点（An Introduction to Urban Historical Geography，1983）。斯皮罗·科斯托夫. 城市的形成：历史进程中的城市模式和城市意义［M］. 单皓，译. 北京：中国建筑工业出版社，2005：32.

续表

	自组织机制		他组织机制
永久性	城市是一个耗散系统，自组织机制永无休止地进行调整和演化	阶段性	规划方法论本身也处于演化与发展的过程中，目标也分为近期—远期—远景，都具有阶段性
进化性	发展是主线，在反复迭代中不断趋于进化	优化性	设计方案编制及实施过程是对空间发展进行优化的过程
自主随机性	宏观层次上，空间发展表现出有趣的同质空间聚集的整体有序性，这是自主随机在投入—产出平衡下自组织演化的结果	整体受控性	对空间进行人为干涉，以期达到既定的目标和空间效果，因而其运作过程是以空间的整体受控发展为特征的

资料来源：本研究整理，参考张勇强. 城市空间发展自组织与城市规划［M］. 南京. 东南大学出版社，2006：42，47. 部分文字、观点有调整。

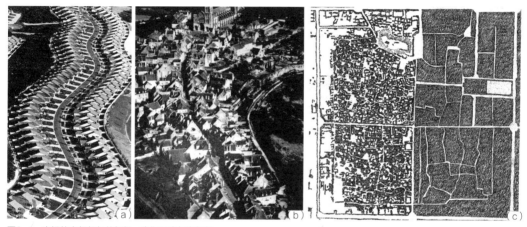

图2-4 空间的自组织与他组织，空间尺度与自组织

（a）尽管尽量采用了较为活泼的形式，他组织为主的城市环境中特征单调，美国佛罗里达Palm city；（b）街道大直小曲，自组织为主的城市环境中建筑形态变化丰富，街道界面细腻感人，法国Vézelay；（c）不同观测尺度，自组织特征不同，右侧观测尺度为街区，结构较为明晰；左侧观测尺度为建筑，一片混沌，阿富汗赫拉特

资料来源：斯皮罗·科斯托夫. 城市的形成：历史进程中的城市模式和城市意义［M］. 单皓，译. 北京：中国建筑工业出版社，2005：42，47，81.

表2-6初步描述了不同尺度下的城市空间的自组织特征。

城市空间自组织发展的表现形式   表2-6

分类	认知方式	自组织特征与城市	
历时性视野	城市不同发展阶段中，自组织特征的层次跃迁	从混沌到有序	城市空间结构的自发形成及维持
		复杂度增长	城市空间的自组织聚散
		层次性跃迁	城市空间结构自组织进化
共时性视野	不同尺度视野之下，自组织特征的不同呈现方式	集居与连绵	城市区域空间发展的自组织
		蔓延与跨越	城市外部空间发展的自组织
		增殖与演替	城市内部空间发展的自组织
		相似与分形	城市空间发展自组织的结构特征

资料来源：本研究整理，参考张勇强. 城市空间发展自组织与城市规划［M］. 南京. 东南大学出版社. 2006：47，63.

2.1.3 空间自组织与空间层次

子系统建构，是空间分析的自组织研究中最关键的步骤。

合理的空间层次划分，是运用自组织原理进一步探讨自发性建造中建筑地域性生成机制的前提。不同的对象，不同观测尺度，城市自组织特征的显现方式不同（图2-4）。本研究针对较微观的尺度对自发性建造进行研究，探究建筑的地域性。自发性建造在建筑单体层面具有更大的开放性，以其为对象对建筑地域性进行探讨，不仅能缩小观察的空间尺度，降低研究对象的空间层次，更微观地探讨具体场所的地域性，而且缩短了观测的时间尺度，能更清晰地认知建筑对环境变化做出的反应，理解地域性的动态性。

2.1.3.1 空间层次

自组织所研究的复杂系统"由大量简单单元构成，这些单元形成了以高度非线性关联起来的网络中的节点"。[①]自组织研究当中，耗散结构关注"宏观尺度上，小单元如何表现出一致的运动"；协同学关注"系统中诸多子系统相互协调、合作或同步的联合作用，集体行为"。[②]研究自发性建造的自组织特征，需要了解系统子系统的状态及其协作方式。因此，合理的认知空间系统层次是必要的。分层之后，能较为清晰地观察到不同尺度之下，单元与整体的关系，他组织与自组织是如何在具体的空间秩序建构当中起作用的。

建构一个有层次的空间系统观念，对于理解空间体系之下的自组织现象大有裨益。吴良镛先生在人居环境学研究中借鉴道萨迪亚斯的观点，将当代人类居住生存的环境划分为3个大的，10个小的，15个单元层次，每个层次对应不同的人口聚居规模（表2-7）。从这个层次划分中可以看到，目前在地理学、城市规划领域中，自组织原理与空间关系对应的研究中，对"中等规模、大规模尺度的人类聚居"自组织特征关注较多，而对邻里、街区、村落等微观尺度之下自组织特征的研究相对较少。N. J. 哈伯拉肯在《平凡的结构：建成环境中的形式控制法则》中对邻里以下的层次做了进一步的阐释，分析了物质环境层次与空间限定之间的关系（表2-8，图2-5）。

人类聚居的等级尺度划分[③]				表2-7
序号	社区等级	人类聚居人口	单元名称	10小层次	层次
1		1	人体	家具	
2		2	房间	居室	小规模的人类聚居
3		5	住所	住宅	

---

① 保罗·西利亚斯. 复杂性与后现代主义——理解复杂系统［M］. 曾国屏，译. 上海：上海译文出版社，2006：126.

② 吴彤. 自组织方法论研究［M］. 北京：清华大学出版社，2001：49.

③ DOXIADIS C A. Architecture in Transition［M］. Hutchinson of London，1963：65-89. 转引自：吴良镛. 人居环境科学导论［M］. 北京：中国建筑工业出版社，2002：229-231，324.

续表

序号	社区等级	人类聚居人口	单元名称	10小层次	层次
4	I	40	住宅组团	居住组团	小规模的人类聚居
5	II	350	小型邻里	邻里	
6	III	1.5k	邻里		
7	IV	9k	小城镇	城市	中等规模的人类聚居
8	V	75k	城市		
9	VI	500k	中等城市		
10	VII	4M	大城市	大都市	
11	VIII	25M	小型城市连绵区	城市连绵区	大规模的人类聚居
12	IX	150M	城市连绵区		
13	X	1000M	小型城市洲城市洲	城市洲	
14	XI	7500M	城市洲		
15	XII	50000M	普世城	普世城	

注：灰色部分表示自组织理论相关研究目前较少的区段。

空间层次认知　表2-8

	A. 名义层次	B. 构造层次	C. 空间限定
6	交通干线	城市结构	邻里
5	道路	区域	街区
4	建筑元素	房子	"建成空间"
3	隔墙	楼层平面	"房间"
2	家具	室内	"场所"
1	身体与器皿		

注：空间层次可以划分为层次或不同实体空间，诚如本图（指原书中的图）所示的空间构造层次或场所层次所导出的空间那样。
资料来源：HABRAKEN N J. The Structure of the Ordinary: Form Control in the Built Enviroment [M]. Cambridge, Massachusetts: The MIT Press, 2000: 65.

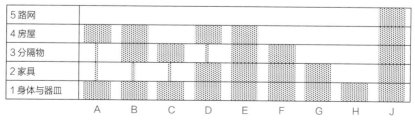

图2-5　居住区的九个不同空间层级模式
资料来源：作者摹画自HABRAKEN N J. The Structure of the Ordinary: Form Control in the Built Enviroment [M]. Cambridge, Massachusetts: The MIT Press, 2000: 61.

值得注意的是，空间层次的划分不是绝对的，基于不同研究者和研究目的会有不同的划分方法。哈伯拉肯2000年在居住模式的分级研究（A Classification of Dwelling Modes）中指出，不同文化背景、居住习惯之下，空间等级划分并不雷同。"小规模的人类聚居"可以有9种不同的层次划分方法。由于上述讨论的诸因素，本研究意图讨论的空间层次无法精确描述，大致而言，是建筑单体到街区、村落这样一个微观范围，其他通常说法有微观尺度、街区尺度、城市设计尺度、邻里尺度等。

不同空间层级之下，自组织特征的显现方式不同，在本书第4章中，将在微观的空间尺度下对自发性建造予以研究。在现代建筑设计的体系中，邻里尺度之下的建筑、规划都处于建筑师的控制，在一个短时段内，很难显现出空间的自组织性。因此，倘若试图从"小规模的人类聚居"尺度考察建筑地域性，自发性建造更有优势：自发性建造当中，单体由以家庭为单位的决策单元自行决策建造，在"邻里"（参见表2-7）尺度的群落中就可以显现出明显的自组织特征，这样建筑地域研究的空间层次下降，研究可以限定到一个具体的地块；建筑地域性得以从更微观的层面上探讨，随机、偶然因素不再被忽略；地域性研究得以与建筑单体设计创作关联起来。

2.1.3.2   对于建筑开放性的认识

不仅需要合理划分空间层次，而且需要正确地选择样本，以便在更加具体、微观的时空尺度下研究建筑的地域性。由于自发性建造变更、修改相对频繁，在较短的时间尺度下自组织特征显现充分，这为研究地域性特征的演进提供了更好的样本。

将建筑物视作"体系"的观点早已有之，但建筑单体是否具有自组织性，不宜鲁莽地做出定论，建造本身就是人类有目的地改造生存环境的行为，每个建筑构件都反映了建造者的意志。在一定时空尺度之内，建筑物并不是自组织的。然而，强调建筑产生、使用、发展的时间历程，并且，将"人"作为要素引入建筑之后[①]，建筑物便不再是一个静态的系统，也具有动态开发的特征。这种特性在自发性建造当中显现得尤为明显。东南大学吴锦绣指出：建筑是一个系统，而且是一个动态的、开放的系统；建筑可视作"黑域"（自然）、"白域"（人）之间的"灰域"，"建筑状态很难有非此即彼的绝对状态，而总是处于一种各种因素交织作用而且其作用因素总在不断变化的错综复杂的灰色状态之中。灰域系统的宏观定位决定了"灰域"是一个具有丰富内涵的概念，而其灵魂则在于动态性和开放性"（表2-9）。[②]

---

① 吴锦绣. 建筑过程的开放化研究［D］. 南京：东南大学建筑学院，2000：34. 建筑作为一个系统，并不单纯地包括其物质体系，更关键的是包含了"人"这个要素。只有包含了人的活动系统的建筑体系才是真正有意义的建筑体系。作者以"活力系统"来描述建筑体系。认为"有了人的参与以后，人与建筑系统的相互作用才会使建筑系统表现出超越其本身单纯物质建筑系统的特征，表现出生命系统一样的'活力'，从而成为一个'活力建筑系统'。因此，在人—建筑系统的关系中，是人的活动使建筑系统充满了生机。可以这样说，人的活力是使建筑系统成为'活力建筑系统'的'活力物质'。人类活动系统与物质建筑系统整合而成的整体才能被称作'活力建筑系统'，即：活力建筑系统=物质建筑系统+人类活动系统。"

② 吴锦绣. 建筑过程的开放化研究［D］. 南京：东南大学建筑学院，2000：48.

建筑过程的开放化研究的观点 表2-9

开放性	它必须时刻不断地从自然系统和人类系统中获取物质、能量和信息，从而走向系统的有序与活力状态，而决非静止的灰色色块
动态性	每个建筑在其整个建筑过程中都有其发生、发展、高潮和衰亡的经历，没有哪幢建筑在其生命周期中永远是完整、和谐和完美的，建筑形态总是在不断地发展变化之中

资料来源：本研究整理，参考吴锦绣. 建筑过程的开放化研究［D］. 南京：东南大学建筑学院，2000.的观点。

建筑是一个动态的开放系统，但变化的周期有短长。作为组成建筑群落系统的单元，建筑物保持开放与动态特征是系统动态演进的基础。自发性建造由使用者参与建造，是生活方式在空间上更具体、更直接的映射，随环境的变化更及时、更频繁。以自发性建造为对象思考建筑的地域性，在相对较短的时间周期内能观察到更丰富、多元的变化。自发性建造的引入，不仅缩小了研究的空间尺度，也具体了研究的时间尺度。

2.2 自发性建造与自组织的关联

"为了理解我们建成环境的复杂性，我们必须去寻找在各种转化之中显现出的相似性与相对性。通过对各种客观现象的解答，通过模式和变化揭示了它们的主题。与此同时，变化还由我们的干预引起。因此，学着去认识环境如何变化，我们会学会理解我们自我组织的方法。"①

——N. J. 哈伯拉肯，2000

2.2.1 自发性建造与自组织的基本关联

传统民居、当代自建、违章社区、街头经营由大量独立的建造行为构成，在组织方式上与自组织系统相似。本节主要解析二者之间的相似性，本书第4章中将进一步在自组织理论框架下阐释自发性建造的特征与内涵。

2.2.1.1 自发性建造不受特定制度约束

自组织理论主要关注那些没有特定外部作用的系统如何自发建构有序的过程。作为长期游走在制度与规定边缘的一种建造行为，传统民居、农民住宅自建、城市居民自建房、城市违建社区中的营建活动缺少规划部门的统一管理，有些甚至故意钻法令、法规的空子。这些建造

① HABRAKEN N J. The Structure of the Ordinary: Form Control in the Built Enviroment［M］. Cambridge, Massachusetts: The MIT Press, 2000.

活动，没有统一的指令规定如何建造，不受具体的规章制度约束，组织方式上与自组织系统相似。

2.2.1.2　自发性建造聚落由大量独立个体聚集而成

道萨迪亚斯在研究中指出：首先，"人类聚居是一些独特的、复杂的生物个体"；其次，"人类聚居是动态发展的有机体"；最后，"人类聚居是协同现象"[①]，阐明了人类的聚居实质上是大量个体动态聚集为整体的协同现象。

在自组织研究视野之下，具有自组织趋势的系统，其特点是"一般由大量子系统组成，并且在一定的约束条件下，可以从无序态转变到有序态，从而产生出有秩序的集体和运动功能"。[②]自组织的复杂系统应由大量要素构成；大量要素是必要条件，但非充分条件，系统之间必须有相互作用。[③]自发性建造活动活跃的地区与行业，一般都远离现行规划法规、条例的控制，自成一系。自发性建造所包含的是大量以家庭为单位的个体，根据自身能力与需求，按照自身意志独立建造的现象；所形成的城乡景观由大量未经规划的、独立的房屋组成；它们之间存在广泛的联系，不仅是物理的，也有信息上的。

图2-6　大量独立个体聚集而成的自发性建造聚落
（a）Gecekondus，安卡拉（土耳其首都）；（b）（c）非正规城市，加拉加斯（委内瑞拉首都）
资料来源：（a）Archnet网站图片资料库；（b）HOLTZMAN A. Informal cities［J］. Architecture，2003（10）：31-32；（c）BEARDSLEY J，Christian Werthmann. Improving Informal Settlements：Ideas from Latin America［J］. Harvard Design Magazine（Can Designers Improve Life in Non-Formal Cities?），2008（spring/summer）：cover.

2.2.2　自发性建造的自组织判定

在此基础上，可以进一步对传统民居、城乡自建、违章社区、街头经营等建造行为所构成的城乡面貌做进一步判定，分析其自组织特征。

对于一个系统而言，能否构成耗散结构实现自组织基于以下几点。1）系统开放。孤立系

---

① C. A. 道萨迪亚斯观点。参见：吴良镛，人居环境科学导论［M］，北京：中国建筑工业出版社，2002：23.

② 王诺. 系统思维的轮回［M］. 大连：大连理工大学出版社，1994：108.
　　在耗散结构的研究中，也强调关注"宏观尺度上，小单元如何表现出一致的运动"。伊利亚·普里戈金. 从存在到演化［J］. 自然杂志，1980，1：11-14.

③ 保罗·西利亚斯. 复杂性与后现代主义——理解复杂系统［M］. 曾国屏，译. 上海：上海译文出版社，2006：5.

统和封闭系统都不可能产生耗散结构。2）系统远离平衡态。系统充分开放就有可能驱使系统远离平衡态。3）系统内部强烈的非线性作用，正反馈成为系统演化的建设性作用。4）涨落，系统形成耗散结构的原动力。耗散结构理论认为系统通过涨落达到有序，其中非线性正反馈对于导致涨落放大有着决定性意义。耗散结构可以看作由于物质和能量交换而稳定了的巨涨落。通过涨落达到有序实质是通过竞争实现协同，因此竞争和协同是系统自组织演化的动力和源泉。[①]

2.2.2.1　自发建造系统的开放性[②]

"系统的开放是系统自组织的一个必要条件。"[③]系统必须开放，不断地从系统外引入负熵流（人员、物质、能量、信息、资金等），以保持结构的有序与健康发展。系统开放的判定有三个主要方面：1）系统与环境之间有无输出或输入；2）外界对系统的输入平权与否；3）开放体系的外界输入是否达到一定阈值。

系统与环境之间有无输出或输入，是一个重要判定依据，建立一个活的有序结构，必须与外界有不断的物质、能量、信息交换。判断体系开放与否相对容易，主要考察体系有无输入和输出即可。任何一个建成环境与外界在人口、物质、能量、信息、资金等各个方面都在进行持续交流，因此可以视为一个开放系统。近年来，学术界广泛关注的"空心村"现象是一个典型的反例，当聚落系统缺少与外界环境在人员、资金、物质、能量、信息上的交流，便会飞速衰败，急速失去结构，无法正常使用。

外界对系统的输入平权与否，是系统自组织和他组织的重要分水岭。系统外界的输入必须平权化，体系的外部输入不能针对特定部分。对于一个建成环境，气候、地理、人文背景平权作用于整个系统；水、电、燃气的输送也基本平权。

外界输入必须达到一定阈值，系统才有可能向有序结构转化。对于特定的建成环境，这个阈值是不一样的。少量的人口、资金、材料不足以改变一定地区的发展面貌，历史地段的更新改造实践，已经反复证明了这点。

值得注意的是，与其他建成区域相比，自发性社区的开放性有其自身特点。很多自发营建的社区，由于不具备基本的城市基础设施，与城市其他区域的联系相对薄弱。基础设施的薄弱、管线的缺乏极大地影响了自发性建造的开放度，尽管其他方面的开放性使得自发建造的区域充满生机，这种生机却是与居民低质量的生活品质并行的。这种情形，在很多第三世界国家体现得尤为突出。因此，增加必要的供水、供电、排污管线，加强基础设施建设，进一步合理地增加系统的开放性是完善自发性建造区域的重要手段。这种开放性不仅体现在能量、信息、物质上，而且也体现在参与人员、建造规则、营建过程、建成形式中。这些方面良好的开放性补充了设施不足所

① 吴彤. 自组织方法论研究［M］. 北京：清华大学出版社，2001：149.

② 本小节有关自组织开放性的理论部分参考了：吴彤. 自组织方法论研究［M］. 北京：清华大学出版社，2001：150.

③ 曾国屏. 自组织的自然观［M］. 北京：北京大学出版社. 1996：90.

带来的影响，使得自发建成的环境，尽管简陋却生机勃勃。本书的第4章第3节将就此做专门的论述。对开放性的进一步理解以及相关的设计应用，还可以参见附录A有关内容。

2.2.2.2 自发建造系统的非平衡性

系统的开放以及适度的开放程度，使得系统与外部环境之间的物质、能量、信息的交流成为可能。但仅有开放还不够，形成交流还必须有一定的势差。系统在生态、社会、经济上的时空差异，即系统的非平衡性，是形成"流"的重要原因。这种不平衡，既体现在系统与环境中其他部分在时空位置上的差异，也体现在系统内部各个组成部分在时空位置上的差异。差异的存在，使得系统与环境之间，系统内部组成部分之间不断地交换物质、能量、信息。"开放"与"非平衡"，是系统与环境进行交换的前提，而且这种交换是连续的，系统"不能从不断变换着的流中分离出来"。这种连续的交换是系统"得以在动态之中保持稳定存在的前提[①]"，伊利亚·普里戈金（Ilya Prigogine）强调"非平衡是有序之源[②]"。

原始社会中城池像飘浮在大海中孤岛，彼此孤立、互无往来。这种近似匀质的状态不复存在。资金、资源、信息、人口、文化在空间上不同的分布密度，造成了地区之间诸要素之间的势差。势差存在，导致能量、信息、物质、人口的不断流动。"时间流逝过程中城市发生物质变化[③]"，在当代，整个世界的城乡体系就如同水中的驻波，处于动态更新、逐步发展之中。城乡之间、区域之间在资金、资源、信息、人口、文化上的不平衡引发了当前规划与建设中的种种问题。不平衡的广泛存在，不仅导致了资金、人口、物质、能源、信息在不同地区的持续流动，而且赋予不同地区不同的地域性。与其他性质、其他尺度的空间一样，自发性建造活跃的区域也会受到这些要素之间不平衡的影响，所不同的是，自发性建造不是遵循外界的指令，而是个体根据自身的条件与需求，自主地在彼此之间、或与环境之间进行交流，并从中找到各自存在、发展的途径。与有组织的规划相比，自发性建造中各个单体自发地与环境进行交流，更加连续地改变自身的结构与形态，更好地阐释了"非平衡性"与"开放性"的依存关系。自发性建造，既是一种结果，也是一种策略，作为达到动态"有序"的一种途径，自发性建造中的合理因素应当得到更多关注。

2.2.2.3 自发建造系统的非线性

非线性是相对于线性而言的。在线性系统中，整体等于部分的简单加和，描述线性系统的方程服从迭加原理；而在非线性系统中，整体不等于部分的简单加和，描述非线性系统的方程不服从迭加原理。这就意味着，线性系统中，部分是可以独立出来的，整体原则上可以划分为部分，

---

① 曾国屏. 自组织的自然观［M］. 北京：北京大学出版社. 1996：92.

② 转引自：谭长贵. 对非平衡是有序之源的几点思考［J］. 系统辩证学学报, 2005, 4：29-32. 参见：伊·普里戈金，伊·斯唐热. 从混沌到有序［M］. 曾庆宏, 沈小峰, 译. 上海：上海译文出版社, 2005：284.

③ 斯皮罗·科斯托夫. 城市的形成：历史进程中的城市模式和城市意义［M］. 单皓, 译. 北京：中国建筑工业出版社, 2005：13.

并通过认识部分而认识整体，毋宁说认识了部分也就认识了整体；而非线性系统中，部分原则上是不能独立出来的，是与整体纠缠在一起的，把整体分解为部分来加以研究只是近似的，认识了部分并不等于认识了整体。[①]

对于一个地区而言，无论城乡，其组成的子系统之间的关系也绝非简单的并置或叠加。非线性是整个城乡体系的核心特征，也是造成该系统复杂性的根本原因。一个地区之中，自然、人、社会与经济三大子系统，及其内部各个要素之间的函数关系也大多是非线性的[②]。在聚落系统当中，任何一个要素的变化都不会只受到其他因素的单一影响，而是受到多因子的综合作用。这些因素中有的对该要素的变化有着促使其生长的正反馈作用，有的则恰恰相反；即使是同一因素，也可能对某一要素的变化同时起到激励和抑制作用。单一要素的变化，在关键时刻常常是"牵一发而动全身"，引起连锁反应。

自发性建造形成的系统当中，不是简单地将人划分为"群体"来认知，而是以家庭为单位，组成相对独立的小单元。子系统内部的单元与单元之间相互竞争、协同，同时又各自独立地与环境（自然、社会与经济系统）进行交流。由于强调以家庭单元为单位进行营造，与现代化大规模的城市建设相比，自发性建造当中子系统之间的作用更加复杂，交互影响协调的过程也更加生动。自发性建造中，各个小的建筑单元之间非线性竞争与协调中展示出的共性特征、产生出的"序参量"即成为该地区的建筑地域特征。这种地域特征处于持续的变化、协调之中，不同于建筑师从历史中总结或归纳出的地域特点。

2.2.2.4 自发建造系统的涨落

涨落也被称作起伏，从系统的存在状态来看，涨落是对系统稳定平均状态的偏离；从系统的演化过程来看，涨落是系统同一发展演化过程之中的差异。无论是对于平均状态的偏离还是同一演化过程中的差异，都是对于系统平衡的破坏，因此，涨落也就是系统的一种非平衡性。[③]

空间上，涨落表现为对空间的干扰或入侵行为，是物质和能量流动变化的结果。只要涨落保持在一定限度内，系统内部组织就能继续维持，系统可以经受小的破坏，并通过自组织行为修复自己。如果涨落超过一定的限度，那么就要使系统失去稳定，系统可能走向崩溃，或者转化为新的组织结构。换句话说，耗散系统在对环境较大波动作出反应时具有进化功能。涨落造就了创新，并在更高层次上产生有序的空间组织。系统的发展是通过涨落的有序，这种可能得到放大的涨落就是自组织系统最初的核心，叫作系统自组织的基核。[④]

整个城乡建成环境体系由大量的子系统组成，众多子系统运动状态不断改变，整个系统的状态也会不断改变。我们生存的环境不仅是系统中单一状态的总和，而且是一个综合平均的效应，必然存在着涨落现象，如人口升降，经济波动，建筑拆迁。"涨落"贯穿于城乡发展的各个环节

① 曾国屏. 自组织的自然观［M］. 北京：北京大学出版社. 1996：138.

② 张勇强. 城市空间发展自组织与城市规划［M］. 南京. 东南大学出版社. 2006：26，27.

③ 曾国屏. 自组织的自然观［M］. 北京：北京大学出版社. 1996：99.

④ 同上：103.

及空间层次，并借此完成功能与结构的不断调适，达到进化的目的。"即就算城市在产生之初其形态就已经非常完美，但它也绝不是已经完成的，也不会是静止的。每天有无数个有意无意的行为改变着它，而这种改变只有经过相当长时间之后才会被察觉"[①]。

　　成核机制曾经在地理学领域，与克里斯塔勒的中心地理论结合，阐释了人口数量在各个城镇的微小差异如何成核演变，导致城市等级的形成[②]。"基核"的概念，对理解自发性建造当中地域特征的转变也大有帮助。自发性建造中，独立单元自发地与环境发生关联，或者彼此影响。小的涨落湮没在系统的整体特征当中，尽管单体的发展过程与方式各不相同，建筑群落呈现出的还是整体、统一的地域风格。但当局部单元接收外界信息产生较明显的、易于模仿的特征，或者数个单元采用了同一种新的模式开始建造时，就有可能产生新的基核，并引发对整个群落产生影响的大的涨落。这可以很好地还原一些村落面貌改观的历程，"涨落"的概念，更好地预测了自发性建造当中局部"创新"可能引发的结果，对理解新材料、新工艺、新形式如何引入传统聚落，以及其他诸如此类的话题有启发意义。此外，正向与反向"涨落"[③]的概念还很好地阐释了"存在并非合理"的原理[④]，自发生成的形式也并非就是合理的，这对进一步深入理解与评价自发性建造规律有帮助。系统达到新的稳定态并非意味步入更高级、更合理的层次。现阶段城乡面貌所呈现的形态，从长的历史时段来看，种种不尽人意之处，或许是由于其处在一个较低的稳定态，抑或处于一个稳定态向另一个稳定态变化的过程之中。涨落是推动系统的原初动力，如何通过系统之中的非线性作用机制，放大相关涨落，运用较小的资源带动整个系统向更高层次的有序，是值得进一步探讨的话题。

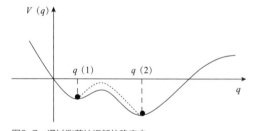

图2-7　通过涨落认识新的稳定态
资料来源：作者摹画自曾国屏. 自组织的自然观 [M]. 北京：北京大学出版社. 1996：101.

　　以上论述证明自发性建造群落是开放性单体聚集的结果，具有自组织特征。在自发性建造群落中认知建筑的地域性，进一步缩小了研究的空间尺度，使得建筑地域性进一步与具体的场所、地段相关。

① 斯皮罗·科斯托夫. 城市的形成：历史进程中的城市模式和城市意义 [M]. 单皓，译. 北京：中国建筑工业出版社，2005：13.

② PORTUGALI J. Self-Organization and the City [M]. Berlin：Springer Verlag .2000：22-23，53；伊·普里戈金，伊·斯唐热. 从混沌到有序 [M]. 曾庆宏，沈小峰，译. 上海：上海译文出版社，2005：177-233.

③ 涨落分为：1）从涨落作用作为主要因素考察，分为内涨落与外涨落；2）从影响程度来看，分为微涨落与巨涨落；3）从整体演化方向上来看，分为正向涨落与反向涨落。详参：曾国屏. 自组织的自然观 [M]. 北京：北京大学出版社. 1996：99；伊·普里戈金，伊·斯唐热. 从混沌到有序 [M]. 曾庆宏，沈小峰，译. 上海：上海译文出版社，2005：177-233.

④ "黑格尔的哲学是圆圈哲学，为了迎合体系的需要，他把圆圈规定为封闭的圆圈，在经历了'绝对观念'的辩证历程后，辩证法又回到了圆圈的起点，这时矛盾消解了，斗争调和了，辩证法变成了形而上学。黑格尔的著名命题'凡是现实的都是合理的，凡是合理的都是现实的'正是他的这一思想的体现，因为在他的心目中，普鲁士王国是合理的现实存在。虽然黑格尔曾说过，现实在其必然性的形式中才是现存的，但他不可能由此得出彻底辩证法的结论，而是以之为普鲁士王国的现实服务。"参见：张和平. 黑格尔哲学不是革命的哲学——评马尔库塞对黑格尔哲学性质的诠释 [J]. 嘉应大学学报，1999，4：5-8.

2.3　建筑地域性与自组织理论契合

2.3.1　建筑地域性与自组织研究的关联

保罗·西利亚斯在阐释自组织的哲学意义时则指出：1）历史的作用；2）关系和模式的重要性不可忽视。[①] 埃里克·詹奇则更加明确地指出，自组织的进化分为两个部分考察：纵向（时间的相干性）、横向（空间的相干性）[②]。

对于地域性研究，寻找场所的时空定位是基本任务。"无论是从自然、人文和技术角度，还是从环境（自然和人工两方面）、社会、经济技术的角度来划分影响建筑的地区性因素，由于地区性本身具有时间和空间上的特征，所以都需要首先从时空的角度对地区性的影响因素加以分析。"[③] 建筑地域性的理论纷杂，但共同之处是关注建筑在时间—空间之中的定位。本章将简要分析自组织研究与建筑地域性研究的共性特征。地域建筑的时空感是在营建过程中不自觉获得，还是在对全球化的刻意抵抗中获得；是田园牧歌式的情怀，抑或"不单是一种理论或实践，更多的时候是一种消除全球与地方、现代与传统之间紧张关系的工具"[④]，将在后文进一步探讨。

2.3.1.1　关注历时性特征

时间的概念在自组织以及地域性研究中占有重要地位。"自然界不是存在着，而是生成着并消逝着。"[⑤] "科学正在重新发现时间，自然界既存在着，又在不断地演化之中。"[⑥] 普里戈金通过耗散结构理论的研究，把时间、不可逆和生命联系起来。自组织耗散结构理论对时间的新探索，不仅具有自然观上的重大意义，促进着自组织自然观的形成，而且具有科学认识论上的重大意义，促进着对于自组织的认识论的研究。

时间具有方向性，在自组织研究范畴之下，外部世界不再是一个遵循决定论因果律的自动机，而是具有不可逆性。"我们不能把存在约化为时间，我们不能讨论一个缺乏时间内涵的存在。"[⑦] 一个系统某个时刻的状态不是先验的，而是由紧邻该时刻的历史状态所决定的。复杂系统，不论是生物系统还是社会系统，如不考虑其历史，就是无法理解的。而且，两

---

① 保罗·西利亚斯. 复杂性与后现代主义——理解复杂系统［M］. 曾国屏，译. 上海：上海译文出版社，2006：145-148.

② 埃里克·詹奇. 自组织的宇宙观［M］. 曾国屏，吴彤，何国祥，等，译. 北京：中国社会科学出版社，1992：13.

③ 单军. 建筑与城市的地区性［D］. 北京：清华大学建筑学院，2001：117.

④ CANIZARO V B. Architecture Regionalism：Collect Writings on Places，Identity，Modenity，and tradition［M］. New York：Princeton Architecture Press，2007：12.

⑤ 恩格斯. 自然辩证法［M］. 北京：人民出版社，1971：3，10.

⑥ 普里戈金的观点. 转引自：曾国屏. 自组织的自然观［M］. 北京：北京大学出版社. 1996：12.

⑦ 伊·普里戈金，伊·斯唐热. 从混沌到有序［M］. 曾庆宏，沈小峰，译. 上海：上海译文出版社，2005：310.

个类似的系统，如果具有不同的历史，则即使置于一致的条件下其反应的方式也可能有极大差异。系统未来具体的状态不能被大幅度预见，它的发展取决于"每一个子系统过去的历史"①。

这与建筑创作中强化建筑地域性的方法一致。时间的秩序与累积至关重要。对建筑设计影响最大的，是相邻的历史状态。这种历史状态并不相当于"事实、思想、符号"②，而是作为一种相互关系，以不同的权重对建筑的形式产生影响。建筑设计过程中，对场地现状的研究是基于对该场地一系列连续状态的回顾与分析，并以此作为后续设计的依据。历史的效应是重要的，而且历史是以一种自组织过程而连续地转化着——留下的只是分布于系统中的历史痕迹，大量不可预期的、偶发性的因素整合其中，又成为新的初始条件。"初始条件是从以前的演变中生成的，并通过以后的演变被变为同一类别的状态。"③原因和结果，周而复始，循环往复，生生不息。

2.3.1.2　关注与环境之间的关系

自组织研究中对系统的开放性、非平衡性、非线性特征的强调，共同关注了：系统与环境，系统内部元素之间的竞争与协同关系。

在自组织研究中，系统与环境在相互促进中发展。只有在系统与环境发生交流，子系统间保持竞争与协作关系的时候，系统才能具有活力，才能生存发展。"宏观特性往往不能归结为静态结构，而是来自于系统内部和系统与环境之间的动态相互作用。"④"正是通过系统的相互作用，系统才成为可观察和可确定的。"④"一个自组织系统，会反作用于环境中的事态，同时也作为这些事态的结果而转变自身，而常常又反过来对环境产生了影响。系统中的过程因此既非对外部的简单被动反映，也非被内部主动地决定着。"⑤对于建筑地域性而言，地区与其所处的环境也具有同样的关系，并且是造成地域性复杂状态的原因之一。单军在论述建筑地区性时，借用地理学家哈特的话指出："地理学，特别是人文地理学的研究证明了两个相反的重要命题：一方面，地理空间的地区性影响着人类文明的发展，另一方面，人类文明的社会活动本身也影响着地区性，并成为地区性的重要组成部分。"⑥

对于内部元素、子系统而言，周边环境以及其他元素、子系统的特征起着决定性的作用。"关系决定着物质的本性。"⑦自组织研究按照关系，而不是按照决定论规则来进行思考。身体中的碳原子完全可以和桌子中的碳原子互换，它们之间不会有可察觉的区别。因此，"每一个原子的

① 埃里克·詹奇. 自组织的宇宙观 [M]. 曾国屏, 吴彤, 何国祥, 等, 译. 北京：中国社会科学出版社, 1992：62.
② 保罗·西利亚斯. 复杂性与后现代主义——理解复杂系统 [M]. 曾国屏, 译. 上海：上海译文出版社, 2006：148.
③ 伊·普里戈金, 伊·斯唐热. 从混沌到有序 [M]. 曾庆宏, 沈小峰, 译. 上海：上海译文出版社, 2005：310.
④ 埃里克·詹奇. 自组织的宇宙观 [M]. 曾国屏, 吴彤, 何国祥, 等, 译. 北京：中国社会科学出版社, 1992：30.
⑤ 保罗·西利亚斯. 复杂性与后现代主义——理解复杂系统 [M]. 曾国屏, 译. 上海：上海译文出版社, 2006：149.
⑥ 单军. 建筑与城市的地区性 [D]. 北京：清华大学建筑学院, 2001：13.
⑦ 保罗·西利亚斯. 复杂性与后现代主义——理解复杂系统 [M]. 曾国屏, 译. 上海：上海译文出版社, 2006：49.

意义并非是由其自身的本性所决定的，而是大量的其自身的原子与其他原子之间关系的结果"。[①]
这也与建筑地域性的理解是一致的。在建筑创作过程中，相邻建筑、周边环境往往作为最重要的
参考因素介入到设计过程当中。建筑地域性研究作为"描述和解释作为人类世界的地球各个地方
之间变异特性的研究"[①]，环境对建筑形式的解读有决定意义。相同形式、色彩的建筑，在不同语
境下，内涵可以截然不同（图2-8）。

图2-8 不同语境下白墙灰瓦传递不同的内涵
（a）德国小镇上的商业建筑；（b）安徽宏村

2.3.2 自组织理论与地域建筑研究的共同背景

建筑地域性研究与自组织理论有诸多关联之处，共同的哲学源头、共同的兴起背景进一步拉
近了二者之间的关系。建筑地域性研究中批判性思想、现象学理论[②]、解释学理论[③]、后现代理论[④]
都与自组织研究密切相关。进一步对这些相关因素进行解读，有利于"发掘自组织方法论的哲学
意蕴"，将其作为重要的思维方式引入建筑地域性研究。

① Hartshorne的研究，参见《地理学的性质》《地理学性质的透视》。

② 现象学与建筑地域性研究中的关联，可以参见：单军. 建筑与城市的地区性［D］. 北京：清华大学建筑学院，2001：
76-80；以及：沈克宁. 建筑现象学［M］. 北京：中国建筑工业出版社，2008. 现象学与自组织理论的关联可以参见：
吴彤. 自组织方法论研究［M］. 北京：清华大学出版社，2001：193.

③ 解释学在建筑地域性研究中的论述，可以参见：单军. 建筑与城市的地区性［D］. 北京：清华大学建筑学院，2001：
89；与自组织研究的关系参见：吴彤. 自组织方法论研究［M］. 北京：清华大学出版社，2001：196.

④ 清华大学吴彤教授强调，"应该特别注意发掘自组织方法论的哲学意蕴"，指出"在现象学和解释学中，也存在与自组
织思想类似的东西。特别是后现代主义思潮似乎与自组织思想存在着天然的联系，追求多样性、对演化的无预定性的
新认识、解释的自循环、超循环特征，都存在于双方的思想中。……这些思想在20世纪产生，在20世纪发展演化，它
们的许多方面有着天然的联系，有时甚至如出一辙，这不能不说是20世纪思想演化的共同特征，是人类意识解放，走
向自由、民主的新特征。"参见：吴彤. 自组织方法论研究［M］. 北京：清华大学出版社，2001：24.

2.3.2.1　自组织理论与建筑地域性研究的共同源起

作为一个重要的哲学源头，康德的哲学和美学思想给自组织研究以及当代建筑地域性研究很大的启发。

近代最重要的德国哲学家康德首先在哲学上提出了"自组织"的概念。清华大学吴彤教授认为，康德理论的现代意义之一就是其中蕴涵的自组织思想。[①]康德认为，自组织的自然事物具有这样一些特征：它的各部分既是由其他部分的作用而存在，又是为了其他部分、为了整体而存在的；各部分交互作用，彼此产生，并由于它们之间的因果联结而产生整体，"只有在这些条件下而且按照这些规定，一个产物才能是一个有组织的并且是自组织的物，而作为这样的物，才称为一个自然的目的"。[①]他举例说，钟表是有组织的却不是自组织系统，因为它不能自产生、自繁殖、自修复，而要依赖于外在的钟表匠。康德非常准确地界定了"自组织"的性质，对自组织的理解与现代意义的自组织几乎无二。康德非常通晓自组织所带来的自然演化过程中的趋向目的性，在自组织中，他特别指出一个系统内部的各个部分的依存性，它们通过相互作用而存在、成长，又通过相互作用而联结成为整体。这里，康德虽然没有使用"无序""有序"这样的词汇，但是自发的由无序转化为有序的思想已经呼之欲出。从康德之后，哲学家对自组织的问题虽然没有像康德那样明确的说法，但认识事物如何发生、如何演变的问题，成为哲学家们思考的重要问题。

康德对现代建筑的影响也是广泛的。作为哲学史上的重要人物，康德在美学、符号学、现象学等领域都做了开创性的工作。具体到建筑地域性的研究，有三个方面的影响。首先是其美学思想的影响，从整体上对建筑创作有所启迪[②]，"康德在美学中虽没有系统地谈论建筑学的问题，但往往用建筑方面的论述来说明其美学思想，因而其启示作用是在学科间产生的"[③]；其次是通过现象学、场所理论，为建筑的地域性研究提供方法论上的支持；再次，康德的哲学思想通过超验主义哲学对美国本土的地域建筑发展产生的间接影响也值得关注。

建筑地域性的理论研究与康德的哲学思想有着多重渊源。"希腊建筑理论家亚历山大·楚尼斯和夫人历史学家利亚纳·勒费夫尔基于康德和法兰克福学派的'批判理论'，在1981年提出了'批判的地域主义（Critical Regionalism）'之说。"[④]而目前地域主义研究中，"最有活力与时代相融合的一种便是'批判的地域主义'。"[⑤]不仅如此，（20世纪）70年代作为研究地区性的重要相关理论，现象学中场所理论引起广泛关注。场所理论强调建筑的本质是地点性而不是传统的空间意义，强调人的价值，即"主体性空间"，以人的最终感知界定了一种模糊的边界，解决了地域研究中悬而未决的"边界"问题，其理论体系为建筑的地域性研究提供了全新的视角与可操作方

---

① 康德观点。转引自：吴彤. 自组织方法论研究［M］. 北京：清华大学出版社，2001：3.

② 郑炘. 康德美学中几个有关建筑的基本问题［J］. 东南大学学报，1998，28（2）：6-9.

③ 郑炘. 康德论建筑艺术［J］. 建筑学报，2006（11）：35.

④ 单军. 建筑与城市的地区性［D］. 北京：清华大学建筑学院，2001：56.

⑤ 沈克宁. 批判的地域主义［J］. 建筑师，2004，111（5）：45.

案。①而德国哲学中的现象学和存在主义正是从康德的哲学中发展出来的。

在美国地域建筑形成与发展的历程中，康德的思想通过超验主义者间接地影响了美国芝加哥学派以及湾区学派。超验主义是一场思想解放运动，先表现为宗教、哲学思想中的改革，后扩展到文学创作领域。超验主义者的思想，很重要的一个来源是康德的先验主义思想②。以爱默生为首的超验主义者为了摒弃加尔文教派"以神为中心"的思想，吸取康德先验论和欧洲浪漫派理论家的思想材料，提出人凭直觉认识真理，因而在一定范围内人就是上帝。这一派思想的出发点是人文主义，即强调人的价值，反对权威，崇尚直觉，主张个性解放，打破神学和外围教条的束缚。③芝加哥学派的主要代表人物沙利文，湾区学派第一位重要的设计师约瑟夫·伍斯特（Joseph Worcester，1836-1913）、景园建筑师卡尔弗特·沃克斯④（Calvert Vaux，1824-1895）以及早期重要代表人物Louis Mullgardt（1866-1942）都直接或间接地受到格里诺、爱默生等超验主义者的影响（图2-9）。⑤

2.3.2.2　自组织理论与建筑地域性理论兴起的共同时代背景

"（20世纪）60年代中叶到70年代初，这段时期不算长，但在本世纪（20世纪）的历史中却占有特殊的地位。这是一个传统社会结构和政治结构受到怀疑的时期，也是一个抗议人类生活受到限制的时期。"⑥短短的数十年中，人们关于世界图景的认识发生了深刻的转变。作为科学研究的成果，自组织研究在这个时段的逐渐成形或许只是水到渠成之事，别无深意；但作为一种思考世界的哲学方法，如此迅速的传播和广泛的认同，以及与其他学科的思想转型的并存，值得深究。

科学的发展，使人类探索世界的时空尺度发生了变化，原有的经典理论不再适用，科学发展也处在一个重建与反思的年代。埃里克·詹奇将科学的重建归结到"时—空"观测尺度的扩

---

① 单军. 建筑与城市的地区性 ［D］. 北京：清华大学建筑学院，2001：58.

② 爱默生是一位集大成者，他的哲学、文化和宗教思想的形成深受欧洲浪漫主义思想以及康德等唯心主义思想的影响。他的思想核心就是"自立"，即文化上的民族自立，文学上的个性自强和宗教上"精神至上"。张继书. 爱默生思想和美国文学发展 ［D］. 哈尔滨：哈尔滨工业大学外国语言学及应用语言学，2006：摘要.

③ 芝加哥学派的主要代表人物沙利文，第一份工作是在费城建筑师弗兰克·费内斯（Frank Furness）的事务所里，而弗兰克·费内斯的父亲W. H. 费内斯是爱默生的密友，爱默生的思想通过弗兰克·费内斯对沙利文有很大的影响。在这一时期，这些建筑师追随的是格里诺和超验主义者的思想。

④ 沃克斯是景观设计师，作为重要合作者，参与设计了美国纽约的中央公园。

⑤ 湾区学派第一位重要的设计师约瑟夫·伍斯特，景园建筑师沃克斯等人都仰慕爱默生与格里诺。前者结合旧金山海湾的气候与物产，设计了有湾区风格特色的很多小建筑。后者和另一名建筑师斯隆一道，很早便从各个角度关注建筑中的"美国特性"的问题，主张基于功能与自然的、简单的、合理的建造；对历史风格而言，他们认为"是由民族特征与鉴赏力所决定的，这一点在他们这里就变成地理因素方面的条件了"。二者都对农舍有很深的研究，分别出版了《别墅与农舍》和《模式建筑师》。《模式建筑师》是斯隆的重要著作，涉及面广，"但其主要的关注点还是在那些乡村住宅上"。这些19世纪的美国建筑师，追向着美国本土的特征，又主张功能主义、模仿自然，而且关注乡村住宅的建设，与今天对建筑地域性研究的关注点如出一辙，有很大的相似性。早期湾区学派的建筑师中，还有一位哈佛毕业的职业建筑师Louis Mullgardt，他通过在沙利文事务所工作，并从芝加哥学派的理查森等人那里得到启发。

⑥ 埃里克·詹奇. 自组织的宇宙观 ［M］. 曾国屏，吴彤，何国祥，等，译. 北京：中国社会科学出版社，1992：8.

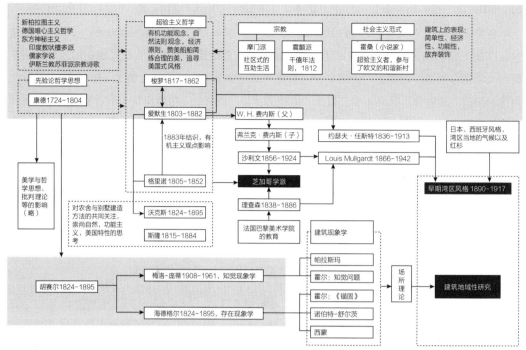

图2-9 美国地域主义与康德思想的关联（灰色部分为思想史，白色为建筑史）

展①：原本只能猜想推测的领域，如今"找到了经验的基础"。"由一个数量级为10⁴⁰的无量纲的数规定了大宇宙和小宇宙之间的关系（表2-10）。在这个极度扩张的时空连续系统中，出现了各种相互的关联和模式，它们在本性上是动态的，这就第一次使得许多不可还原的水平上相互关联的、总的开放的进化建立在科学的基础上成为可能。②"伴随这一系列新的科学成就，在1940年代系统论、控制论的基础上，1960年代～1970年代，自组织研究成为复杂性研究的重点，并形成新的自组织范式：1）一种特殊过程系统的宏观动力学；2）联系交换，与环境共同进化；3）自我超越，即进化过程的进化。③

---

① 时空认识尺度的拓展，主要相关于：1）宇宙学中一些重大的猜想得以证实，1965年发现的宇宙背景辐射，使得人们有机会直接研究源于宇宙早期炽热开端的效应。1965年还发现了四种天体，其中包括"黑洞"，这样又允许对一个恒星的"死亡"阶段进行直接研究。2）1965年，微观古生物学的实验方法建立，从而可以发现极古老的沉积岩中的微化石，对生命史作出追溯。3）可以观察到的时间与空间范围也大大拓宽了。埃里克·詹奇. 自组织的宇宙观［M］. 曾国屏，吴彤，何国祥，等，译. 北京：中国社会科学出版社，1992：5.

② 参见原文的说法：埃里克·詹奇. 自组织的宇宙观［M］. 曾国屏，吴彤，何国祥，等，译. 北京：中国社会科学出版社，1992：9.

③ 埃里克·詹奇. 自组织的宇宙观［M］. 曾国屏，吴彤，何国祥，等，译. 北京：中国社会科学出版社，1992：14-15.

时空范围的拓展　　　　　　　　　　　　表2-10

时间		空间	
宇宙系统的年龄	亚原子微粒平均寿命	观察到类星体的距离	亚原子微粒尺度
5×10^{17} 秒	3×10^{-24} 秒	1.5×10^{26} 米	10^{-17} 米
量纲差别10^{41}		量纲差别10^{43}	

资料来源：根据埃里克·詹奇. 自组织的宇宙观［M］. 曾国屏，吴彤，何国祥，等，译. 北京：中国社会科学出版社，1992：9. 整理。

与人类认知领域的拓展同步，文化、艺术领域也处在一个重建时期。第二次世界大战、能源危机使得人们重新开始审视现代技术的发展。"人们不再寄希望于科学、技术、工业等物质手段。反过来，更多人认为最重要的还是人的本身，包括思想、尊严、价值、本性等问题。"[1] "1956年，在冷战的阴影的笼罩下，现代主义者技术和美学完美结合的梦想已经难以令人信服了。在流行和高雅两种文化层次内，现代化所具有的社会和技术力量都已不再是理想的产物。"[2]同年，安德里亚·多里亚号邮轮（Liner Andrea Doria）在楠塔基特（Nantucket）近海沉没，美国建筑师斯坦·艾伦（Stan Allen）将之视为现代主义者的理想在战后沉没的年代。也正是在这一年，国际现代建筑协会CIAM寿终正寝。

1960年代思想的巨大转变，诚如埃里克·詹奇所言："……不仅人类世界的外部关系发生了变化，即人类越来越认识到人类世界与环境在空间和时间上的相互联系，而且人类与其自身的内部关系也发生了变化。沉迷于人的意识现象本身，对人本主义的（一种非还原性的）心理学的兴趣的增长，部分从其他文化输入的例如针刺疗法那样的'整体的'医学技术兴趣的增长，以及对非二元的远东哲学和诸如内省和瑜伽那样的训练的关注，所有这一切构成了刚跨入本世纪（20世纪）最后30年之时就波及世界上大部分的大涨落的另一个重要方面。"[3]

在建筑领域，1960年代～1970年代，现代主义受到的责难不再来自保守人士，更多的挑战源于现代主义自身。现代主义建筑第一代人的观点也有所转变；现代主义建筑第二代、第三代人士开始重新审视历史，质疑早期现代主义者们的一些主张，批判功能主义，探讨如何在建筑设计当中关注人以及人的情感。这些质疑与探讨，极大地丰富了现代建筑的内涵。这些探讨与自组织观念的形成几乎在同一个历史时期发生[4]（表2-11）。自组织理论当中对个体或曰元素的关注、对还原论的否定、对功能与形式关联的再阐释都与建筑师的反思恰好契合，给予了建筑师们极大的启发[5]。自组织理论的产生与发展，使建筑师找到了一个重新反思自身的工作、反思现代主义的视角。1966

① 吴焕加. 20世纪西方现代建筑史［M］. 郑州：河南科技出版社，1998：229.

② 斯坦·艾伦. 点＋线——关于城市的图解与设计［M］. 任浩，译. 北京：中国建筑工业出版社，2007：97.

③ ERICH J. The Self-organizing Universe［M］. Oxford：Pergamon Press，1980：3.

④ 汉诺-沃尔特·克鲁夫特. 建筑理论史——从维特鲁威到现在［M］. 王贵祥，译. 北京：中国建筑工业出版社，2005：330.

⑤ 规划师从自组织理论当中获益更多，甚至直接引用自组织的研究方法对城市发展进行预测。本文此处论述重点是自组织思想如何对建筑师的创作产生影响，故不做详细论述。相关资料可参见：PORTUGALI J. Self-Organization and the City［M］. Berlin：Springer Verlag .2000；ALLEN P M. Cities and Regions as Self-Organizing Systems：Models of Complexity［M］. Netherlands：Gordon and Breach，1997；张勇强. 城市空间发展自组织与城市规划［M］. 南京. 东南大学出版社. 2006：47.

年，美国建筑师罗伯特·文丘里（Robert Venturi）和丹尼斯·斯科特·布朗（Denise Scott Brown）
出版了《建筑的复杂性和矛盾性》，质疑了现代建筑的某些创作方法。日本新陈代谢派建筑师黑川
纪章开始怀疑现代建筑理论，以一种开放式的态度思考建筑的未来。"建筑师与规划师所做的，原
来是想创造秩序，但结果得到的却常常是破坏了平衡。因此，为了推迟'热寂'状态的到来，减
少破坏，在城市建设中，就要建立起动态稳定系统和循环系统，使城市的成长、变化平衡发展。"[①]
美国建筑师斯坦·艾伦[②]也关注建筑和城市的不确定性，认为确定性和不确定性是共存的，并提出
了"基础建设城市主义"，反思了现代主义建筑的不成功之处，力图摆脱总体规划的记号或者建筑
师个人英雄主义的崇拜。虽然基于建筑的物质性，却不是为了产生各不相干的独立个体，"而是为
了产生有指导性的场所，可以容纳计划、事件和活动等在其中的自生自灭"。[③]

1960年代~1970年代前后，对早期现代主义建筑反思的主要事件　　　　表2-11

时间（年）	社会事件■　　自组织研究进展■　　建筑反思□		
1948	L. V. 贝塔朗菲（L. Von. Bertalanffy），《生命问题》一书标志一般系统论的问世[④]		
	阿希贝，《自组织原理》出版		
1955	勒·柯布西耶（Le Corbusier），朗香教堂（La Chapelle de Ronchamp）建成		
1956	安德里亚·多里亚号邮轮（Liner Andrea Doria）在楠塔基特（Nantucket）近海沉没		
	Team X，在杜布罗夫尼克（Dubrovnik）召开CIAM第十次会议，CIAM寿终正寝		
1961	纽约大都会博物馆举行讨论会，主题为"现代建筑：死亡或变质"		
	简·雅各布斯，《美国大城市的死与生》发表		
1963	勒·柯布西耶，1951~1963年昌迪加尔的重要建设完成		
1964	伯纳德·鲁道夫斯基，"没有建筑师的建筑"展览在纽约现代博物馆举行		
1965	宇宙背景辐射，以及黑洞等六种新天体被发现，创立微观古生物学，开始研究生命史		
1966	中国"文化大革命"开始		
	罗伯特·文丘里，丹尼斯·斯科特·布朗，《建筑的复杂性与矛盾性》（*Complexity and Contradiction in Architecture*）		
1968	巴黎"红五月风暴"		
	L. V. 贝塔朗菲，《一般系统理论基础、发展和应用》（*General System Theory*：*Foundations*，*Development*，*Applications*）确立		
	J. B. 麦克劳林（J. B. McLoughlin），《城市和区域规划：一个系统方法》（*Urban and Regional Planning*：*A Systems Approach*）		

①　黑川纪章. 黑川纪章城市设计思想与手法 [M]. 覃力，黄衍顺，徐慧，等，译. 北京：中国建筑工业出版社，2004：
　　译者的话.

②　斯坦·艾伦师从伯纳德·屈米（Bernard Tschumi）、约翰·海扎克（John Hejduk）等人，在黛安娜·阿格雷斯特（Diana
　　Agrest）和Mario Gandelsonas、理查德·迈耶（Richard Meier）等人事务所工作。目前任教于哈佛大学和哥伦比亚大学。
　　20世纪70年代的学术发展给了他很多影响。

③　斯坦·艾伦. 点+线——关于城市的图解与设计 [M]. 任浩，译. 北京：中国建筑工业出版社，2007：58.

④　一般系统论并不划分在自组织理论的视野之下，但系统论对于自组织理论以及克里斯托弗·亚历山大思想的形成都有
　　重要影响，因此列入表中。

续表

时间（年）	社会事件■	自组织研究进展▨	建筑反思□
1971		［德］生物学家M. 艾根（M. Eigen），提出超循环理论①	
		［德］赫尔曼·哈肯（Hermann Haken），提出协同学②	
1972	美国圣路易斯安娜城，雅玛萨奇设计的一座公寓被摧毁。查尔斯·A. 詹克斯（Charles A. Jencks）认为，这宣告了现代建筑的死亡		
	黑川纪章，东京银座"舱体大楼"（Nakagin Capsule Tower）		
	皮亚诺（Piano），罗杰斯（Rogers），蓬皮杜中心开始建设		
1973	阿尔多·罗西（Aldo Rossi），《城镇建筑》（*L' architecture della città*），"理性建筑"展览（Architecture Razionale）		
	第一次能源危机		
1976		［德］赫尔曼·哈肯，提出"自组织"概念，同时比较清晰地比较了"组织""自组织"的概念③	
1977		［比］普里戈金与其同事，建立"耗散结构"理论和概念的时候，运用了自组织的概念④	
		B. B. 曼德布洛特（B. B. Mandelbrot），发表《分形：形式、机会和维度》（*Fractal：Form，Chance and Dimension*）一书	
	查尔斯·A. 詹克斯，《后现代建筑语言》（*The Language of Post-Morden Architecture*）		
	布伦特·C. 布罗林（Brent C. Brolin），《现代建筑的失败》（*The Failure of Modern Architecture*）		
	皮亚诺，罗杰斯，蓬皮杜中心完工		
	彼得·布莱克（Peter Blake），《形式跟随惨败——现代建筑何以行不通》（*Form Follows Fiasco：Why Mordern Architecture Hasn't Worked*）		
1979	第二次能源危机		

资料来源：Kenneth Frampton. 近代建筑史［M］. 贺陈词，译. 台北：茂荣图书有限公司，1984；汉诺-沃尔特·克鲁夫特. 建筑理论史——从维特鲁威到现在［M］王贵祥，译. 北京：中国建筑工业出版社，2005；吴焕加. 20世纪西方现代建筑史［M］. 郑州：河南科技出版社，1998.

2.3.3　自组织思想在建筑地域性研究中的萌芽

在20世纪60～70年代，自组织思想的发展促进了对现代建筑的反思，对建筑地域性的研究。这种结合并非偶然，共同的时代、共同的困惑使得两种理论在各自的领域遥相呼应。它们之间

① 参见M. 艾根的主要出版物：EIGEN M，SCHUSTER P. The Hypercycle［M］. Berlin：Springer-Verlag，1979.
参见：吴彤. 自组织方法论研究［M］. 北京：清华大学出版社，2001：68. 吴彤认为超循环论是自组织结合方法论，认为该理论目前仍然处于假说阶段。
② 参见：曾健，张一方. 社会协同学［M］. 北京：科学出版社，2000：序言；以及：吴彤. 自组织方法论研究［M］. 北京：清华大学出版社，2001：5. 认为在1971～1976年间发展了协同学。
③ 参见：吴彤. 自组织方法论研究［M］. 北京：清华大学出版社，2001：5.
观点原引自：HAKEN H. Synergetics，An Introduction：Non-Equilibrium Phase Transitions and Self-Organization in Physics，Chemstry，and Biology. Springer-Verlag，III，1983：191.
④ 参见：吴彤. 自组织方法论研究［M］. 北京：清华大学出版社，2001：5.
普里戈金等人的观点参见：NICOLIS G，PRIGOGINE I. Self-Organization in Non-Equilibrium System［M］//Dissipative Structures to Order through Fluctuations，New York：Wiley，1977：60.

的关联，可以通过1）自组织理论出现之前，2）与自组织理论共同发展［克里斯托弗·亚历山大（Christopher Alexander）的《建筑的永恒之道》］，3）自组织理论成熟之后的借鉴（芦原义信《隐藏的秩序》）三个阶段来考察。

自组织理论出现之前，大量建筑师通过对建筑"有机性"的关注思考了局部与整体、功能与形式、建筑与地域等问题。1960年代，自组织理论逐渐成形的阶段，克里斯托弗·亚历山大在建筑领域一直探索新的道路，从系统的角度思考建筑的发展的"道"。自组织理论逐渐成熟之后，引起了建筑师的广泛关注，芦原义信1989年出版的《隐藏的秩序》一书中，阐释了传统的建筑理论研究者对这一崭新理论的理解，并将东方哲学与之建立了联系。

2.3.3.1　早期萌芽——关于建筑有机性、开放性的观点

对于建筑的自组织特征，很早就有一些朴素的认识。自组织概念出现之前，这种朴素的认识表现为三种情形。

首先，是从美学的、纯形式主义的视角探讨了整体与局部的关系，认为建筑的比例、尺度是"自然"规律的映射。早期这种观念主要表现为将建筑隐喻为"人体"；后期发展为自组织形态上纯粹的模仿。这样的观点由来已久，阿尔伯蒂（Leon Battista Alberti）曾就此探讨过各个部分如何构成整体，要素怎样并置，如何产生共同的美等问题。"自然的美是连续与和谐的并置，细部服从各部分的体块，各部分又服从于整体。[①]"19世纪德国美学家赫尔曼·芬斯特林（Hermann Finsterlin，1887-1973）强调形式上的有机，热衷于构思由不规则的元素和成分组成一系列塑性的形体，以此来表达他对于"有机"的理解[②]。

另外两种观点主要从动态生长的角度思考建筑的有机性。"建筑从来不是服从于某一先验的美学观点而出现的。它围绕着种族的实际需要而生长，并在满足这种需要的过程中变形"。[③]

其次，建筑是可生长的，这种生长基于"功能"原理。约翰·乔治·祖尔策（Johann Georg Sulzer）强调地形与气候对于建筑的重要性，具有朴素的地域建筑观。他以大自然和人体为典范提出了"有机—功能主义"，对"整体—部分""功能—美观"等问题做出了阐释："每一个有机体都是一座建筑；它的每一部分都适宜于它所倾向于的用途；同时所有的局部都以最紧密最便利的关系联结在一起；而它的整体，则以自身的方式表现出最好的外形，因其完美的比例、各部分精巧的和谐与优美的色泽而引人注目。"[④] 18世纪，意大利的理论家，修道士卡洛·洛多利（Carlo Lodoli，1690-1761）认为"理性"是建筑的核心，理性建筑是一个"有机体"。胡戈·哈林（Hugo Häring，1882-1958）认为"几何文化进化为一种有机的建筑模式"是一种进步。功能引起了一种

---

① 汉诺-沃尔特·克鲁夫特. 建筑理论史——从维特鲁威到现在［M］. 王贵祥，译. 北京：中国建筑工业出版社，2005：259.

② 同上：280.

③ 杰弗里·斯科特. 人文主义建筑学——情趣史的研究［M］. 张钦楠，译. 北京：中国建筑工业出版社，1989：3.

④ 汉诺-沃尔特·克鲁夫特. 建筑理论史——从维特鲁威到现在［M］. 王贵祥，译. 北京：中国建筑工业出版社，2005：133.

无名的方式；"有机"形式的术语，并不意味着与有机形式相似，而是遵守有机的原则，同时又是功能性的；"有机与功能等同起来"。①

美国霍拉肖·格里诺（Horatio Greenough，1805-1852）的思想是对前两种观点的总结：1）美要从自然中寻找，在生物学上的类比，对整体与局部关系的反思，类似于阿尔伯蒂的思想；2）从造船业上获得"如何将一种与自然的类比"在现代性语境下实现的启示；3）建筑从内而外地生长，从功能需求开始发展，形成有机的骨骼，装束是外在的表皮。

最后，强调建筑与地域文化、气候、资源的紧密关联，认为建筑与植物一样，是从大地之中生长出来的；"有机建筑"的观念与建筑地域性研究被联系起来。

17世纪，英国外交家、业余建筑师亨利·沃顿（Henry Wotton，1568-1639）认为建筑是自然的模仿物，是一种融合天气、地域、民族要素的有机体。19世纪，德国建筑师卡尔·施纳赛（Carl Schnaase，1798-1875）、弗朗兹·库格勒（Franz Kugler，1808-1858）敏锐地注意到，"生物进化进程中的有机原则和细分原则同样适宜于建筑之中"。19世纪中期，德国建筑理论家戈特弗里德·森佩尔（Gottfried Semper，1803-1879）在评论希腊建筑时指出，希腊建筑"在建筑创造和工业产品中融入了有机的生命力，希腊的神殿与纪念性建筑物都是有机生长的"。他以一种开放的观念看待建筑，在其早期建筑的"四个基本元素"概念中，将"建筑表皮"与"衣服"对比，首次在建筑学领域提出了"新陈代谢"的观念。19世纪，英国托马斯·霍普·阿纳斯塔修斯（Thomas Hope Anastasius，1769-1831）认为"建筑有机体"是根据它所赖以生存的气候条件而进化的，"这些组成了一种新建筑，一种诞生于我们的国家中，成长于我们的土地上，与我们的气候、文化、习惯和谐一致的建筑"。瑞士地区的鲁道夫·斯坦纳（Rudolf Steine，1861-1925）同样关注"有机概念"强调原则的重要性，"这一有机特质，决不能表达成类似'自然'，或像寓言和象征一样的东西，而必须是从'大自然的有机创造原则'中来的，也必须本着一种内在的需求，贯彻到整体、细节与装饰之中"。②

19世纪荷兰的建筑艺术家约翰内斯·利多维斯·马蒂·L（Johannes Ludovicus Mathieu Lauweriks，1864-1932）的观念已经相当接近现代自组织原理，认为"'一个成比例的象征性几何原型'可以由系统单元组合而成，和自然界中有机体是由细胞组合而成的道理是一样的"。"建筑依赖于单元而建，建筑有机体由于这单元而成……这具有广泛基础的韵律总是会出现的，没有这单元就不可能设计一座建筑，因为这单元并不依靠自然机体的结构而存在。""宇宙秩序的模式出现在建筑中，而秩序的背后，潜藏着一种富有创造性的数学原理。反过来，宇宙秩序又会影响到人类社会的秩序。"在这种思想的指导下，他所任教的杜塞尔多夫工艺美术学校里，"所有设计都呈现出相似又高度个人化的面貌"。③

弗兰克·劳埃德·赖特（Frank Llyod Wright，1867-1959）广为人知的"有机建筑"理论中也

---

① 汉诺-沃尔特·克鲁夫特. 建筑理论史——从维特鲁威到现在［M］. 王贵祥，译. 北京：中国建筑工业出版社，2005：285.
② 同上：281.
③ 同上：282.

将建筑比喻为一棵树。建筑如同自然一样生长，且具有开放性，"有机建筑永远也不可能完成"。沙里宁的"有机疏散"理论则较早地关注到城市，把城市比喻为细胞，反对按照纯粹的技术原则去改造城市①。黑川纪章将佛教传统与欧洲文化融合，追求"人—机器—空间"融合的有机建筑整体。

我国学者在民居建筑当中，也认识到了这种自发性的规律。魏秦、王竹在研究民居的演进机制中提到，"我们将民居建筑看作有机的生命体，那么从生物进化角度理解，进化包含了一个从无到有创造新质的演变过程，最初用于胚胎学、指胚层、器官逐渐形成与展露，且这个过程是带有方向性的进步"。②"现代科学将生命体看成开放系统，开放系统通过与环境中的物质、能量、信息的交换，从而获得自己的调节方式，并能向着更高级的方向演化，这是一种整体协调能力，并在此基础上获得自我进步能力，这正是生命进化的根本机制。"③

2.3.3.2　当代的共鸣1——克里斯托弗·亚历山大《建筑的永恒之道》

自组织哲学思想在当代建筑学发展中产生广阔的回响。克里斯托弗·亚历山大、斯坦·艾伦、芦原义信等人的论述中都引述了自组织的理论，其中克里斯托弗·亚历山大、芦原义信尤为值得关注。与其他思考者不同，从1960年代初期开始，克里斯托弗·亚历山大受系统论的影响，将建筑视为系统，探讨其自组织的生成法则。他的思想与自组织理论思想并行发展，不是简单的借鉴关系。作为一个东方的建筑理论家，芦原义信试图用自组织理论重新阐释东方的建筑哲学。克里斯托弗·亚历山大、芦原义信均将缓慢的、自发的、小尺度的，基于个体决策的建筑方式视作地方文化建构的手段，作为对现代主义建筑思想的反思。

克里斯托弗·亚历山大的思想伴随着自组织思想的发展共同演进。

亚历山大建筑思想的形成，可以大致分为三个时期（表2-12、表2-13）。1965年《城市并非树形》总结了克里斯托弗·亚历山大在系统论影响下对城市的认知。1965～1977年间，克里斯托弗·亚历山大发表了一系列的论文，试图借助系统论的研究方法，探究一种可以反映日常生活的建筑设计体系。这些思想以《模式语言》（1977年）、《建筑的永恒之道》（1975年，发表文章④）为代表。这些思想的发表，都略早于自组织概念提出的时间（1976，赫尔曼·哈肯提出"自组织"概念⑤；1977年，普里戈金与他的同事建立"耗散结构"理论和概念⑥；同年B. B. 曼德布洛特发表

---

① 单军指出：城市拟人化的生长本身具有两方面的性质，其中之一是揭示了"城市演进方面的自组织性"。参见：单军. 建筑与城市的地区性［D］. 北京：清华大学建筑学院，2001：177.

② 魏秦，王竹. 防避·适用·创造——民居形态演进机制诠释［G］//中国民族建筑研究会民居建筑专业委员会. 2007第十五届中国民居学术研讨会. 西安：2007第十五届中国民居学术会务组，2007：248-251.

③ 陈榕霞. 进化的阶梯［M］. 北京：中国社会科学出版社，1996.

④ ALEXANDER C. Timeless Way of Building［J］. A+U，1975，51（5）：49-60.

⑤ 参见：吴彤. 自组织方法论研究［M］. 北京：清华大学出版社，2001：5. 观点原引自：HAKEN H. Synergetics, An Introduction：Non-Equilibrium Phase Transitions and Self-Organization in Physics, Chemstry, and Biology［M］. Springer-Verlag，III，1983：191.

⑥ 参见：吴彤. 自组织方法论研究［M］. 北京：清华大学出版社，2001：5. 普里戈金等人的观点参见：NICOLIS G，PRIGOGINE I. Self-Organization in Non-Equilibrium System［M］//Dissipative Structures to Order through Fluctuations，New York：Wiley，1977：60.

《分形：形式、机会和维度》一书）。因此，它们不是对自组织理论的直接借鉴，而是不同领域，在同一时代背景下殊途同归的成果。1977年之后，克里斯托弗·亚历山大企图通过一系列的实践证明自己的理念。2004年后发表的四卷本系列《秩序本源》①，是对第二个阶段（1965～1977年）思想的总结和复述，理论上缺少新意，各卷册内容前后重复。在这套论文集当中，自组织观念仍然没有被明确提及，但书中大量借用自组织理论中的著名实验，并以插图的形式来阐释他的建筑思想。

克里斯托弗·亚历山大的思想分期　　　　　　表2-12

时间（年）	主要观点及著作
1954～1965	1954年获得最高公开奖学金，开始在剑桥大学三一学院学习物理和化学，后转学数学。在剑桥大学获得建筑学学士和数学硕士学位。主要关注系统论、信息论以及行为学对建筑设计的影响，这三个要点在后来的研究工作中不同年代有不同的侧重，但共同构成了后续研究的基石
1965	以发表《城市并非树形》②为标志，同年还发表《快速中转站的390个要素》③《形式理论与创造》④等文章
1965～1977	模式观点最早见于1966年发表的《街道模式》⑤，1975年完成《俄勒冈试验》⑥，1975年，《建筑的永恒之道》在杂志上发表⑦，1976年在墨西哥完成《住宅制造》⑧的实践工作
1977⑨	以《模式语言》出版为标志。同年还发表《建筑师充当承建商》⑩，完成《秩序本源》第一卷手稿⑪

① 第一稿于1981年完成。
ALEXANDER C. The Nature of Order [M]. California：Center for Environmental Structure，2004.
② "A City is Not a Tree" 是一篇论文，最初发表于1965年的ARCHITECTURAL FORUM上，此后被多次转载。
③ ALEXANDER C，KING V M，ISHIKAWA S. 390 Requirements for the Rapid Transit Station：Library of the College of Environmental Design [M]，California：Berkeley，1965.
④ ALEXANDER C. The Theory and Invention of Form [J]. ARCHITECTURAL RECORD，1965，137：177-186.
⑤ 其余包含模式研究的相关成果还有，1966年《街道模式》，1968年《多功能服务中心70个模式的次语言》，1968年《环境的模式语言》，1968年《厚墙模式》，1968年《设计模式组织》，1969年《模式生成住宅》。
⑥ ALEXANDER C. The Oregon Experiment [M]. Oxford University Press，1975.
⑦ ALEXANDER C. Timeless Way of Building [J]，A+U，1975，51（5）：49-60.
⑧ 成果由牛津大学出版社1985年出版。ALEXANDER C，DAVIS H，MARTINEZ J，Don Corner. The Production of Houses [M]. New York：Oxford University Press，1985.
⑨ 所有关于建筑模式的研究成果全部完成，应该是在1980年，林茨咖啡馆建成发表之后，亚历山大称之为最能反映自己思想的作品，这一观点，在已经出版的中文本《住宅制造》《城市设计新理论》的导言部分叙述得相当详细，此处不多论述。1979年出版的《建筑的永恒之道》是对前期大量理论与实践工作的总结，是建筑模式研究理论上的总结，但主要观点在1975年基本成形，可以参见：ALEXANDER C. Timeless Way of Building [J]，A+U，1975，51（3）：49-60. 因此将1977年作为一个划分克里斯托弗·亚历山大思想成型的时间节点，不为过。
⑩ 详参模式语言研究网站http://www.patternlanguage.com/leveltwo/ca.htm以及http://en.wikipedia.org/wiki/Christopher_Alexander中的有关介绍，以及：徐卫国. 亚历山大其人其道 [J]. 新建筑，1989（2）：24-26.
⑪ 参见：克里斯托弗·亚历山大个人创建的模式语言研究网站http://www.patternlanguage.com/bios/vitae.htm中的个人生平介绍。

续表

时间（年）	主要观点及著作
1977至今	思想的发展阶段，以大量的实践验证和应用前期理论。主要成果是《秩序本源》①发表。

注：灰色部分为过程，白色部分为节点年代。

克里斯托弗·亚历山大重要论述年表与自组织理论发表时间的关系　　　表2-13

时间		重要著作或观点的发表
1948年		L. V. 贝塔朗菲出版《生命问题》一书，标志一般系统论的问世②
1963年	●	与Serge Chermayeff合作完成《社区与私密》（*Community and Privacy*），成书的时间为1959～1963年间③
1964年	●	《形式合成纲要》④
1965年	●	《形式理论与创造》《城市并非树形》
1960年代末		[法] 勒内·提利（René Tilly）提出突变论⑤
1968年		确立系统论学术地位的是1968年L. V. 贝塔朗菲发表的专著：《一般系统理论基础、发展和应用》
1971年		[德] 生物学家M. 艾根提出超循环理论⑥，[德] 赫尔曼·哈肯提出协同学⑦
	●	《设计方法论的驳斥》⑧
1975年	●	《俄勒冈实验》，《建筑的永恒之道》以文章的形式发表
1976年		[德] 赫尔曼·哈肯提出"自组织"概念，同时比较清晰地比较了"组织"和"自组织"的概念⑨

① 是前期短文的集锦，四卷，前后内容重复、交织，新的理论进展不多。

② 一般系统论并不划分在自组织理论的视野之下，但系统论对于自组织理论以及克里斯托弗·亚历山大思想的形成都有重要影响，因此列入表中，以便清晰地表达之间的影响关系，为了明确，以灰色底色区分说明。

③ 详参模式语言研究网站http://www.patternlanguage.com/leveltwo/ca.htm以及http://en.wikipedia.org/wiki/Christopher_Alexander中的有关介绍。
CHERMAYEFF S, ALEXANDER C. Community and Privacy：toward a new architecture of humanism [M]. NewYork：Doubleday, Garden City, 1963.

④ 详参模式语言研究网站http://www.patternlanguage.com/leveltwo/ca.htm以及http://en.wikipedia.org/wiki/Christopher_Alexander中的有关介绍。
ALEXANDER C. Notes on the Synthesis of Form [M]. Cambridge, Massachusetts：Harvard University Press, 1964.

⑤ 参见：吴彤. 自组织方法论研究 [M]. 北京：清华大学出版社，2001：68. 吴彤认为突变论是自组织演化途径方法。

⑥ 参见M. 艾根的主要出版物：EIGEN M, SCHUSTER P. The Hypercycle [M]. Berlin：Springer-Verlag, 1979. 参见：吴彤. 自组织方法论研究 [M]. 北京：清华大学出版社，2001：68. 吴彤认为超循环论是自组织结合方法论，认为该理论目前仍然处于假说阶段。

⑦ 参见：曾健，张一方. 社会协同学 [M]. 北京：科学出版社，2000：序言；以及：吴彤. 自组织方法论研究 [M]. 北京：清华大学出版社，2001：5. 认为在1971～1976年间发展了协同学。

⑧ 详参：徐卫国. 亚历山大其人其道 [J]. 新建筑，1989（2）：24-26.

⑨ 参见：吴彤. 自组织方法论研究 [M]. 北京：清华大学出版社，2001：5. 观点原引自：HAKEN H, Synergetics, An Introduction：Non-Equilibrium Phase Transitions and Self-Organization in Physics, Chemstry, and Biology [M], Springer-Verlag, III, 1983：191.

续表

时间		重要著作或观点的发表
1977年		［比］普里戈金与他的同事建立"耗散结构"理论和概念的时候，运用了自组织的概念①，B. B. 曼德布洛特发表《分形：形式、机会和维度》一书
	●	《模式语言》，《建筑师充当承建商》，完成《秩序本源》的初稿
1979年	●	《建筑的永恒之道》
1981年	●	《林茨咖啡》（奥地利林茨咖啡店的设计完成于1980年）②，《几何学》是2004年得以正式出版的《秩序本源》的手稿③
1982年		B. B. 曼德布洛特发表《The Fractal Geometry of Nature》一书
1985年	●	《住宅制造》出版④
1987年	●	《城市设计新理论》出版⑤
2000年	●	创办模式语言网站
2004年	●	《秩序本源》出版

　　本研究视野下，若将克里斯托弗·亚历山大"永恒之道"以"自组织观念"进行替换，原书语焉不详、思想晦涩的部分将变得明朗。《建筑的永恒之道》中的自组织观念主要体现在四个方面：1）城市是复杂的；2）秩序是内在的；3）不能由外力完全掌控；4）只能由大量个体聚集生长而成。

　　1. 城市是复杂的

　　在"花与种子"当中，植物的生长与城市的生长对应起来，"有机体不能创造，它不能通过一个主观的创造活动来想象，而后根据创造者的这一蓝图来建造。它太复杂、太微妙了，不可能从创造者心灵的闪光中诞生"。⑥

　　2. 城市的秩序是内在的

　　"惟有我们自己才能带来秩序的过程，它不可能被求取，但只要我们顺应它，它便会自然而

---

① 参见：吴彤. 自组织方法论研究［M］. 北京：清华大学出版社，2001：5. 普里戈金等人的观点，参见：NICOLIS G and PRIGOGINE I. Self-Organization in Non-Equilibrium System［M］//Dissipative Structures to Order through Fluctuations，New York：Wiley，1977：60.

② ALEXANDER C. The Linz Café［M］. New York，NY，USA. Löcker Verlag，Vienna，Austria：Oxford University Press，1981：94.

③ 参见：克里斯托弗·亚历山大个人创建的模式语言研究网站http://www.patternlanguage.com/bios/vitae.htm中，个人生平介绍。
ALEXANDER C. Geometry：unpublished manuscript，early manuscript version of The Nature of Order［M］，Berkeley，1981.

④ C. 亚历山大，等. 住宅制造［M］. 高灵英，李静斌，葛素娟，译. 北京：知识产权出版社，2002.

⑤ C. 亚历山大，等. 城市设计新理论［M］. 陈治业，童丽萍，汤昱川，译. 北京：知识产权出版社，2002.

⑥ C. 亚历山大. 建筑的永恒之道［M］. 赵冰，译. 北京：知识产权出版社，2002：127.

然地出现。"[①] "建筑或城市只有踏上了永恒之道，才会生机勃勃。"[②]

3. 城市的不能由外力完全掌控

"很明显，没有哪个建构过程会直接产生这种复杂性，惟有那些秩序自身增殖的非直接的生长过程……才能产生这种生物的复杂性"[③]。在"城市缓慢出现"当中，克里斯托弗·亚历山大明确地指出，这些规律"也适应于一个城市"[④]。

4. 城市只能由大量个体聚集生长而成

"它有亿万个细胞，每一个都完美地适应其条件——而这之所以发生只因为有机体不是制造的，而是通过一个容许这些细胞随时间推移逐级适应的过程产生的。"[③]

2.3.3.3　当代的共鸣2——芦原义信《隐藏的秩序》[⑤]

1989年芦原义信的著作《隐藏的秩序》与1995年约翰·H.霍兰划时代的著作《隐秩序：适应性造就复杂性》[⑥]同名，显示了芦原义信对城市作为一个复杂自适应系统特质的洞察力（图2-10，表2-14、表2-15）。

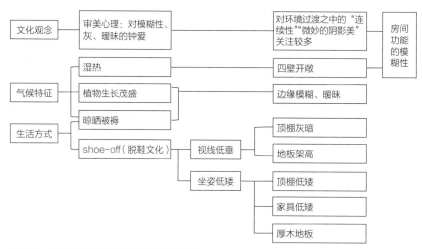

图2-10　芦原义信《隐藏的秩序》的主要内容

---

① C.亚历山大.建筑的永恒之道［M］.赵冰，译.北京：知识产权出版社，2002：5.

② 同上：1.

③ 同上：127.

④ 同上：382.

⑤ Yoshinobu Ashihara. The Hidden Order：Tokyo Through the Twentieth Century［M］. Tokyo，Newyork：Kodansha International，1989.

⑥ 约翰·霍兰.隐秩序：适应性造就复杂性［M］.周晓牧，韩晖，陈禹，等，译.上海：上海科技教育出版社，2000. 还有一本：戴维·玻姆.整体性与隐缠序：卷展中的宇宙与意识［M］.洪定国，张桂权，查有梁，译.上海：上海科技教育出版社，2013. 前者英文书名为《Hidden order》，芦原义信的"隐秩序"的英文也是"Hidden order"，完全一致。Bohm的隐缠序英文为：Implicate order，内涵不同。

主要观点与案例　　　　　　　　　　　　　　表2-14

内容	细分
可见的视野	地板上的生活 阴影礼赞 变化的卧城
隐藏的秩序	轮廓线的模糊性 变形虫城市 形式的计算
东京，一个分离的城市	在巴黎的思考 在南太平洋的沉思 中国建筑：比东方化更西方化

变形虫城市与西方城市的比较　　　　　　　　表2-15

	可再生性	中心的状态	中心与边缘	价值观
西方城市	不易再生的	中心衰落	有中心，护城河环绕，有边缘	追求永恒的形态
东京（变形虫城市）	可再生的	中心活力	无中心，无定形	变化是永恒的

芦原义信在表达自己对于东京城市的认知时，隐约提及城市自发生长的本质特征，但未能清晰地描述，只能以"隐藏的秩序"笼统概括为"日本城市和日本建筑特征中本身固有的东西……它是一种代表着日本文化与西方文化之间许多感觉上不同的隐藏的秩序"。芦原义信主要以曼德布洛特的分形理论来阐释"隐秩序"，多次引用了《The Fractal Geometry of Nature》一书观点，但着重从建筑视角的理解，并未拘泥于分形理论准确的学术内涵。"他也发现自然界的表面混乱中包含着一种灵活的有秩序结构，这种结构从随机的图形演化而来。我想：如果用十分恰当的词来解释就是'隐藏的秩序'。"[①]

芦原义信的研究从生活出发，提出要"从研究空间与人的行为之间的关系来揭示城市价值"。[②]认为研究的"关键是在对待局部和整体的态度上，隐藏的秩序来自建筑和城市的局部存在，虽然它们可能缺少艺术感受中的完整性，在形式上不是特别吸引人，但在内容和功能上，它们环绕着一个特定的隐藏的秩序，才使得今天的日本城市有可能充满活力和繁荣昌盛"。[②]

在芦原义信的研究中，城市（东京）生长过程当中"隐藏的秩序"可以归结于文化观念、气候特征、生活方式三个方面的原因，从轮廓线的模糊性、变形虫城市、形式的计算三个方面展开论述。

---

① Yoshinobu Ashihara. The Hidden Order：Tokyo Through the Twentieth Century［M］. Tokyo，Newyork：Kodansha International，1989：19.

② 徐巨洲. 空间论怎样评论城市的混乱——读《隐藏的秩序》［J］. 国外城市规划，1994（4）：49-53.

1. 轮廓线的模糊性

格式塔心理学对芦原义信的影响很大，图底关系的基本研究方法仍然居主导。此外主要借助分形几何的观点，从边界的模糊性、形状的可变性两个方面来解读城市。文中没有仔细探讨观测尺度对边缘线长度测度的影响，而是专注于外界条件的变化对形状的干扰。外界环境导致形状的不可捉摸，与分形描述的边界模糊问题，实质略有不同，海平面的上升对陆地轮廓的影响，作为一系列论述的结尾未必贴切，稍显牵强。但文中相关观点还是富于启发性，"作为一个整体，这些城市的形状是极其不稳定和不明确的，它们的边缘由一个中介的模糊地带包围着，处在永恒的变化之中"。①

2. 变形虫城市

"受到Mandelbrot（B.B.曼德布洛特）的启发，芦原义信阐释了变化对于城市的价值。Mandelbrot提到的适应性的秩序结构概念，包含显现混乱的任意行为，在这里是关键性的。"②

"城市建设在日本以一种相当权宜之计的方法进行，中途依照即时的要求和新的发展计划而变化。……虽然在进行土地开发和城市规划时不允许试验和错误，但也还要服从于频繁的变化和修订。……在日本，社会的变化仍不断地突然发生，使用短期的发展计划优点在于无论何时觉得必要都可以改进和修正，常常带来比稳定的长期规划更好的结果。"③"整个东京是一个永恒的结构物和各局部的再构物，被赋予了一种胡乱和混杂无章的量度。一些局部组成了一个独特的结构整体，而这个整体是一个更高层次中的一部分。城市是一个有机的统一体，经历了不断的变化和发展，而且割舍、抛弃了没有必要的部分。"④

3. 形式的计算

形式计算的基本方法是加法和减法，二者不同之处可以简单地以表2-16描述。

形式的计算方法：加法和减法比较　　　　　　　　　　　　表2-16

分类	体验方式	形态存在方式	功能与形式	形态特征	建造过程	亚整体	秩序	实例
减法的建筑	适于远观	可以独立存在，外轮廓完整	功能填入完整的几何形体	形态完整、对称，有纪念性	从整体入手，再分割为内部秩序	没有"亚整体"观念	显性的秩序	马赛公寓，帕提农神庙
加法的建筑	适于穿行体验	与环境共生，离开环境就不完整	功能模块聚集，形态开放自由	形态自由，不强调纪念性，不对称	从局部着手，继而从这里形成一个外部的秩序	包含"亚整体"阶段	隐藏的秩序	帕米欧疗养院，桂离宫

① Yoshinobu Ashihara. The Hidden Order：Tokyo Through the Twentieth Century［M］. Tokyo，Newyork：Kodansha International，1989：55.

② 同上：64.

③ 同上：60.

④ 同上：64.

　　芦原义信主要附会"分形理论"进行阐释，未明确涉及其他自组织理论。书中未能更清晰地解释隐秩序；着重东西方文化差异的比较，未将"隐秩序"作为城市发展的普遍规律做进一步探讨；对中国城市与文化的片面化理解是其可憾之处。但将自组织理论与建筑的地域文化结合探讨，从局部细节开始研究单体，再从单体出发探讨城市特色形成的研究思路都弥足珍贵，且文辞隽永，值得回味。

2.4　小结

　　为了搭建考察自发性建造的概念框架，本章引介了自组织原理的基本理论，将自发性建造视为一种自组织结构。

　　自组织概念的引介中，主要介绍了自组织理论的基本含义，梳理了其学科构成，重点介绍了自组织与他组织的概念。自组织研究在各个领域都有应用，在城市空间领域亦有发展，但在邻里以下的空间尺度中应用较少。为了进一步在自组织视野下探讨地域性的生成机制，本书借鉴道萨迪亚斯及N.J.哈伯拉肯的划分方法，对空间层级进行了划分，以便于思考独立单元如何聚集为群落。

　　自组织在建筑地域性与自发性建造中搭建了桥梁。自发性建造不受外来特定指令控制，大量独立单元自主建造，从组织方式上来看，与自组织结构一致。在自组织结构中，每个节点都受先前状态以及相邻节点状态的影响，同时影响周边节点。这种对节点在时间、空间维度上相干性的关注，与建筑地域性的概念、所关注的重点相契合。除此，共同的学术起源、相似的兴起背景进一步拉近了地域性与自组织研究的关联。以上论述证明，可以在自组织视野下，通过研究自发性建造，进一步认识建筑的地域性。

3

秩序的涌现：建筑地域性的自发生成

在自组织理论框架下，建筑地域性的内涵、特征、范畴需要进一步解读。本章试从概念认知、领域细分、产生根源、影响因子几个方面进行阐释（图3-1）。

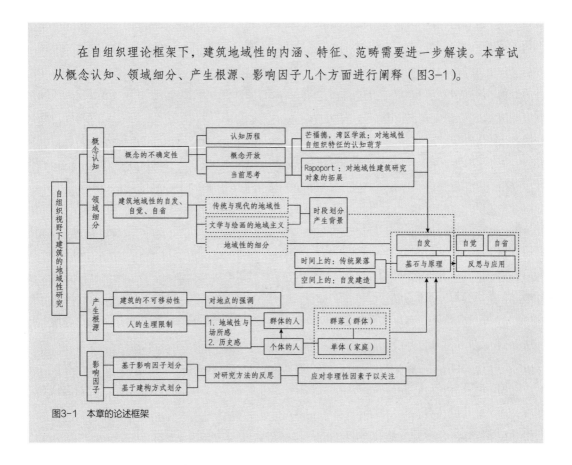

图3-1 本章的论述框架

3.1 对建筑地域性的认知

作为建筑的基本属性①，对建筑地域性的关注已久，但相关认知仍然含混、模糊②。因此，有必要在自组织理论框架中进行再阐释，对其内涵进行补充。

---

① "地区建筑学不是作为一个流派而提出的，而是逐渐被认识的一种普遍存在的现象和规律。这在我国文化史、城市史、建筑史、园林史以及工艺美术史等中都是一个无容置疑的事实。并且从广义建筑学来理解，它也是建筑发展的必由之路。"吴良镛. 建筑文化与地区建筑学 [J]. 华中建筑，1997，15（2）：13-17.

② Vincent B. Canizaro在《建筑的地域性：关于场所与个性，现代与传统的论文集》（*Architecture Regionalism：Collect Writings on Places，Identity，Modenity，and tradition*）的前言中也感慨："在如此广泛的讨论里，所显现出来的是对生活中可能性与参与性的平衡，以及对地域性生活，这个话题的共同关注。然而，在更真切的观察下，差异性压倒了相似性，似乎各种地方主义理论也像各个地区那样，相互之间立场鲜明不可调和。"CANIZARO V B. Architecture Regionalism：Collect Writings on Places，Identity，Modenity，and tradition [M]. New York：Princeton Architecture Press，2007：12.

3.1.1　概念的开放性

尽管关注已久，对建筑地域性的具体含义仍然缺少统一认识。当前，对于地域性的广泛关注，是以对这个词的种种不同的解释为基础的。"地域主义犹如地区本身一样多元，与其地点和历史环境相互对应"。不同地区，不同时代对地域的解读会有不同，建筑的地域性没有一个确定的概念①。"无论自然的地域，抑或文化的地域，并非一成不变"②，"'地域'的本质随需求、目的，以及这个概念的使用标准而变化"。③

难于对建筑地域性的概念做出一个清晰的界定，但以自组织观念为框架对自发性建造进行的研究，可以从组织机制上对建筑地域性的内涵进行阐释，是对既有认识的补充。

3.1.2　传统认知

笼统而言，建筑的地域性是指建筑与所处地方在自然要素、人文要素、技术要素④之间的关联，表现为有别于其他地区的"共同特征"。作为人与环境之间的调节器，建筑的地域性不由"建筑—场所"关系简单决定，实质上阐释了"人—建筑—环境"三者之间的关联。

当代对建筑地域性的研究可分为两个大的部分：乡土建筑研究和当代地区主义建筑理论。前者可以回溯到工艺美术运动中对即将消失的乡村景象的关注⑤，后者通常以英国园林的画境风格⑥为起点开始论述，但事实上，作为建筑的本质属性，建筑师对建筑地域性的关注由来已久，贯穿建筑理论研究的始终。表3-1中列举了从维特鲁威（Vitruvius）到20世纪现代建筑产生过程中，对建筑地域性思考的发展变化历程。在这个过程中，气候、地理、生活（功能）、民族、社会、文化、材料、技术等诸项要素逐渐被认识，其中自然要素、人文要素，甚至包括功用等因素一直为人瞩目，而技术经济要素对建筑地域性的影响则在19世纪之后才一跃成为普遍关注的重点。

---

① 弗兰姆普敦也认为"应当把地域文化看作是一种不是给定的、相对固定的事务"，参见：肯尼斯·弗兰姆普敦. 现代建筑——一部批判的历史［M］. 张钦楠，等，译. 北京：生活·读书·新知三联书店，2004：355.

② CANIZARO V B. Architecture Regionalism: Collect Writings on Places, Identity, Modenity, and tradition［M］. New York: Princeton Architecture Press，2007：14.

③ Merrill Jensen的观点，原注：Felix Frankfurter as quoted in Merrill Jensen, ed., Regionalism in America, Vincent B. Canizaro. Architecture Regionalism: Collect Writings on Places, Identity, Modenity, and tradition. New York: Princeton Architecture Press，2007：12.

④ 目前对建筑地域性的理解中，对自然要素的重视是基本的共识，对人文要素的解读较为普遍，技术方面的观点大体可以分为三类：1）对技术进步表示忧虑与批判；2）材料、技术的革新不可避免，新技术与自然、人文相结合；3）适宜性技术研究。

⑤ RICHARDSON V. New Vernacular Architecture［M］. London: Laurence King Publisher. 2001：6-18.

⑥ 亚历山大·楚尼斯和利亚纳·勒费夫尔在《批判性地域主义——全球化世界中的建筑及其特性》一书的前言部分对当代地域主义运动的发展历程做了清晰的描述。亚历山大·楚尼斯，利亚纳·勒费夫尔. 批判性地域主义——全球化世界中的建筑及其特性［M］. 王丙辰，译. 北京：中国建筑工业出版社，2007：6.
关于画境风格，另可参见：汉诺-沃尔特·克鲁夫特. 建筑理论史——从维特鲁威到现在［M］. 王贵祥，译. 北京：中国建筑工业出版社，2005：184，186，187，189，193，194，211，250，256，265，326，501.

建筑地域性思想启蒙及相关观点   表3-1

时间	国家	人物	观点
公元前后	意大利	维特鲁威	建筑特征与气候相关
15世纪初	意大利	莱昂·巴蒂斯塔·阿尔伯蒂 （Leon Battista Alberti）	建筑为生活的必需、便利、愉悦而设计
15世纪末	意大利	弗朗切斯科·迪·乔其奥· 马蒂尼（Francesco di Giorgio Martini）	建筑的特征由气候决定
16世纪中	法国	雅克·安德鲁埃·杜塞西 （Jacques Androuet Ducerceau）	民族、地理、气候的方法
16世纪末	意大利	温琴佐·斯卡莫齐 （Vincenzo Scamozzi）	气候条件的决定性作用
16世纪末	荷兰	汉斯·弗雷德曼·德·弗里斯 Hans Vredemann de Vries）	民族的、地理的、气候的方法，寻找适合荷兰本土的建筑形式，建筑的精神适合于国家的自然和社会条件
17世纪初	英国	亨利·沃顿	建筑是对自然的模仿，并强调要将天气、地域、民族等因素考虑在内
17世纪初	英国	—	功能与美学并存，贴近自然，变化多样
17世纪末	德国	莱昂哈德·克里斯托夫· 斯图尔姆（Leonhard Christoph Sturm）	实际需要以及社会条件与气候条件，使得德国建筑与意大利不同
18世纪中	法国	热尔曼·博法尔 （Germain Boffrand）	建筑的发展取决于文明程度和气候条件
18世纪中	德国	约翰·乔治·祖尔策	强调有机功能、气候、地形
18世纪末	德国	弗朗切斯科·米利萨 （Francesco Milizia）	自然决定的常数，以及气候、人文决定的变数
19世纪初	英国	亨利·霍普·里德 （Henry Hope Reed）	气候、材料、工具、社会条件。与我们的土地、气候、文化、习惯和谐一致的建筑
19世纪初	法国	皮埃尔-弗朗索瓦-莱昂·查尔斯·方丹（Pierre-François-Léonard Charles Fontaine）	将"意大利大师指引的方向"与法国的气候条件、材料特点及美学倾向结合在一起。天气、地域和功能的影响在装饰中得到体现。
19世纪中	德国	戈特弗里德·森佩尔 （Gottfried Semper）	常量（功能）与变量（材料、地方、民族、气候、信仰、政治环境）
19世纪中	法国	吉纳维芙·维奥莱·勒-迪克 （Geneviève Viollet-le-Duc）	技术、形式、社会、宗教、政治、地域、民俗的影响。普遍原则（材料）与特殊原则（历史、社会）
19世纪中	美国	霍拉肖·格里诺 （Horatio Greenough）	气候是主要的，功能与经济，与自然平行的新民族风格
19世纪中	英国	奥古斯特·查尔斯·皮金 （Augustus Charles Pugin）	在气候与民族特征允许的前提下，材料是结构与构造的决定性要素
19世纪中后	英国	约翰·拉斯金（John Ruskin）	从生活习惯、景观环境、气候条件来探索民族建筑，注重人和材料的合理性
19世纪末	德国	约翰·马丁·冯·瓦格纳 （Johann Martin von Wagner）	新材料、新技术、社会变化
19世纪末	法国	奥古斯特·舒瓦西 （Auguste Choisy）	确定因素与可变因素，气候、生活方式、社会结构、习俗的重要性

续表

时间	国家	人物	观点
19世纪末	英国	帕特里克·盖迪斯 （Patrick Geddes）	关注民族、社会、历史等方面的因素
20世纪初	美国	路易·亨利·沙利文 （Louis Henry Sullivan）	自然、社会、知识的因素，决定建筑形式的功能。技术与结构仅仅是背景式的
20世纪初	英国	查尔斯·F·安内斯雷·沃伊西 （Charles F. Annesley Voysey）	强调材料特性、民族特征与气候条件
20世纪中	意大利	马尔切洛·皮亚琴蒂尼 （Marcello Piacentini）	建筑存在于地理和历史的连续中，强调气候

资料来源：本研究整理，参考汉诺-沃尔特·克鲁夫特. 建筑理论史——从维特鲁威到现在［M］. 王贵祥，译. 北京：中国建筑工业出版社，2005：1，31，33，67，104，119，125，133，145，168，203，207，211，233，238，240，244，248，254，255，259，260，267，305.相关内容。

从维特鲁威一直到20世纪意大利的皮亚琴蒂尼，气候历来得到重视，大多数建筑学者都将其作为建筑地域性的重要影响因素。此外，不少学者对地理、社会条件也予以关注。生活方式（功能）、习俗对建筑地域性的影响也很早就为人所注意，15世纪初意大利建筑师阿尔伯蒂就已经提出，建筑为生活的必需、便利、愉悦而设计①，而19世纪德国建筑理论家森佩尔关于常量（功能）与变量（材料、地方、民族、气候、信仰、政治环境）的论述②，更进一步地阐释了功能性要素与建筑地域性的关联。将地域性与民族性相关联也有很长久的历史，16世纪末，荷兰建筑师弗雷德曼就认为建筑的精神应"适合于国家的自然条件和社会习惯"③，要用民族的、地理的或是气候的方法寻求荷兰的本土建筑形式。而材料、技术等因素对建筑地域性的影响，直到19世纪后才逐渐得到关注。

3.1.3　当代思考④

历程的分析表明：1）建筑师对地域性的认知是一个连绵持续的过程；2）对地域性的了解是一个逐渐深入的过程；3）对环境以及历程的尊重是基本共识。

---

① 汉诺-沃尔特·克鲁夫特. 建筑理论史——从维特鲁威到现在［M］. 王贵祥，译. 北京：中国建筑工业出版社，2005：31.

② 这是森佩尔的个人观点，关于建筑理论研究中，常量与变量的其他论述可以参考本节表格，以及本文第5章的相关论述。汉诺-沃尔特·克鲁夫特. 建筑理论史——从维特鲁威到现在［M］. 王贵祥，译. 北京：中国建筑工业出版社，2005：232.

③ 同上：119.

④ 当前对建筑地域性的论述，观点庞杂，谱系复杂，莫衷一是，对其论述难免挂一漏万，本文主要以20世纪以来三本重要论文合集为依据，结合我国学者相关观点进行阐释，只求清晰，但未必全面，对本文主要观点没有影响，是以为注。这三本论文集分别为：《当代美国建筑之根》，论文跨度1886～1952年（MUMFORD L. Roots of Contemporary American Architecture［M］. New York：Dover Publications，Inc.，1972.），《建筑地域性》，论文跨度承前，1950～2005年（CANIZARO V B. Architecture Regionalism：Collect Writings on Places，Identity，Modenity，and tradition［M］. New York：Princeton Architecture Press，2007.），《21世纪的乡土建筑》（ASQUITH L，VELLINGA M. Vernacular Architecture in the Twenty-First Century：Theory，education and practice［M］. Abingdon：Taylor & Francis，2006.）。

但与传统思维相比，当前对地域性的思考还具有反思性更强，更为多元、复杂的特征。当代语境下关注地域，不可避免对全球化、现代性、技术革新等话题进行反思。从这个意义上讲，地域的"批判性"特征暂时无法避免，现代地域理念与全球化、工业化的背景共生，并从对它们的反思与批判中获得存在的意义。另外，在现代技术所带来的困惑之下，地域建筑的表现形式将更加多样，如何从纷繁芜杂的理论中回归，寻找合理的理论视角变得更加重要。当代诸多理论中，刘易斯·芒福德（Lewis Mumford）在20世纪之初以及拉普卜特在20世纪之末，关于地域性的论述对本书颇有启发。

芒福德关于"湾区学派"的论述阐释了地域性是由大量独立个体营造形成的共性特征，具有自组织观念的雏形。1924年，芒福德就颇富远见地将"地域主义"从商业和沙文主义弊端中拯救出来[1]。芒福德以"湾区风格"为题，总结了美国加州地区出现的一系列独立小建筑的共同特征，探讨了建筑地域性在现代建筑语境下的呈现方式。"湾区风格"的建筑由不同建筑师，在不同业主委托下独立完成，作品散布整个加州海湾地区，时间跨度近一个世纪[2]，彼此独立。形态上"湾区风格"的建筑样式杂陈，没有统一特征，是当代混凝土肋、石棉板、钢窗等工业技术与日本、瑞士建筑，哥特式以及地中海先例结合的建筑集合[3]。尽管如此，这些房屋所展现出的共性特征：对待历史——古典美的非正式阐释，对待环境——融建筑于自然的手法，对待气候、生活——融室内室外生活于一体，材料运用——当地红松，使得美国的文化特征，加州的自省意识蕴含其间[4]，体现出某种地域性。芒福德有关"湾区风格"的论述，对于建筑地域性的深入思考颇有启发：首先，明确了建筑的地域性不可以通过形式法则或符号体系概括，也不是历史简单的延续，它是通过当地材料的运用对当地气候、生活方式进行回应；再者，地域性既可能是某种形式上的约定俗成，也可以是互不相关、各自独立、单独营建的建筑共同性质的涌现。前者正被当今的建筑设计者遗忘；后者颇有深意，作为一种"开放的地域主义"[5]，湾区风格展示了一种建筑师参与下的自组织机制。

拉普卜特对自发社区[6]的论述表明，地域性建筑研究的视野是可以进一步拓展的。1988年，拉普卜特撰文《作为乡土建筑的自发社区》（*Spontaneous Settlements as Vernacular Design*，

① 沈克宁. 批判的地域主义 [J]. 建筑师，2004，111（5）：45-53.

② 湾区风格时间跨度及分期参见由建筑师William W. Wurster1953年创立的加州大学伯克莱分校环境设计档案馆（Environmental Design Archives，今建筑档案馆Architectural Archives）官方网站：www.ced.berkeley.edu/cedarchives/.

③ K. 弗兰姆普敦，张钦楠，R. 英格索尔. 20世纪世界建筑精品集锦1900-1999：第一卷 [M]. 英若聪，译. 北京：中国建筑工业出版社，1999：29.

④ R. 英格索尔. 建筑、消费者民主和为城市奋斗 [M] // K. 弗兰姆普敦，张钦楠，R. 英格索尔. 20世纪世界建筑精品集锦1900-1999：第一卷. 英若聪，译. 北京：中国建筑工业出版社，1999：17-56.

⑤ Harwell Hamilton Harris的观点。开放的地域主义，指的是与时代思想合拍，不断发展变化的地域主义，为了在建筑学中表现这种地域主义，需要有一批甚至一大批建筑同时出现，只有这样才能使这种表现成为足够一般、足够多样、足够有力，能捕捉人们的想象力的地域性。关于封闭的地域主义，开放的地域主义，可以参见：肯尼斯·弗兰姆普敦. 现代建筑——一部批判的历史 [M]. 张钦楠，等，译. 北京：生活·读书·新知 三联书店，2004：361-362.

⑥ 拉普卜特自己造的词，类似通常所说的"违建社区"，但不强调其法律上的具体含义。参见：RAPOPORT A. Spontaneous Settlements as Vernacular Design [M] //PATTON，CARL V. Spontaneous Shelter：International Perspectives and Prospects. Philadelphia：Temple University Press，1988：51-77.

1988）[①]指出："为考察自发社区中的正式性与文化品质，搭建一个概念框架，可以将其视为一种乡土建筑[②]。这一术语，通常用来描述希腊岛国社区，意大利山城、村落中的传统建筑。这些环境的经济与社会品质也适应于该框架。"拉普卜特在这篇论文中最主要的贡献在于细分了自发性建造的"过程特征"与"产物特征"（表3-2）。与拉普卜特持相似见解的还有彼得·奇力与马克·纳丕尔等人，他们在对南美和北非的自发性社区的研究中，进一步提出了"自发性建筑""自发性环境"的概念。这些研究以地域建筑、乡土建筑的相关理论为框架，重新认识自发性社区的特殊性，将自发性社区视为具有特殊品质的文化地景；但这些研究并未提及如何从自发性建造的视角来补充对建筑地域性的认识。本书试以含义更广的自发性建造为题对建筑地域性进行研究。自发性建造以下三个方面的特性有助于进一步的探讨，完善建筑地域性的研究：1）时效性强，自发性社区既以传统文化观念为核心，也包含使用者与建造者对新元素的向往与引介，能体现出当代因素对建筑地域性的影响；2）灵敏度高，自发性社区对环境变化的反应具有即时性，能更加清晰地展示建筑地域性的动态特征；3）自主性高，自发性社区由各个家庭为基本单元建造，各自具有自主性，能在更小、更具体的空间尺度上展示地域性的开放性。本书将在第4章、第5章进一步对上述特征进行验证与探讨。

	自发社区的过程特性与产物特性　　　　　　　　　　　　表3-2
过程特性	产物特性
1）设计师的特性	1）文化与场所的特殊程度
2）设计者的意图	2）特殊模式、平面形式与形态学
3）设计者的匿名性	3）元素与潜在规律之间关联的天性
4）基于变化的模式	4）特殊正规品质的表现
5）单一模式的呈现	5）特殊材料、纹理、颜色的应用
6）模式的共享与延伸	6）与景观之间的天然关系
7）潜在程式的天性	7）对气候的有效回应
8）房屋聚落系统中，单一模式的反复应用	8）资源的充分利用
9）不同环境中所应用模式的关联	9）场所特性的复杂性
10）特定设计模式的选择	10）单一模式应用与变化的复杂性
11）模式选择与使用者理想之间的调和	11）模式应用的秩序给环境的净化
12）建成环境与文化生活之间的调和程度	12）允许改变的结果开放性
13）设计中的明确与使用中的含混	13）自发性建造的"稳定平衡"与风格明显建筑的"非稳定平衡"

[①] RAPOPORT A. Spontaneous Settlements as Vernacular Design［M］//PATTON，CARL V. Spontaneous Shelter：International Perspectives and Prospects. Philadelphia：Temple University Press，1988.

[②] 乡土与地域的概念雷同，对其细微差别的阐释，David Smith Capon大致阐释为：地方主义主要是出于功能的理由而借用传统的形式；新乡土主义主要是出于风格的理由而借用传统的形式。这个理解未必准确，聊作参考，参见：戴维·史密斯·卡彭. 建筑理论 勒·柯布西耶的遗产——以范畴为线索的20世纪建筑理论诸原则［M］. 王贵祥，译. 北京：中国建筑工业出版社，2007：224.

过程特性	产物特性
14）设计过程中的自我意识	14）历时性变化所引发的复杂性
15）基本模式中的稳定与变化	15）基于活动的开放终端
16）形式的世俗变换	16）环境的多知觉品质
17）设计与建造者知识的交流与拓展	17）设定的差异性
	18）生活习俗与活动系统的有效性
	19）使用者社区交流的有效性
	20）半固定特征与固定特征的相对重要性

注：第一栏中model统一译为模式，Congruence统一译为调和。
资料来源：RAPOPORT A. Spontaneous Settlements as Vernacular Design［M］//PATTON, CARL V. Spontaneous Shelter: International Perspectives and Prospects. Philadelphia: Temple University Press, 1988: 51-77.

3.2　建筑地域性的自发[①]、自觉与自省[②]

在自组织的研究框架下，建筑的地域性应细分为自发、自觉、自省三个不同层次进行解读。不同的建造组织方式下，地域性的产生机制不同，这种差异在时间、空间上都有体现，由使用者参与建造的不同程度而决定。自觉与自省的地域性，通过建筑师的设计行为被刻意赋予，它们之间的转化由环境决定。当外部力量企图抹杀地方特质时，建筑的地域性获得批判性，由自觉转化为自省。自发地域性的生成是自组织的，不由特定的指令所左右。本书在自组织理论框架下，着重研究自发层面的地域性，探讨自发向自觉的转化途径。

3.2.1　传统与现代的地域性（图3-2）

前工业阶段，居住者参与自己的房屋建造，地域性融入建造的过程里；但在工业时代、后工业时代（或称信息时代，informationalism）[③]，当"居住—设计—建造"分离，建筑离地方性生活越来越远，地域性逐渐需要在设计中刻意强化。所谓传统与现代建筑的差异，在于其营建方式。城市快速增长，建筑师职业的出现，导致建设组织方式的变化，这是差异产生的直接原因。如

---

① 陈晓杨的论文中，将地域性划分为自发、自觉两个阶段。参见：陈晓杨. 基于地方建筑的适用技术观研究［D］. 南京：东南大学，2004：19.

② 相关内容可参见：卢健松. 建筑地域性研究的当代价值［J］. 建筑学报，2008，7：15-19.

③ 前工业、工业以及信息（后工业）时代的划分，参见：曼纽尔·卡斯特. 网络社会的崛起［M］. 夏铸九，王志弘，译. 北京：社会科学文献出版社，2001：16-19.

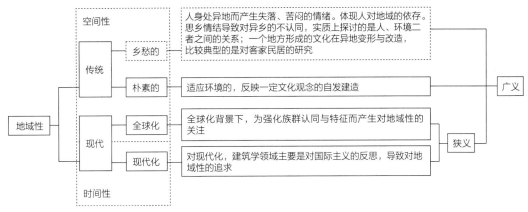

图3-2　传统与现代的地域性

果需要在传统的和现代的地域观念之间划一条界线，这个界线可以笼统地定在1850年前后[1]。这个阶段，工业革命行将完成，技术突进，材料更新，城市膨胀；各种艺术门类怀乡、怀旧情绪浓郁；作为新乡土主义建筑的前奏，英国的工艺美术运动（Arts and Crafts Movement）已经开始。

　　清晰的分界也许并不存在。从对建筑地域性的传统认知中可以看到，对地方文化与历史的关注，在建筑学领域从来就没有中断过。即便在1930年代～1960年代，现代主义国际风格蒸蒸日上的时期，与之平行、充满地域主义观念的建筑实践并不少见。不同阶段地域建筑研究的共同之处在于给予当地历史、自然环境充分的尊重；表现形式的差异则既源于材料、技术的更新，也源于时代背景变化所引发的不同目的。

　　事实上，世界各文明之间的交流自古一直存在，但较为全球性的视角在1600年前后，随着几次大的航海探险之后才开始逐渐形成[2]。而世界各个文明板块之间的频繁交流、碰撞、干扰发生则在工业革命（1750～1870年之间[3]）之后。资本的全球拓张，交通、通信手段的进一步革新，加强了文明之间的互相影响与依赖。第一次工业革命极大地推动了世界，也改变了人们的生活方式与生活观念：机器大工厂取代了手工工厂，城市化水平飞速提高，人口向城市迅速聚集。科学技术被迅速转化为生产力，蒸汽机的改良（1763年）、运河开凿（1761年）、公路出现（1850年）、铁路出现（1830年）、电报的发明（1844年）、电话的发明（1892年）等一系列成就，使得地球表面各个区域的交流越来越方便快捷。这种趋势目前正在被进一步发展的交通与通信技术所驱动，互联网技术使得地区之间知识和信息的分享更为普遍和快捷，即便是足不出户的普通人，也能

---

[1] 工业革命的时间并不是完全清晰的，一般认为在1750～1870年之间。也有其他看法，但对本文的观点及论述影响不大。

[2] "自5000年前第一个文明诞生以来，不同社会之间就一直有接触，但是15世纪末西方社会掌握航海技术后取得的成就，乃是这个漫长的文化过程中具有独特意义的里程碑。……到16世纪中期，葡萄牙航海者已抵达中国和日本，使这两个社会受到"西方问题"的困扰。"
阿诺德·汤因比. 历史研究 [M]. 刘北成，郭小凌，译. 上海：上海人民出版社，2000：341后的图版.

[3] 亦有不同观点，有人认为1830年，真正的工业革命才开始。但这些争议对本文观点影响不大。

随时了解世界另一端的信息。"我们时代的一个特点是由于现代技术惊人的进步,导致'距离消除',致使变化以空前的速度加快进行。"①与全球化相伴的是文学、艺术对地域性越来越深的关注,建筑的地域性则是这个反思过程中重要的一支。

　　工业革命改变了世界,也改变了观察世界的方法。工业革命之后,文学与绘画的地域主义首先兴起。尽管每一种文明都是在与其他文明的交流之中获得成长,"所有文化,不论是古老的还是现代的,其内在的发展都依赖于与其他文化的交融"②,还是需要提防"全球同质化"③引发的世界文化趋同④的倾向。"最优化的技术组合,使得现代建筑的状况是如此统一,致使可能创造出来的城市形象变得极为有限。⑤"另外,作为对现代性的反思,具有现代意识的地域观念几乎在工业革命完成之后随即兴起。以美国为例⑥,1800～1900年,是美国从农业国家向工业国家转化的过程⑦,城市人口激增,城市化速度很快。"变化太快了,固然令人兴奋,也使人不安。'共和国像火车那样隆隆飞驰':抢到了美国人的前头,甩下了他们儿时宁静的农村,剥夺了他们心中的遗产,展现了更动荡的明天。对某些人而言,反倒更缅怀起往事来,既快慰,又伤感。在许多地方色彩作品中都流露出这种情绪;人们也显然立意要把转瞬即逝的此日此景描绘下来。"⑧在

---

① 阿诺德·汤因比. 历史研究 [M]. 刘北成,郭小凌,译. 上海:上海人民出版社,2000:3.

② 肯尼斯·弗兰姆普敦. 现代建筑——一部批判的历史 [M]. 张钦楠,等,译. 北京:生活·读书·新知 三联书店,2004:355.

③ "全球同质化实质上就是全球范围的趋同化甚至一体化。从内容上说,全球同质性包括政治、经济、社会、文化、价值观念等各个领域。已有的表现,如市场经济模式和民主政治制度的推广,以及被越来越多的国家采用,自由、民主、人权、平等等价值观几乎不容质疑地成了全人类的'共识',构建全球共同伦理也成了新的话题,不同国家和地区的企业,生产统一化的产品,大众消费从内容到模式的趋同,等等。"全球同质化相关讨论,可以参见:张志洲. 全球化:相关问题与特点论析 [J]. 国际论坛,2001,3(4):7-13.

④ 文化的趋同,主要由现代化过程引起,"国家的政治统一通常采用的是现代化过程,如城市化、工业化以消解地方传统,或者用主导文化取消文化差异和政治抗拒……"。参见:杨雪冬. 西方全球化理论:概念、热点和使命 [J]. 国外社会科学,1999(3):34-40.
　　而全球化过程里,民族与地方文化会因其政治性的增强而增强,还是因为文化观,价值体系的统一而被削弱,尚无法定论。弗兰姆普敦则认为:"全球文明正在继续并且日益变本加厉地瓦解各种形式的,传统的,以农业为基础的,原生的文化时刻。"(肯尼斯·弗兰姆普敦. 现代建筑——一部批判的历史 [M]. 张钦楠,等,译. 北京:生活·读书·新知 三联书店,2004:359-355.)因此,具体的未来,应该审慎的定义。

⑤ CLAFLEN G L., Looking for Regionalism in All the Wrong Places. http://www.claflenassociates.com/papers.htm.

⑥ 英国及其他国家的地域建筑研究状况参见表3-2。

⑦ 1800年,美国城市化率为5.2%,1900年,为35.9%。"美国的城市化速度在1840～1930年间呈直线增长,在1930年代的经济大萧条期间城市发展较慢,1940年代以后城市发展呈平稳增长,并且趋于饱和。表3-2表示2000年美国最大的10个城市在1990～2000年期间的人口增长情况,它清楚地说明,位于南部和西部的城市人口增长较快,而位于东北部和中西部的城市人口增长较慢,甚至下降。亚利桑那州和得克萨斯州的大城市人口增长最快。"数据参考:Yeates. Maurice. 1998. The North American City. Addison-Wesley Educational Publishers Inc.;72. 转引自:陈雪明. 美国城市化和郊区化回顾及展望 [J]. 国外城市规划,2003(1).
　　另附:英国是世界上第一个城市化国家。从18世纪后期到19世纪中叶近100年的时间里,它的城市人口占全国总人口的比例从20%跃升到51%,初步实现了城市化。参见:赵煦. 英国城市化的核心动力:工业革命与工业化 [J]. 兰州学刊,2008(2).

⑧ CUNLIFFE M. The Literature of the United States. 参见美国国务院国际信息局网站http://www.usinfo.org/Chinese_CD/,艺术与文化下的http://www.usinfo.org/Chinese_CD/literature/GB/chapter9.htm.

这样的前提下，美国的地域文学①迅速得到发展。1865年南北战争结束后，美国乡土文学得到大量的发展。美国的乡土文学以美国当地的语言习惯来写作，描绘美国乡村的风土人情，甚至当地有名有姓的人的故事。尽管北方的资本主义各州在制度上取得了胜利，人们却用一种怀旧的眼光看待内战之前南方各省的乡村生活，其中不乏北方的作家们。②在乡土文学之后，1900～1930年代之间，地域主义绘画③又大行其道，对乡村景色的描绘，唤起了人们对乡土生活的向往。这个时期的绘画作品对美国本土的风光做了如实的描写，一直为人们所喜爱，价格当然也就一路飙升。

3.2.2　自发、自觉、自省

从1850年前后④，到1970年代，伴随着工业化、城市化不断发展的进程，建筑学者也更深层地反思建筑可能的未来。这种反思与工业化发展几乎同步（表3-3⑤）。经过两次世界大战、1930年代的经济危机、1970年代的两次能源危机⑥，人们不再迷信机器，不再相信技术可以解决一切，对国际式的建筑风格提出了更广泛的置疑。对乡土建筑的喜爱与追捧从自发到自觉，再到自省（图3-3、图3-4），实现了建筑地域性思考从传统向现代的过渡。工业革命之前的，也包括目前广大自发建造的房屋，所展示的是建筑自发的、基本的、朴素的地域性；1960年代之前，阿尔瓦·阿尔托（Alvar Aalto，1898-1976）、安东尼奥·高迪（Antonio Gaudi，1852-1926）等建筑师出于对本土文化的熟悉与认同，自觉地将当地文化与做法结合到现代建筑设计里来。1960年代后，现代建筑师们开始有意识地反省自身（表3-4）。这种反躬自省的态度，与早期现代建筑与

---

① 地域文学，或称乡土文学是指，关注某个特定地区的人物、方言、风俗、地貌等诸如此类特征的小说和诗歌。常用的写作伎俩有：1）使用一些有名有姓的当地人做主角；2）通过细节描述，甚至小到可以忽略的事情来凸显地方特征；3）通常用当地所听说过的故事为蓝本。（作者译自：CAMPBELL D M. American Authors，Regionalism and Local Color Fiction，1865-1895. http:// www.wsu.edu/ ~ campbelld/amlit/ lcolor.html. ）
在美国，地域主义文学，或曰乡土文学，是南北战争以后，逐渐虏获了大众读者的一种文学视角。乡土作家们笔墨所至，几乎囊括美国所有乡村。现实主义的笔法，他们用方言写作，通过经历的故事描绘了当地的风土人情。由于这些作家一般把故事设置在记忆中年轻时曾住过的地方，因此常常会将现实与乡愁（nostalgic）混为一体。这一点，和艺术领域的地区主义相似。直到19世纪，美国人都能在最好的杂志上找到连篇累牍的、美妙与乡愁同在的此类读物。
在拉美，地域文学起源于19世纪。在西班牙，则被称作"criollismo"或"costumbrismo"。这项运动起源于1900～1940年。情节的设定总是在作者的家乡，较为典型的是在尚未"摩登化"的乡村地区。Horacio Quiroga是拉美最为有名的地域作家之一。（作者译自：Wikipedia. the free encyclopedia. http://en.wikipedia.org/wiki/Regionalism_（literature）.）
② 参见：罗德·霍顿，赫伯特·爱德华兹. 美国文学思想背景［M］. 房炜，孟昭庆，译. 北京：人民文学出版社，1991：408-412.
③ 地域主义绘画，是美国20世纪30年代流行的现实主义现代美术运动。艺术家的焦点从城市迅速转移到乡村生活。地域主义风格在1930～1935年达到了高潮，且通过所谓的"地域主义三杰"，爱荷华州的Grant Wood，密苏里州的Thomas Hart Benton以及堪萨斯州的 John Steuart 广为人知。在1930年代以后，这些作品因其描绘了美国中心地带的典型景观而大为增值。
④ 指1859～1860年兴起的工艺美术运动，技术的进步，大量传统乡村景色的消失，引发了建筑的忧虑与乡愁。
⑤ 表3-3、表3-4根据所列书籍整理，并不意味囊括所有事件。表3-4较为概略，专注于1950～1970之间的重点事件。二者合二为一，能大致理清地域理念发展与社会发展之间的关联。
⑥ 三次石油危机，分别发生在1973年、1979年和1990年。

古典主义之间的论战不同，是源自现代建筑内部的自省，是现代建筑师中的第二代、第三代人物，从现代建筑自身发展中，对现代建筑前期理论与实践的总结与置疑。不管思想本身是否冠以"批判性"的前缀，其实质都具有一定的反思性：反思本土与其他地域之间的差异（共时性问题）；也反思自己的历史与未来（历时性问题），在继承与发展中找到平衡。批判的地域主义对此有清醒的认识，对传统与现代的双重反思是它的思想核心，是"这其中最有活力和与时代相融合的"。①

建筑地域性发展相关事件年表　　　　　　　　　　　　表3-3

时间	地点	人物	主要事件或观点
1830年代	美国	—	适合美国本土特征的、新的木结构体系——轻骨构架诞生，1850年前广泛应用
1840年代	英国	奥古斯特·韦尔比·诺思莫尔·皮金（Augustus Welby Northmore Pugin）	抵制输入历史风格，而倾向于精致的手工制哥特风格，模糊建筑物与手工艺的差别。通过地方材料与传统做法来对抗流行风格
1860年代	英国	约翰·拉斯金	站在道德高度上重点探讨了哥特风格和乡土风格的吸纳问题。强调建立在手工艺基础之上的作品所体现出的非完美性、"原生性"、"多变性"
1860年代	英国	威廉·伊登·尼尔斯菲尔德（William Eden Nesfield）	担心工业运动对地方建筑一扫而光，在英国Kent郡、Surrey郡、Sussex郡收集地方建筑基础资料，在旅途中认识到了农舍、店铺的美，继而在设计实践中倾向这种不张扬的美
1859~1860年	英国	菲利普·韦布（Philip Webb）	"工艺美术运动"（Arts and Crafts Movement）的代表作"红屋"建成
1865年	美国	—	南北战争结束
1890年代	英国	工艺美术运动的建筑师	以"受训建筑师应当通过现场实践向老一辈工匠学习"反对英国皇家建筑师协会标准化的教育体系
1877年	英国	威廉·莫里斯（William Morris）	成立古建保护协会（SPAB Society for the Preservation of Ancient Buildings）
	西班牙	安东尼奥·高迪	
1877年	—	威廉·理查德·莱特比（William Richard Lethaby）	回归中世纪的建造实践，认为图纸会妨碍工匠们的工作，工匠应该真正成为建筑细部的主人
1870年代	芬兰		芬兰文物收藏者协会组织建筑师考察当地建筑
1900年	芬兰	赫尔曼·格塞利乌斯（Herman Gesellins）	芬兰民族浪漫主义风格的代表，合作1900年的巴黎博览会芬兰馆
	芬兰	阿马斯·林德格伦（Armas Lindgren）	
	芬兰	伊利尔·沙里宁（Eliel Saarinen）	

---

① 沈克宁. 批判的地域主义［J］. 建筑师，2004，111（5）：47.

续表

时间	地点	人物	主要事件或观点
1900年	美国	查尔斯·罗伯特·阿什比 （Charles Robert Ashbee）	英国工艺美术设计师Charles Robert Ashbee到美演讲，结识赖特，影响到草原建筑的产生
1900年	美国	—	*The International Studio and House Beautiful*杂志发表了Voyesey的系列作品
1904年	德国	保罗·舒尔茨-瑙姆博格 （Paul Schultze-Naumburg）	组建"本土保卫联盟"（the Bund Für Heimatschutz），反对大城市文化，倡导建筑使用地方材料的、旨在维系传统的生活方式。30年后，这成为纳粹建筑种族主义适用的原则。以德国的乡土性住宅为基础，为纳粹提供了大量的住房
1905年	德国	赫尔曼·穆瑟修斯 （Hermann Muthesius）	《英国住宅》一书在柏林问世，"像今天英国人那样忠实地坚持我们自身的艺术传统，像英国人那样在住宅中可爱地展现我们的风俗习惯。"
1905年前后	—	—	工艺美术运动建筑师的观点从乡土主义转向古典主义
1906年	美国	弗兰克·劳埃德·赖特	罗宾住宅（Robie House）建成推动了草原学派的发展
1909年	美国		赖特离开橡树园，草原学派滑向古典主义
1909~1923年	瑞典	拉格纳尔·奥斯特伯格 （Ragnar Ösberg）	斯德哥尔摩市政厅设计
1930年代	—	勒·柯布西耶	不再耽于对机器时代的幻想
1930年代	芬兰	阿尔瓦·阿尔托	开始声名鹊起，其作品展示了现代主义普适性的原理与其所能处理的地域性特征之间的矛盾，被Sigfried Giedion称为"新地区主义"（new regionalism）
1964年	美国	伯纳德·鲁道夫斯基	"没有建筑师的建筑"展在纽约大都会博物馆举行
1975年	英国		"拯救英国传统资产"一词创生，英国发起资源保护运动
1981年	荷兰	利亚纳·勒费夫尔，亚历山大·楚尼斯	提出"批判的地域主义"
1982年	—	肯尼斯·弗兰姆普敦 （Kenneth Frampton）	倡导了"批判性地域主义"
1997年	—	保罗·奥利弗	《世界乡土建筑大百科全书》出版

资料来源：根据肯尼斯·弗兰姆普敦. 现代建筑——一部批判的历史［M］. 张钦楠，译. 上海：生活·读书·新知三联书店，2004；RICHARDSON V. New Vernacular Architecture［M］. London：Laurence King Publisher. 2001：6-15. 整理。

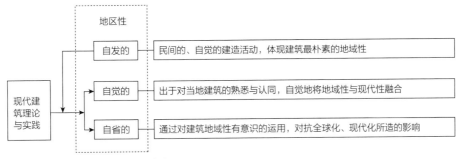

图3-3　建筑地域性的自发、自觉、自省

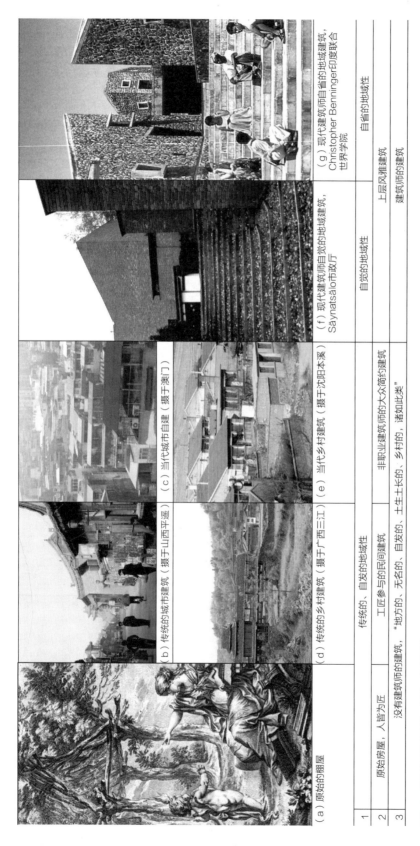

图3-4　建筑地域性的自发、自觉、自省举例

	(a) 原始的棚屋	(b) 传统的城市建筑（摄于广西三江） (d) 传统的乡村建筑（摄于山西平遥）	(c) 当代城市自建（摄于澳门） (e) 当代乡村建筑（摄于沈阳本溪）	(f) 现代建筑师自觉的地域建筑，Säynatsälo市政厅	(g) 现代建筑师自省的地域建筑，Christopher Benninger印度联合世界学院
		传统的、自发的地域性		自觉的地域性	自省的地域性
1	原始的棚屋				
2	原始房屋，人皆为匠	工匠参与的民间建筑	非职业建筑师的大众简约建筑	上层风雅建筑	
3		没有建筑师的建筑，"地方的、无名的、自发的、土生土长的、乡村的、诸如此类"		建筑师的建筑	

1. 本研究的观点；2. 按照阿摩斯·拉普卜特的观点划分，参见：阿摩斯·拉普卜特·宅形与文化 [M]. 常青，修青，李颖春，等，译. 北京：中国建筑工业出版社，2007: x; 3. 参照：RUDOFSKY B. Architecture without Architects [M]. New York: Museum of Modern Art, 1964.
资料来源：本研究观点并制表；(b) (c) (d) (e) 作者拍摄各地风景。(a) 原始的棚屋，图片来源：LAUGIER MA. An Essay on Architecture [M]. Translated by Wolfgang and Anni Herrmann. Los Angeles: Hennessey & Ingalls, INC, 1977: xxiii; (f) 市镇厅，图片来源：AALTO A. Alvar Aalto [M]. Basel, Boston, Berlin: Birkhäuser Verlag, 1999: 75, 79; (g) 联合世界学院，图片来源：亚历山大·麦尼斯，利亚纳·勒贾夫. 批判性地域主义——全球化世界中的建筑及其特性 [M]. 王丙辰，译. 北京：中国建筑工业出版社，2007: 83.

1950年代～1970年代对现代建筑的反思　　表3-4

时间（年）	人物	事件
1951	刘易斯·芒福德	提出"湾区学派"，认为国际风格可以被地方风格取代
1955	勒·柯布西耶	1950～1955年，朗香教堂建成
1956		安德里亚·多里亚号邮轮（Liner Andrea Doria）在楠塔基特（Nantucket）近海沉没，Stan Allen视之为现代主义者的理想在战后沉没的年代
1956	Team X	在杜布罗尼克召开CIAM第十次会议，CIAM寿终正寝
1961		纽约大都会博物馆举行讨论会，主题为"现代建筑：死亡或变质"
1961	简·雅各布斯	《美国大城市的死与生》
1962	史密森	《十人小组的思想》（Team X Primer）
1963	勒·柯布西耶	1951～1963年昌迪加尔的重要建设完成
1964	伯纳德·鲁道夫斯基	"没有建筑师的建筑"展览在纽约现代博物馆举行
1966	罗伯特·文丘里，丹尼斯·斯科特·布朗	《建筑的复杂性与矛盾性》
1968		巴黎"红五月风暴"
1972	黑川纪章	东京银座"舱体大楼"
1972	雅玛萨奇	美国圣路易斯安娜城，雅玛萨奇设计的一座公寓被摧毁。查尔斯·A.詹克斯认为，这宣告了现代建筑的死亡
1972	罗伯特·文丘里，丹尼斯·斯科特·布朗	《向拉斯维加斯学习》（Learning from Las Vegas）
1972	皮亚诺，罗杰斯	蓬皮杜中心开始建设
1973	阿尔多·罗西	《城镇建筑》
1973	阿尔多·罗西	"理性建筑"展览
1976	布伦特·C.布罗林	《现代建筑的失败》
1977	查尔斯·A.詹克斯	《后现代建筑语言》
1977	皮亚诺，罗杰斯	蓬皮杜中心完工
1977	彼得·布莱克	《形式跟随惨败——现代建筑何以行不通》

资料来源：本研究整理，根据Kenneth Frampton. 近代建筑史［M］贺陈词，译. 台北：茂荣图书有限公司，1984；汉诺-沃尔特·克鲁夫特. 建筑理论史——从维特鲁威到现在［M］王贵祥，译. 北京：中国建筑工业出版社，2005；吴焕加. 20世纪西方现代建筑史［M］郑州：河南科技出版社，1998.整理。

　　自发的地域性与自觉、自省的地域性，其差异不仅体现在时间的序列之上。当代，大量自发性建造仍然沿袭了传统的建造方式，这些房屋不由建筑师设计，由居住者自己建造。与设计师对理念与形式的追逐大相径庭，当今的自发性建造与传统聚落一样，仍然保持了与生活紧密相关的建造方式，体现了建筑与生俱来，蕴含在建造、使用、改造、发展过程之中自发的地域性。它们源于对各自生活的关注，没有承载过多的批判性，不与任何"主义"关联，不夹杂文化上、美学上的诉求，也不沉重地背负历史包袱，不管在城市还是乡村，所体现的是单纯的"人—地"关系。也正因如此，当代自发建造秉承了传统建造的特点，以单纯、直接的方式建构，直截了当地回应了材料、构造、形式、采光、通风、隔热等基本问题，即时地体现了政策、经济、技术、材料变迁带给建筑的影响，展示了动态变化的地域性。其地域特征沉淀在建筑产生、使用、改造、发展过程中。地域性，作为建筑的基本性质被凸显，揭示一个区域，一个时代，一定技术、经济条件下建筑的形式法则。

将建筑地域性细分为自发、自觉、自省三个层次有利于在自组织理论框架下的进一步研究。在既有地域建筑的研究中，对自省地域性关注较多，对自发的地域性关注较少；自发的地域建筑中，传统民居、乡土建筑关注较多，当代自发建造关注较少；自发建筑中，样式关注较多，原理关注较少。因此，以自发性建造为题能进一步丰富建筑地域性研究。作为自觉与自省的地域性的基石与参照，研究自发的地域性能揭示建筑地域性的生成机制；作为对现代主义的反思，自省阶段的地域性研究流派、思想纷争不清，而作为一种基本原理，自发的地域性却可以得到清晰的梳理与阐释。

技术的迅速发展，全球经济、文化的交流日渐频繁的今天，影响建筑的因子，从种类到权重都在变化，建筑的地域性特征也逐渐改变。研究建筑的地域性，不是把玩充满情调的理论话题。"多研究些问题，少谈些主义"[①]，在技术与全球文化魅惑之下，如何立足本土，踏踏实实地造房子也许更值得思考。在这样的情境下，以自发性建造为题思考建筑自发的地域性，不是猎奇与取宠，而是颇具现实意义。

3.3   对产生根源的探讨

"喷气飞机是复合的，而蛋黄酱是复杂的。复杂系统通常与活事物联系在一起。"[②]建成环境只有与人的活动置于环境中共同被考虑，才显现出足够的复杂性[③]。因此，阐释建筑地域性的根源时，将其简单归结为建筑的不可移动性并不充分。在自组织框架下，人作为要素引入地域性研究，一方面可以更深刻地解释建筑与场所之间的人文关联；另一方面，也能有效地反思群体与个人、聚落与单体的辩证关系。建筑的地域性并非地理环境作用下纯粹的理性产物，而是大量独立个体基于自身经验、需求的建造活动共性特征的展现。

前文对地域性的概念认知中已经指出，关注地域性不仅探讨建筑与场所的关联，实质是通过分析人、建筑、场所三者之间的关联，阐释人在特定地点栖居的方式。因此，将人作为重要系统引入研究不仅必要，而且可能。建筑的地域性不仅源于建筑本身的不可移动性，也源于建造者、

---

① 1918年7月20日，胡适在《每周评论》第三十一号上发表《多研究些问题，少谈些"主义"》，认为："一切主义都是某时某地的有心人，对于那时那地的社会需要的救济方法。我们不去实地研究我们现在的社会需要，单会高谈某某主义，好比医生单记得许多汤头歌诀，不去研究病人的症候，如何能有用呢？"

② 保罗·西利亚斯. 复杂性与后现代主义——理解复杂系统［M］. 曾国屏，译. 上海：上海译文出版社，2006.

③ 本文以及：吴锦绣. 建筑过程的开放化研究［D］. 南京：东南大学建筑学院，2000：34. 都阐释了相关观点，此处再一次得到清晰的认证。

使用者认知世界的局限。

3.3.1　物质性：建筑的在地性

建筑物一旦建成，很难改变其所处的空间位置，建筑自产生之日起，就不可避免地坐落于一个特定的地点，犹如树木扎根土壤。建筑物的地域属性与生俱来，是建筑的本质属性之一。

建筑与环境互为依存不可分离是广泛的社会共识。近年来，老房子异地搬迁的新闻引发很大争议[①]，社会观点普遍认为："百年的古老建筑，已经在当地生根，与当地环境血脉相连，搬迁无疑会造成血脉气韵的损失。古建筑的一砖一石，一尘一土，都与当地的整体文化相协调。离开了它生长的整体环境，到了国外，能服当地的水土吗？"迁移后的建筑，割裂了与原有土地之间的关联，丧失了正常的使用功能，是供人把玩的器具，是没有生命力的文物，不再是鲜活、生动的房子；不再是一个开放的系统。

虽然也有可以迁移的房子，例如，游牧民族的毡房，但毕竟是非常特殊的少数。而且这些房子，虽然不在固定的地点扎根，仍然和特定空间范围内的自然、社会条件有很深的关联。1923年，在宣言书般的《走向新建筑》中，勒·柯布西耶高呼："一个认真的建筑师（有机物的创造者）在一艘远洋轮船上将会感到解放，从几百年该死的奴役下解放出来"[②]，但他的本意是解放"建筑师想象力和冷静的理性"[③]，并非否定建筑不可移动的本性，而且并没有忽略了建筑与交通工具之间本质的差别——建筑不可以移动，不可轻易更改自身所处的环境。建筑向轮船、飞机、汽车学习的前提是"……暂时忘却一艘远洋轮船是一个运输工具，假定我们用新的眼光观察它，我们就会觉得面对着无畏、纪律、和谐与宁静的、紧张而强烈的美要去表现"[④]。

3.3.2　脐眼：人的在地性

"房屋只构成镇，市民才构成城"。[⑤]"建筑的个性由业主的个性与自身的功能决定"。[⑥]人对建成环境的意义不容忽视。克里斯蒂安·诺伯格-舒尔茨（Norberg Schulz）则以"土地之灵"笼统概括了环境与具体建筑结构之间的关系，指出"建筑空间乃是人在世界内存在的具体化"[⑦]。人作为要素引入，更好地阐释了空间与场所。"由于无法把人类聚居从其居民的生活中分离出来，对

① 潮白. 制止安徽200多年历史的古建搬迁瑞典［N/OL］. 南方日报，2006-06-30. http://news.xinhuanet.com/2006
wh/2006-06/30/content_4780270.htm.

② 勒·柯布西耶. 走向新建筑［M］. 陈志华，译. 西安：陕西师范大学出版社，2004：88.

③ 同上：93.

④ 同上：88.

⑤ 卢梭观点。转引自：单军. 建筑与城市的地区性［D］. 北京：清华大学建筑学院，2001：13.

⑥ 勒加缪观点。参见：汉诺-沃尔特·克鲁夫特. 建筑理论史——从维特鲁威到现在［M］. 王贵祥，译. 北京：中国建筑工业出版社，2005：111.

⑦ 克里斯蒂安·诺伯格-舒尔茨. 存在·空间·建筑［M］. 尹培桐，译. 北京：中国建筑工业出版社，1990：98.

人类的聚居的分析也就不可能脱离时间因素"①。人的引入，还进一步解释了建筑地域性研究的本质，强化了地域研究中的历时性因素，地域问题不再只是一个空间话题（图3-5）。

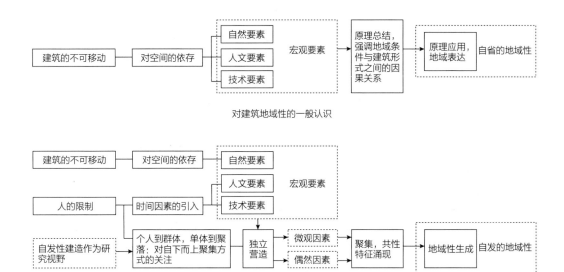

图3-5　建筑地域性不同研究思路与自发性建造的关联比较

3.3.2.1　人，建筑，环境

在论述地区时，既不能离开已经建成或正在建设的建筑的属性，又不能忽视政治、经济、文化、科技、生活等活动，总体上，建筑是建成环境的总体，包括建筑、环境、人三个系统。

人与环境既相互影响，又共同作用于建造过程。建筑根植于环境，又脱胎于人的意识。作为人工建造物，建筑在应答场地内限制条件的同时，也体现出使用者、建造者的文化观念。建筑地域性的探讨，在于如何通过建筑真实地表达三者之间的关系（图3-6）。考察建筑的特性，不能忽略与之紧密相关之"人"的作用与地位。建筑并非是一块移不动的顽石，而是协调人与环境之间关系的人造

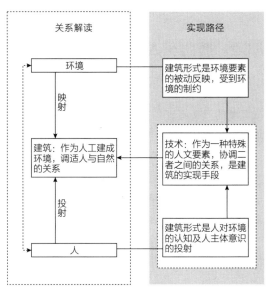

图3-6　人—建筑—环境的关系

① C.A.道萨迪亚斯的观点，转引自：吴良镛. 人居环境科学导论［M］. 北京：中国建筑工业出版社，2001：233.

环境，其地域属性，既源于建筑与环境的依存关系，也来源于建造与使用者的行为、观念所受的空间限制。

尽管人可以灵活改变自己的处所，但不能完全消除其自身的地域特征。农业社会，人依附于土地生活，人地关系密切；现代社会里，人不再紧紧地依附于土地，而是依靠资本生存，人地关系有所疏离。尽管如此，"人"对建筑地域性的影响也不容忽视。掌握一个空间的地域特性，需要长时间生活其间；短期的观察，很难将场所的特质与生活的经验、个人的体验结合起来，了解其"具体知识"和"深刻意义"。"今天尽管有着一切交流手段的现代媒介作用，但不熟悉的异国却越发成为异国。"[①] "虽然人类已经发展了越来越多的长距离运动，但对于任何地方的大部分现象而言，特别是人类本身，在一个地区与较近处的联系与组合，一般仍比较远处的联系与组合重要。"[②]

人与环境的关系，可以从群体、个体两个不同的角度来理解。

3.3.2.2　群体与个体

相对个体而言，群体与地域的关系相对稳定。人们在与当地环境的互动过程中，衍生出了与地域相关的群体习性。地域和人相互影响的关系，无法简单描述为清晰的因果关系。曼纽尔·卡斯特（Manuel Castells）倾向于将它们视为一个整体，统统作为一个整体的物质环境，"物质包括了自然、人类修饰过的自然、人类所生产的自然，以及人类本身，历史的劳动迫使我们放弃人与自然的古典区分，因为人类数千年的活动已经将自然环境纳入了社会，并且在物质与象征层次上，使我们成为环境不可分割的一部分"[③]。

作为个体特征的综合，群体的人同时又与自然环境一道，共同组成"文化—物质"的综合体。从人文地理学的角度解释，这个综合体包含决定乡土建筑的地域性因素："地方化的自然地理因素"和"地方化的人文地理因素"两个部分。但描述为"人文化的地理"和"地方化的人文"格局，似乎更清晰地说明了它们之间的相互影响，并强调二者的整体关系。这种交互影响的综合格局，构成了理解地域资源和限制条件的骨架，对研究建筑的地域性问题至关重要。大的群体迁徙在历史上也发生过多次，对建筑形式的影响也是颇为有趣的话题：在一个地域形成的观念，如何在异地延续，又怎样发生着的变异。[④]

相较群体来说，个体的人可以较为方便地改变自己的住所，但个体与地域的关联仍然相当密切。首先，人以自己的出生地，或者长年生活的环境为基准认知世界；其次，人以自己的身体为圆心，以不同的感观所及的范围为半径认知世界。经验（时间约束）和感知能力（空间约束）限

---

① 上一句的主要观点，和本句的直接引文均可参见：克里斯蒂安·诺伯格-舒尔茨. 存在·空间·建筑［M］. 尹培桐，译. 北京：中国建筑工业出版社，1990：32.

② 地理学家哈特的观点。参见：单军. 建筑与城市的地区性［D］. 北京：清华大学建筑学院，2001：13.

③ 曼纽尔·卡斯特. 网络社会的崛起［M］. 夏铸九，王志弘，译. 北京：社会科学文献出版社，2001：19.

④ 在中国，对客家民系民居的研究就是这一类颇具价值的话题。可以参见：陆元鼎. 中国客家民居与文化［M］. 广州：华南理工大学出版社，2001. 等相关资料。

定了个体与环境交往的能力，约束了个体与特定的地域的关联，并对营建活动产生影响。

尽管可以通过旅行、迁徙改变自己所处的空间位置，但人会以自己的出生地，或是长久生活过的地方为原点、参照物来看待世界的其他部分。"新生儿的诞生之地，也就是他的故乡（Birthplace），从第一天开始，就在打造他的生活视野与方式，而且就大部分情况来说，一直会影响到他的未来。"① 身体划分了族群，族群决定了文化。身体的特征无法轻易消除与改变，是族群文化观念形成的深层原因。人的观念会深受环境影响。美国诗人Frost说："人的个性的一半是地域性。"② 恩斯特·卡西尔在《人论》当中写道："人总是倾向于把他生活的小圈子看作是世界的中心，并且把他个人生活作为宇宙标准。"③

3.3.2.3 聚落与单体

建筑与人之间的对应关系，使得群体与个体的辩证关系映射到建筑上来。帕拉第奥认为，"房屋的适用和居住在这房屋中的人的品质是一致的，它们各自的部分都对应于整体，并且两者之间也彼此相互对应"④。"个人—人群"的关系会在"建筑单体—建筑群落"的关系上得到反映。

对于空间的讨论，身体是起点也是终点。空间是一个抽象的概念，"我的空间"才是具体的；空间由"我的身体"及其对立面决定。感官约束了人对于建筑的理解。"人类体验建筑、空间、场所是通过视觉、听觉、味觉和触觉五种知觉来进行的"，"五种知觉感知不时地互相引证和强调"。⑤ 人依靠所有的感观认知世界，从而获得完整的体验。发达的信息传播技术也不能替代亲身体验所形成的场所感。人不可避免地以身体所在的位置为原点来理解世界。"乡土，在许多古人的眼里，是'世界的中心，是宇宙的脐眼'。"⑥

尽管都针对"人"进行研究，群体与个体在概念上有所不同。在以往的研究中，群体与环境相互影响，作为"背景"共同作用于个体的行为，而个体往往被忽略。所提及的个案，也是作为地域研究中的典型，推动群体特征的集中显现。与共同特征相左的案例往往被忽略，而这些往往是推动发展，推动群落新特征产生的萌芽。在自组织研究的框架下，应回归对个体的重视。人不能被看作群体，不能被当成简单的板块，而应被视作复杂的社会组织结构，只有这样，聚落才是

---

① 参见：哈罗德·伊罗生. 群氓之族——群体认同与政治变迁 [M]. 邓伯宸，译. 桂林：广西师范大学出版社，2008：63.

② 转引自：沈苇. 新疆：我的天方夜谭——新疆经济报记者朱又可对话诗人沈苇. 天山网.
Robert Frost（1874-1963），美国诗人，生于加利福尼亚州。父亲在他11岁时去世。母亲把他带到祖籍新英格兰地区的马萨诸塞州。他中学毕业后，在哈佛大学学习两年。这前后曾做过纺织工人、教员，经营过农场，并开始写诗。他徒步漫游过许多地方，被认为是"新英格兰的农民诗人"。

③ 参见：恩斯特·卡西尔. 人论 [M]. 甘阳，译. 上海：上海译文出版社，1985：20.
虽然原话有贬义，但仍然说明了人受其地域的影响有多大这个观点。此话的后面一段是："但是人必须放弃这种虚幻的托词，放弃这种小心眼儿的、乡下佬似的思考方式和判断方式。"近似的观点，另参见：单军. 建筑与城市的地区性 [D]. 北京：清华大学建筑学院，2001.

④ 帕拉第奥观点，参见：汉诺-沃尔特·克鲁夫特. 建筑理论史——从维特鲁威到现在 [M]. 王贵祥，译. 北京：中国建筑工业出版社，2005：59.

⑤ 沈克宁. 建筑现象学 [M]. 北京：中国建筑工业出版社，2008：67，128.

⑥ 参见：哈罗德·伊罗生. 群氓之族——群体认同与政治变迁 [M]. 邓伯宸，译. 桂林：广西师范大学出版社，2008：80.

动态更新的复杂系统。

　　在传统的建造程序里，人的个体（家庭）与建筑的单体有对应关系。在空间、时间中获得的感受，共同构成了个体对环境的认知。而设计与建造的过程是建造者观念与意识的投射。身体在空间上所受的局限导致观念上的局限。这种局限最后映射到建筑之上，并强化它的地域特征。"人们经常以刺青、拔牙、拉大耳垂来改变身体，或者以衣服、饰物来作为身体的延伸。"①作为人工建造的产物，建筑的形式也不可避免地映射着其建造者的种种特征。这种投射，使得建筑特性在气候与地形的界定框架下得到进一步细分，形成更丰满、细腻的建筑人文图景。在中国，一个有数千年农业文明的国家里，身体与土地之间的关联更加微妙。这种地域性的影响更不能忽视。"肉身来自土地，而土地又与中国文化大有关系"②，这种认知形之于外，更加紧密了"人—土地—建筑"之间的对应关系。

　　然而，"个体存在的深刻的现实性经常被忽视或抹掉了。人成了认识的历史行程或逻辑机器中无足道的被动一环，人的存在及其创造历史的主体性质被掩盖和阉割掉了"。③在当今人文地理学、规划学研究里，"人"主要作为群体的概念被引入，考察其整体特征与空间的关系，认为"人类各种空间活动很少是任意形成的，通常都是遵循某种思想进行的有组织的空间行动"④。在此语境下，群体作为一个完整的、均匀的"共同体"与所处的地域关联。交流的目的是探讨一定范围之内人与环境之间的互动规律。但"人群"并不是"个人"的简单的、匀质的集合。建筑地域性研究里，如何关注个体是值得思考的问题。"不仅将族群当作一个集体的现象，也将之扩及于现实环境中个人的经验与选择。……族群不只是集体现象，也是个人的意志选择"⑤。任何文化现象，都不可能是简单的预设，而是大量个体自发行为的集合。个体与环境的关系相对自由，不能简单地把群体的意志、特征套用在个体身上。在建造行为中；个体的行为一定程度上是随机的，是在经济、技术、法律、伦理、宏观文化背景的支撑与约束之下，最大限度地利用环境，实现个人利益最大化；在投入相当的前提下，追求物质资源（果树、矿产、建筑材料等）、空间资源（包括空间的大小、品质等因素）、信息资源（心理上的优势感、传播的广泛性等）占有的最大化。

　　埃里克·詹奇在论述系统进化的原理时指出，在自组织系统的创新阶段，不是通常的宏观因素在做决定，而是非常小的涨落通过内放大并取得突破而起作用。⑥自组织理论框架之下对地域性产生根源的分析中，人的限制，尤其是个体的作用被强调，有利于在后续的讨论中进一步理解建筑聚落的地域特征如何在环境变化的过程中维持、发展、变化。基于单体建造所展示的创新行

① 王明珂. 华夏边缘——历史记忆与族群认同［M］. 北京：生活·读书·新知三联书店，2004：17.
② 哈罗德·伊罗生. 群氓之族——群体认同与政治变迁［M］. 邓伯宸，译. 桂林：广西师范大学出版社，2008：87.
③ 李泽厚. 康德哲学与建立主体性论纲［M］//李泽厚哲学美学文选. 长沙：湖南人民出版社，1985：155.
④ 金其铭. 人文地理概论［M］. 北京：高等教育出版社，1994：200. 转引自：李晓峰. 乡土建筑——跨学科研究理论与方法. 北京：中国建筑工业出版社，2005：10，118.
⑤ 王明珂. 华夏边缘——历史记忆与族群认同［M］. 北京：社会科学文献出版社，2006：18.
⑥ 埃里克·詹奇. 自组织的宇宙观［M］. 曾国屏，吴彤，何国祥，等，译. 北京：中国社会科学出版社，1992：16，50-64.

为如何战胜集体原理取得胜利，个人的创造行为如何推动整体的特色创新将在第5章地域性生成机制中进行阐释。

3.4　对影响因子的分析：从必然到或然[①]

在自组织理论的框架之下，本书在前文的论述中体现了对人，尤其作为个体的人的重视。微观的、主观的因素被引入地域性的研究范畴，地域性的产生与发展不全然是客观的。这与观察到的事实相符，一个自组织的系统，进化的方向性可以理解为偶然性与必然性相互作用的结果[②]，建筑的地域特征如果是自然、人文因素的产物，那么就不可能是连续、动态、变化的。但对建筑地域性的分析中，对自然、人文因素的强调，对微观、偶然因素的忽视，已经影响了对地域性的理解，因此，有必要在自组织框架下对建筑地域性影响因素进行反思。

作为自发的地域建筑，乡土建筑一直是饱受关注的研究样本[③]。鉴于建筑地域性的开放性，为避免混乱，试从乡土建筑研究的方法来窥视当前对建筑地域性影响因子的认知。不同的民居分类标准折射出对地域建筑的不同的研究视野，综合看来，我国学者在民居研究中有两种不同的研究方法，一种按照地域分类，然后谈地域范围内建筑的特征，解读地域内气候、地形、文化特征与建筑的关联；另一种则以建筑特征为依据进行分类，地域特征作为描述建筑的一种要素出现。两种方法各有千秋。我国学者的研究从1940年代~1950年代梁思成先生和刘敦桢先生开始，就已经显现了这种差异。

3.4.1　地域特征为依据

第一种，以地域为划分标准的研究，包括以行政区划、自然、地理、人文条件几种不同的划分方式。最为其他研究者所诟病的是行政划分，认为并不能标识民族、气候、地理的真实区域，无法描述地域与建筑的相互影响关系。但实际应用时，只要注意到各省域范围内外的真实情况，并在研究中予以说明补充，这种方法也有其可行之处。首先，省域划分本身也会受到地理、气候、历史渊源等因素影响；况且，普通读者对地区的理解也是以省为基本构架的，这样易于观点的传播；经费上，一般也是以省为单位争取，可以在一省之下，做更为细致详尽的研究。所以，

---

① 相关内容可参见：卢健松，姜敏. 民居的分类与分区方法研究［G］//中国民族建筑研究会民居建筑专业委员会，华南理工大学建筑学院. 第十六届中国民居学术会议论文集，2008.

② 埃里克·詹奇. 自组织的宇宙观［M］. 曾国屏，吴彤，何国祥，等，译. 北京：中国社会科学出版社，1992：13.

③ 乡土建筑与当代地域主义理论是建筑地域性研究的两个重要组成，参见：单军. 建筑与城市的地区性［D］. 北京：清华大学建筑学院，2001：62-67. 乡土建筑的地域性强，但并不能完全阐释建筑的地域性，其间的细微差异对本文结论影响不大。乡土与地域的些微差异，参见本书对拉普卜特《作为乡土建筑的自发社区》一文的注解及研究现状。

尽管有学者对以行政单位划分的研究方法提出异议，但从1980年代至今，很多研究者都仍然选择以省或者其他行政区划为研究的基本骨架，并且取得了相当多的成果。当然，像民居邮票①那样，把问题简单化，每个省以一种典型民居作代表进行概括，则是以偏概全，造成很多不必要的误解。

其他按照地域的分类，主要依据自然、文化要素进行划分。自然要素，主要按照气候、地理、植被、物产资源等因素来进一步认识；人文方面，则主要关注宗法、制度、习俗、经济等要素。1992年，彭一刚先生在《传统村镇聚落景观分析》一书中，从宗法·伦理·道德观念，血缘关系，宗教信仰，风水观念，交往·习俗五个方面来研究民居的地域特征，比较系统地开展了相关研究。1994年，王文卿先生在《中国传统民居构筑形态的人文背景区划探讨》一文当中，从物质文化要素区、制度人文要素区、心理文化要素区三个大的方面入手，然后，每项下面细分若干子项进行进一步的研究，体系清晰，论证翔实，是目前比较全面的分析之一。之后，2005年，袁牧发表的文章《国内当代乡土与地区建筑理论研究现状评述》，明确提出了各个区域应该叠合的观点，并对不同社会发展阶段，乡土与地域建筑研究的条件转变提出了看法，使得区域的划分更加细致。

3.4.2 建筑特征为依据

而从建筑本身特点入手进行的研究，主要从构造方法、平面形状、空间布局、材料选择等方面研究民居的地域分布情况。日本人若山滋的研究发表于1983年，比较全面地从构法、形态、材料三个方面来观察，每个视角又分为若干子项来细究，将世界范围内的乡土建筑整合为12种构法样式，结合地域文化，分为A～R共18个区域，并以图示之，对后续研究很有启发。我国这类研究方法，从刘致平、刘敦桢二位先生起。1956年，刘致平在《中国建筑类型及结构》中，是按照民居的俗称加上所在地域的描述，笼统介绍民居的分类情况，刘敦桢先生随后在同年发表的研究结果，则是按照建筑的平面形式来分析的，已经是比较具体的分类方法研究了。王文卿先生在《中国传统民居构筑形态的人文背景区划探讨》中是按照地域文化的不同来划分研究区域的，但在《中国传统民居构筑形态的自然区划》研究里，实际是按照构筑形态、构筑材料来分区的。分析的方法仍然是从大类着眼，从小类入手，既有宏观的把握，也有细致的探究。两篇文章合在一起，共同架构了我国民居研究的分类原则，是我国目前较为全面的研究成果。2004年孙大章先生在《中国民居研究》中，更加关注民居的形式特征，与刘敦桢先生以平面形状为依据的划分标准相比，孙大章先生的研究更加全面，首先从庭院、单幢、集居、移居、密集、特殊六个大类入手，然后每类分为若干小式进行研究。大类描述了建筑的形态与使用特征，小式则结合了材料、构造、使用方式，具体阐释了建筑与地域之间的关系。例如，单幢类，孙大章先生就将其分为干阑、窑洞、碉房、井干、木拱架、下沉几个"式"进行研究。这样，既有大的分类体系，纲举目

---

① 民居邮票是由原邮电部1986年4月1日开始发行的，至1991年6月11日止，15年共计发行4套21枚。

张，结构清晰，又生动丰富地阐释了建筑的地域性特征。2008年，邓智勇在孙大章先生的分类基础上，提出了以4组对立关键词的排列组合来描述民居的新构思。这4组关键词为：1）独立、集居，2）合院、非合院，3）挖减、加筑，4）定居、移动。该种方案意图以更理性的方法建构民居形态的描述体系，是很有益的探索，但是，应当注意到，分类描述是与研究目的紧密结合的。这4组关键词仅仅描述了建筑的形态与部分使用特征，并没有关注材料等特性，且要注意避免过分关注作为结果的"形式"，而忽略了作为原因的"地域特征"。

从1950年代较为系统的民居研究开始，从方法上历经了从简到繁的发展过程，不管那种分类方式，为了进一步深入细节，都发展出了各自大类入手、子类细分的研究模式，很好地推动民居地域性研究的深入发展。从地区分类入手，从建筑特征入手，虽然方法不同，但思路一致，殊途同归，共同强调："建筑—地区"之间的因果关系。只不过，一个是从"因（地区）"着手，一个是从"果（建筑）"着手，路径不同罢了（表3-5、表3-6）。

民居研究的分类方法比较　　　　　　　　　　　　　　　表3-5

按照地区分类研究的						按照建筑特点分类						
梁思成（1944）	彭一刚（1956）	翟辅东（1994）	王文卿（人文）（1994）	沙润（1994）	袁牧（2005）	刘致平（1956）	刘敦桢（1956）	若山滋（1983）	王文卿（自然）（1992）	单德启（1994）	陆元鼎（1995）	孙大章（2004）	邓智勇（2008）

乡土研究中建筑地域性研究的分类、分区方法（按时间排列先后）　　表3-6

年代	研究者	分类标准	影响因素，研究方法，成果
1944年	梁思成[①]	笼统描述，分为四个区	1）华北及东北，2）晋豫陕北穴居区，3）江南区，4）云南区
1956年	刘致平[②]	按照住宅的样式，大概分类	中国自然环境与建筑的关系。海拔、气候、物产	穴居、干阑、宫室式（穴居上升，干阑下降，分为分散式与一颗印、南方与北方、地主与贫民等）、碉房、蒙古包、舟居
1956年	刘敦桢[③]	建筑的平面特征	圆、横长方、纵长方、曲尺、三合院、四合院、三合院＋四合院、环形、窑洞

---

① 梁思成. 中国建筑史［M］. 天津：百花文艺出版社，1991. 研究时间是按照相关回忆文章《李庄与梁思成的〈中国建筑史〉》（http://heritage.news.tom.com/Archive/2001/7/4-77478.html）写的。

② 刘致平. 中国建筑类型及结构：第三版［M］. 北京：中国建筑工业出版社，2000；9-11. 研究时间一栏是按照一版序言的时间定的。

③ 刘敦桢. 中国住宅概说［M］. 天津：百花文艺出版社，2004. 研究时间按照序言的时间"刘敦桢1956年9月于中国建筑研究室"确定，具体是1953～1956年间。

续表

年代	研究者	分类标准	影响因素，研究方法，成果		
1983年	［日］若山滋[1]	建筑构法与气候、植物生态、建筑材料之间的关系，按照构造方法分类与分布作详细的讨论，整合为12种构法样式，A～R共18个区域，以图示之[2]	构法	堆砌构造	
				组架构造	
				整体构造	
				编织式	
				皮膜式	
			形态	部位分离式构法	
				部位整体式构法	
				屋顶型构法	
				墙壁型构法	
				开放型构法	
				闭锁型构法	
			材料	以土为主	
				以砖、石、冰为主	
				以木材为主	
				以小枝、皮革为主	
		根据聚落和地貌的关系	自然因素	地理·气候	
				地形·地貌	
				地质·地方材料	
			社会因素	宗法·伦理·道德	
				血缘关系	
				宗教信仰	
				风水观念	
				交往·习俗	
1992年 4月	王文卿[3]	中国传统民居构筑形态的自然区划	构筑形态的气候分区	北方民居	采用火墙、火炕、壁炉的采暖区
					厚墙、厚屋面保温区
					双层屋面保温区

---

① 若山滋. 乡土与建筑构法（上）：气候、植物生态与构法分布［J］. 林宪德，译. 建筑师（台），1983（9）：40-45；若山滋. 乡土与建筑构法（上）：气候、植物生态与构法分布［J］. 林宪德，译. 建筑师（台），1983（10）：46-49. 转引自：李晓峰. 乡土建筑——跨学科研究理论与方法［M］. 北京：中国建筑工业出版社，2005：10，135.

② 12种构法样式为：1）砖石堆砌式，2）屋顶型堆砌式，3）木材堆砌式，4）整体式，5）屋顶型整体式，6）屋顶型开锁式，7）木架整体式，8）屋顶型开放式，9）木造组架式，10）编织式，11）皮膜开放式，12）皮膜开锁式。
A～R共18个区域为：A.北欧木造地区；B.欧洲混合地区；C.中央堆砌地带；D.中亚皮膜地区；E.非洲整体式地区；F.非洲屋顶型整体式地区；G.南非混合地区；H.东亚混合地区；I.东南亚组架地区；J.南洋群岛编织地区；K.澳洲、纽西南混合地区；L.极北混合地区；M.北美组架地区；O.北美高地堆砌地区；P.南美木造地区；Q.南美高地堆砌地区；R.极南美混合地区。

③ 王文卿，周立军. 中国传统民居构筑形态的自然区划［J］. 建筑学报，1992（4）：12-16.

续表

年代	研究者	分类标准	影响因素，研究方法，成果		
1992年4月	王文卿[①]	中国传统民居构筑形态的自然区划	构筑形态的气候分区	南方民居	天井、敞厅区域
					深出檐、重檐区域
					干阑
				降水	屋顶坡度
			构筑形态的地形分区	平原、水域、山丘	
			构筑形态的材料分区	土筑、石构、木构、竹构、草顶、帐顶、砖瓦作	
1994年4月	翟辅东[②]	基本按照我国行政区划的一般概念描述	自然	地貌和地表物质、气候、植物、水体（大河、泉井）	
			人文	宗教文化、皇权、经济、防御	
1994年2月	余卓群[③]	对人文要素关注较多	六缘：地缘、血缘、人缘、史缘、业缘、学缘		
1994年7月	王文卿[④]	中国传统民居构筑形态的人文区划	物质文化要素分区	畜牧经济区	简易、流动的
				渔猎经济区	简易穴居、巢居
				农业经济区	形态多，先进
			制度人文要素区	母系氏族	灵活，制度影响小
				父权制度下的宗法制度	布局规整，从结构到色彩受等级约束，强调轴线
			心理文化要素区	中原汉文化核心	农业文化思想起源，兵家必争之地
				佛教	对中华文明整体渗透
				道教	给出区域与传播路径，为涉及直接影响
				伊斯兰教	给出区域与传播路径，为涉及直接影响
1994年7月	沙润[⑤]	自然观及其渊源	按照气候、地理、人文因素分类，提出防灾减灾		
1994年11月	汪之力[⑥]	按照行政、民族，以及民居本身的各自特点分类，共列出22个类型的民居	命名方式大体为：行政区划＋民居特点＋民居称谓		

① 王文卿，周立军. 中国传统民居构筑形态的自然区划［J］. 建筑学报，1992（4）：12-16.
② 翟辅东. 论民居文化的区域性因素［J］. 湖南师范大学社会科学学报，1994（4）：108-113. 本文经湖南大学杨慎初先生审阅。
③ 余卓群. 民居隐形"六缘"探析［J］. 规划师，1994（2）：10-13.
④ 王文卿，陈烨. 中国传统民居构筑形态的人文背景区划探讨［J］. 建筑学报，1994（7）：42-47.
⑤ 沙润. 中国传统民居建筑文化的自然观及其渊源［J］. 人文地理，1997（3）：25-29.
⑥ 汪之力. 中国传统民居概论［J］. 建筑学报，1994（11）：52-59，（12）：52-59.

年代	研究者	分类标准	影响因素，研究方法，成果		
1994年11月	单德启[1]	尝试性地按照民居的特点大致划分，认为我国目前缺少民居类型的权威划分方法	分为院落式（包含天井式）、楼居、穴居		
1995年	陆元鼎[2]	人文、自然条件综合分类法，以民居形式与建造特点描述	气候、地貌、生产方式、生活方式、主要结构、平面与外观特征		
2002年	朱光亚	以文化圈概念为区划原则，将中国划为12个圈	汉族7个圈，边陲地带5个圈		
2004年	孙大章[3]	按照民居本身的特点	类	式	
			庭院	合院、厅井、融合	
			单幢	干阑、窑洞、碉房、井干、木拱架、下沉	
			集居	土楼、围屋、行列	
			移居		
			密集		
			特殊		
2005年	袁牧[4]	试图提出多个层级系统，叠加各因素	自然地理（气候、地形、生态），社会文化经济因素		
2008年	邓智勇[5]	按照民居本身的形态特点分类，没有具体结合地域	按照作者自定的四个标准：1）独立、集居，2）合院、非合院，3）挖减、加筑，4）定居、移动		

3.4.3　影响因子的深入思考

今天对建筑地域性的认识，很大程度上得益于乡土、民居研究中的既有成果。笼统而言，这些研究建构了地域要素与建筑形式特征之间的关联；并通过进一步细分地域，或拓展新的影响因子，或叠合影响因素的地域范围来进一步强化和"精确"定位气候、地形、文化与建筑之间的关系。尽管产生了很大的影响，这种基于地域环境总结建筑特征共性的研究方法，有三个方面的问题值得进一步思考：1）对偶然性的忽略；2）对微观因素的忽视；3）与建筑创作的疏离。

---

① 单德启. 中国乡土民居述要 [J]. 科技导报，1994（11）：29-32.

② 陆元鼎. 民居史论与文化 [M]. 广州：华南理工大学出版社，1995.

③ 孙大章. 中国民居研究 [M]. 北京：中国建筑工业出版社，2004：64-80.

④ 袁牧. 国内当代乡土与地区建筑理论研究现状评述 [J]. 建筑师，2005，115（6）：18-26.

⑤ 邓智勇，王俊东. 对我国民居分类问题的几点思考 [J]. 建筑师，2008，132（2）.

首先，为了解释建筑形式产生的原理，过多地从整体上关注地区条件与建筑形式的因果关联。这种解释方式大多是还原论的因果关联[1]，不能阐释各个系统之间的复杂网络关系，不能从整体上阐释民居形态产生的机制，而且忽略了偶然性和居民的创造力，对民居进化的潜力解释不足。不能完全解释"民居建筑既有机又随机，既'有法'又'无法'，既理性又似乎无理性，是人与社会、人与自然多元复合的一个系统工程"[2]的原因。也容易在建筑创作中造成误解，认为存在既是合理，夸大在一定条件下偶然形成的规律，对民居的演化与改进造成不必要的约束。这个建筑地域性研究中的困惑，也许是创作中不得以依靠特征符号来延续所谓"文脉"的原因之一。

其次，对地域特征、建筑形式特征的总结都较为粗放、宏观。以地域特征为依据的分类主要关注大的气候区、文化区、行政区对建筑的影响，所囊括的范围即便经过多因子的叠合仍然比较宏观。建筑特征的划分也是某些大方面特征的总结。以为数不多的基本特征概括建筑千变万化形式的方法，尽管提纲挈领，简单明了，但很难将建筑从细节到整体的结构、形式体系与微妙变化的地方场景相结合；也很难灵活地描述建筑形式、构件随时代技术、经济条件动态演变的过程。以条框式的大原理指导设计实践，难免失于简陋。

建筑地域性如果仅仅被视为对环境因素的总结，在构筑环境宏观因素与建筑整体特征关联的过程中，细节因素自然被忽视。偶然、随机的因素作为例外被排除。但偶然因素是塑成建筑风貌特征的重要因素；建筑设计创作也不是完全理性的过程。完全忽略偶然因素，不将其纳入研究的视野当中，就很难阐释具体地段微观地域环境生成的原理；也无法将设计创作原理与研究相结合。

基于此，结合自发性建筑的研究，可以通过以下几个方面的工作深入建筑地域性的研究。

1）缩小建筑地域性研究的空间尺度，将地域性研究与具体时空定位结合得更加紧密，切实考察单体建构与群落特征塑成之间的关系。

2）宜将单体作为一个建筑构成系统对待，将整体特征与构造细节相关联。不同构件对环境变化的敏感度不同，变化方式不同，对建筑单体构成体系中的影响也不同，宜进一步思考构件变化与形态整体演进的关系。

3）影响因子应适当分层。不同地区、不同社会经济发展阶段，不同因子对建筑影响的敏感度不同，可将建筑宏观影响因素分层。因子之间动态的复杂网络关系很难完全厘清，但分层之后利于考察各个因子之间的在空间上的影响度，以及时间上的稳定性。

4）应合理认知建筑形式与环境因素的对应关系。建筑形式与环境的"或然关系"应得到更明确的认识，并在设计实践中得以应用。

5）以自下而上的视野重新审视地域建筑的生成模式。从宏观规律中总结建筑形式特征的形

[1]　"通常都只假定了系统要素与特定外部原因之间的一一关联……是分析方法的遗产，通常采取将系统结构拆分，将结构的意义置于独立的层次上。"保罗·西利亚斯. 复杂性与后现代主义——理解复杂系统［M］. 曾国屏，译. 上海：上海译文出版社，2006：15.

[2]　单德启. 中国乡土民居述要［J］. 科技导报，1994（11）：29-32.

成机制，必然会忽视偶然性因素，但自下而上的分析建筑地域性如何产生，可以在一定程度上避免这样的状况。探讨局部的小传统对建筑"个性"塑造的关键性影响，将建筑生成的规律嵌入设计创作的流程，有利于从单体入手，渐进更新群落。

这样，在宏观把握建筑地域性的基础上，将视点进一步集中到具体地段上来，同时兼顾整体文脉；不但研究地域建筑的形成规律，而且能将规律转化到建筑设计的方法上，形成可以结合到设计流程当中、理性分析具体地段地域特征的方法，弥补地域性研究在设计实践中的缺失。

3.5　小结

本章主要试图阐释两个问题：当前建筑地域性研究如何拓展，自发性建造对建筑地域性研究的意义如何。

通过对地域性中"自发—自觉—自省"三个层面的解析，指出对自发地域性进行专门研究的必要性。目前，探讨相对较多的是自省的地域性。自省的地域性研究具有批判意识，但理论纷杂，莫衷一是。对自发的地域性进行探讨，能规避争执，拓展地域性研究的范畴，促进对地域性产生机制进行探讨，对建筑地域性研究进行补充。自发的地域性，不应简单地理解为封闭、消极的地域性；作为后两者的基石，作为一种基本原理，应当分离出来，单独予以研究。

20世纪早期，芒福德对湾区学派的总结中，已经指出了地域性生成中的"开放性"特征；拉普卜特在1988年，更是明确地将自发性与乡土建筑研究关联起来。与传统风貌建筑及当代自省的地域建筑相比，当代自发性建造具有：1）时效性强，能反映当下技术、经济、政策变化对建筑地域性的影响；2）灵敏度高，对环境因素变化反应及时；3）自主性高，能从更具体的空间层次反映地域性的生成机制；4）尺度微观，能反映具体地点、场所的地域性等特征。

从对产生根源、影响因子的分析中看到，应强调个体的作用。对个体主观因素、发展过程中随机、偶然因素的忽略，影响了对建筑地域性的理解。应当在自组织原理框架下，通过对自发性建造的研究，拓展对建筑地域性的认识。

本书的第4章，将进一步讨论自发性建造的内涵与特征。

4

非正规中的理性：自发性建造的内涵与特征

香港街景（2011年）

对于建筑自发的地域性研究，不仅是传统的乡土建筑，当代城乡自建，违章建造、加建、改建，非正式经营设施搭建等都应予以关注。为强调这些建造活动的自组织特征，试以"自发性建造"一词予以概括。作为一种基本的建造组织方式，自发性建造目前仍然广泛存在。其中一些类型长期存在于建筑师的视野之外，其规律与缺陷都未得到清晰的认识。本章试界定其内涵、分析其特征，从不同学科的研究视角进行解读（图4-1）。

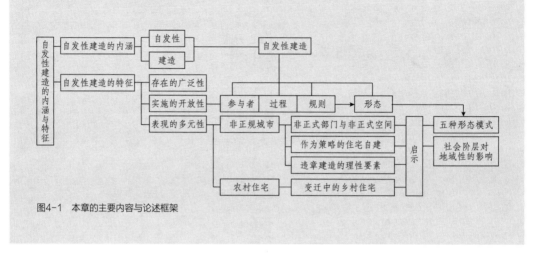

图4-1　本章的主要内容与论述框架

4.1　自发性建造的内涵

4.1.1　自发性

在自发性建造当中，"自发"一词的含义需要进一步阐释。自发性具有相对性，与空间尺度相关；可以参照住宅自建当中对于"自建"一词的解析，进一步界定自发性在建造语境下的内涵。

4.1.1.1　"自发"是相对的

全然不受外界因素影响的自发，在营建活动中不存在。"自发"字面上的意思是："由自己产生，不受外力影响的；不自觉的。"[①]但营建活动，或多或少会受到自然、人文、经济、技术等宏观因素的制约。参照自组织理论中相关解释，自发性营造中的"自发"并非不受约束，而是不受外界"特定"指令，能自行组织、自行演化的营建活动[②]。无论传统聚落，还是当代自建活

———————

① 中国社会科学院语言研究所词典编辑室. 现代汉语词典：6版［M］. 北京：商务印书馆，1996：1725.

② 吴彤. 自组织方法论研究［M］. 北京：清华大学出版社，2001：2.

动都在具体建造过程中不受特定指令的限制，气候地理、历史文脉、文化信仰甚至村规民约都会以相对宽泛的形式约束建造行为；单体形式各具微差，且不可预期。这些营建行为，不同于现代规划、建设制度严格掌控之下的营建行为，不是当代规划、建设管理中层层嵌套体制里的一环。

自发性建造还并非是完全无目的的行动。尽管在某些领域下，"自发"的特点被总结为：目的盲目；结果被动。[①] 对自发性建造而言，这种"盲目"和"被动"与空间尺度相关，有相对性。自发性建造在建筑单体以及更为具体的空间尺度下是有目的的行动；但对于更为广阔的空间尺度而言，则没有具体、明确的目标。

拉普卜特曾仔细辨析在"自发性社区"里"自发性"的含义，指出单体营建视野下的建造是有目的的行为："'自发性'一词引发了其自身的困难。在某种意义上，这个词是不准确的，因为'自发性'暗含自生成，缺少设计的意思。当然，事实上这不可能。'自发性社区'，如同所有人类的建成环境那样，绝非偶然产生；是刻意求变，改变自身环境的过程中，在可能的变革中所做的系列选择。正如我曾经多次描述'选择模式的设计'（拉普卜特，1976，1975，1985）。"[②]

4.1.1.2 "自发"并非绝对"排他"

自发性建造是以家庭为单位进行建造[③]。家庭作为决策单元，主持、参与建造的过程，但营建过程中不排斥其他人员，甚至专业人员的参与。

挪威自力造屋中，26%采取了合作式、协力式、组织化运作模式[④]。美国明尼苏达住房基金会（Greater Minnesota Housing Fund，简称GMHF）关于住宅自建的解释中，表达了基本相同的认识："住宅自建，允许家庭之间以社区为基础关联合作，在一种互助自建的制度中，通过自己的劳动，通过'劳力投资'的模式共同参与。成功的自建住宅计划节省了建造和运营造价，鼓励住宅建设的有效参与，并且对参与者提供有效的技术培训。"[④]

我国《城镇个人建造住宅管理办法》中城镇个人建造住宅包括多种形式，其中有："互助自建：城镇居民或职工互相帮助，共同投资、投料、投工，新建或扩建住宅"[⑤]。台湾地区以"自力造屋DIY（DO IT YOURSELF）"与"协力造屋DIO（DO IT OURSELF）"两个含义基本等同的词描述"自建"活动，进一步印证了以上观点。"追溯到台湾早期住宅的型态，'自力造屋''协力造屋'一词，是小区共同参与的活动，它的本质是用'简单的构件'来共同完成造屋，以解决

① "同'自觉'相对，指人们缺乏对事物规律性认识时的活动；盲目地为客观必然过程所支配，往往不能科学地预见其活动的后果。"辞海编辑委员会. 辞海［M］. 上海：上海辞书出版社，1999：2281.
② RAPOPORT A. Spontaneous Settlements as Vernacular Design［M］. PATTON，CARL V（EDITOR）. Spontaneous Shelter：International Perspectives and Prospects. Philadelphia，Temple University Press，1988：51-77.
③ 赖明茂. 从使用者参与的角度探讨社区建筑概念中居民合作与空间营造课题［J］. 环境与艺术学刊，2001，2（12）：79-103.
④ http://www.gmhf.com/research/programs/self_help.htm美国明尼苏达住房基金会Greater Minnesota Housing Fund（GMHF）。
⑤ 《城镇个人建造住宅管理办法》（1983年5月25日国务院批准，1983年6月4日城乡建设环境保护部发布）。

人类最基本"住"的问题。"① "自力（Self-help）"并不强调全然的自我建造，也包含与其他家庭或单位之间交换劳动力，合力建造的过程。

4.1.1.3   "自发"并非绝对"非专业"

自发性建造的核心是"家庭"的独立决策权：家庭作为独立的决策单元，对建筑的选址、布局、投资等问题具有自主权，但并不完全杜绝专业人员的参与。古代的工匠，当代的"赤脚施工队"，甚至受到过现代建筑专业培训的人员参与传统民居、当代农村住宅、自发性社区的建设，只要以家庭为基本决策单元的前提不改变，"自发"的性质就不会受大的影响。现代住宅自建中，专业人员的参与不但不会被否定，相反得到鼓励，在一些研究者的观点中甚至被认为是必需的。南马里兰三郡社区联合行动组织认为，社区非专业劳动力在专业人员指导下，顶多能完成65%的场地工作。②明尼苏达住房基金会的章程中，认为启动自建项目的两个前提是：精心地挑选场地并仔细地协助降低成本；专业人员督造项目以保持项目的动力。认为住宅自建的成功要靠"资金来源、专业的建造团队，而且最重要的是参与的热情"。③专业人士合理地参与自建项目，对于技能传授、劳力培训、确保项目正常运转都有重要作用。

4.1.2   建造

"建造"具有名词和动词的双重词性。做名词理解时，是建筑物与构筑物的统称；作为动词，包含前二者营建、创作活动的过程。④本研究中，"建造"的理解为：人类有目的地改善自身生存环境的行为或结果。在这个宽泛的定义基础上，自发性建造当中一些非传统建筑学的现象才能纳入研究的范畴。

有目的地改善自身生存环境的行为包括：房屋修建与改造调试两个部分。是否作为建造行为，前者容易取得共识，后者常颇多争议，试对其做进一步阐释。对房屋的加建、改建包含：1）拓展房屋使用空间；2）改变房屋空间结构；3）改善建筑使用性质几种举措。

在住房压力或经济利益的驱动下，拓展房屋使用空间的行为极为常见，农村住宅扩建，城市住宅屋顶加建均在此列。N. J. 哈伯拉肯在《寻常结构：建成环境中的形式控制法则》（*The Structure of the Ordinary：Form Control in the Built Enviroment*）一书中，通过"领域深度"

---

① 详参：林揖世. 台湾"自力造屋""协力造屋"的脉络历史总结 [D]. 台北：云林科技大学，2007.

② http://www.smtccac.org/SelfHelp/index.html 在解答"What is self-help housing？"时，用 Homeownership through "Sweat Equity"来概括，随后仔细阐释：住宅自建是指以家庭为小组相互帮助建造家园。这样一个劳动力互助体大致完成场地内作业65%的工作。工作在SMTCCAC组织提供的监管之下。通常在夜晚或周末劳动，主要任务是清理场地，开挖基础，墙体框架，盖屋顶，安装门窗，安装隔墙，粉刷油漆，安装导轨、橱柜等。（SMTCCAC：Southern Maryland Tri-County Community Action Committee）

③ 参见http://www.gmhf.com/research/programs/self_help.htm，美国明尼苏达住房基金会Greater Minnesota Housing Fund（GMHF）。

④ 1）建筑物与构造物的通称；2）工程技术或建筑艺术的综合创作；3）各种土木工程、建筑工程的建造活动. 辞海编辑委员会. 辞海. 上海 [M]：上海辞书出版社，1999：614.

（Territorial Depth）的概念，探讨房屋空间结构改变与公共空间的关联程度。自主改变房屋内部空间组织，调整建筑内部结构，也是使房屋适应环境变化，满足生活需求的一种建造行为，由于对城市肌理、城市景观的影响很小，本书中不作为主要的研究对象（图4-2）。本研究中，将有目的地采取额外措施、改善建筑热工性能、而非简单应用既有设备的行为视作建造，纳入研究。伯纳德·鲁道夫斯基持相似观点，在《没有建筑师的建筑》中的"半遮蔽的街道空间"里也曾对临时性的遮阳设施进行了研究，图4-3的比较，则更为直观地阐释了上述观点。

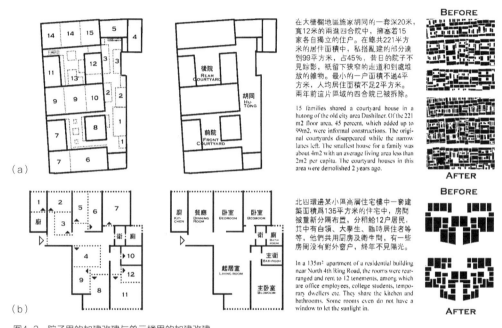

在大栅栏地区施家胡同的一套深20米，宽12米的两进四合院中，拥挤着15家各自独立的住户。在总共221平方米的居件面积中，私搭乱建的部分达到99平方米，占45%，昔日的院子不见踪影，祇留下狭窄的走道和到处堆放的杂物。最小的一户面积不过4平方米，人均居住面积不足2平方米。两年前这片区域的四合院已被拆除。

15 families shared a courtyard house in a hutong of the old city area Dashilaer. Of the 221 m2 floor area, 45 percent, which added up to 99m2, were informal constructions. The original courtyards disappeared while the narrow lanes left. The smallest house for a family was about 4m2 with an average living area less than 2m2 per capita. The courtyard houses in this area were demolished 2 years ago.

北四环边某小隔室高层住宅楼中一套建筑面积为135平方米的住宅中，房间被重新分隔布置，分租给12户居民，其中有白领、大学生、临时居住者等等，他们共用厨房及卫生间，有一些房间没有对外窗户，终年不见阳光。

In a 135m2 apartment of a residential building near North 4th Ring Road, the rooms were rearranged and rent to 12 tenements, among which are office employees, college students, temporary dwellers etc. They share the kitchen and bathrooms. Some rooms even do not have a window to let the sunlight in.

图4-2　院子里的加建改建与单元楼里的加建改建

院子里的加建（a）与单元楼里的加建（b）本质一致，但对城市空间没有影响力，不是本书研究的重点

资料来源：2008香港/深圳城市双年展清华大学建筑学院参展作品。

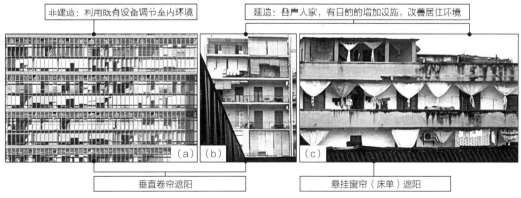

图4-3　改善建筑热工环境的情况比较

（a）北京某高层写字楼外立面；（b）巴塞罗那图书馆旁边的民房；（c）柳州某外廊式居民楼

资料来源：本研究观点，（a）（c）作者自摄；（b）RCR提供；王靖. 源于自然，回归自然——RCR建筑作品评析［J］. 世界建筑，2009，223（3）：17-21.

4.1.3　自发性建造

　　1964年，伯纳德·鲁道夫斯基《没有建筑师的建筑》使得"人们自行搭建的遮蔽物"[①]，第一次得到了美学上的关注。伯纳德·鲁道夫斯基在这本小册子里，给出了对乡土建筑的描述："我们可以称之为地方的、无名的、自发的、土生土长的、乡村的，诸如此类。[②]"这里，乡土、地方、自发建造等特征被统一起来。但自发建造的行为，并不局限于乡土建筑之中，在城市，在最为繁华的都市里，建筑师的作品也会受到自发建造的修改、调整，动态地适应不断变化的环境。

　　1988年，阿摩斯·拉普卜特在自发性社区的研究中，将其与乡土建筑研究相关联，指出"自发性社区"实质是指"自发性建成环境"，包括住宅，以及夹杂其间的非居住建筑（例如：露天市场），认为"如果乡土设计的定义是正确的，自发性建造将可以得到当前最为贴切的视野"。[③]此后，对自发性建造的认识，大多囿于城市非正规区域的建设（图4-4）。

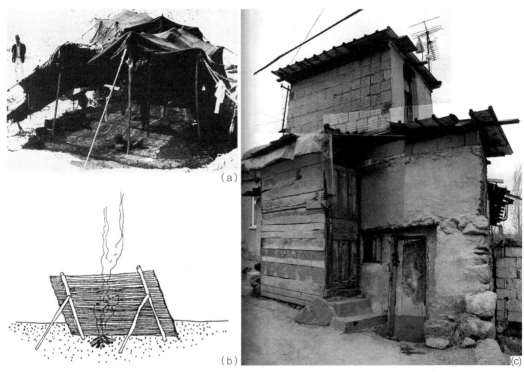

图4-4　自发性建造的临时性

（a）保罗·奥利弗在《Dwellings》中列举的游牧建筑；（b）阿摩斯·拉普卜特在《宅形与文化》中的挡风墙；（c）土耳其的违建社区Gecekondu

资料来源：（a）OLIVER P. Dwellings: The House across the World［M］, Oxford: Phaidon Press, 1987: 26；（b）阿摩斯·拉普卜特. 宅形与文化［M］. 常青, 徐菁, 李颖春, 等, 译. 北京: 中国建筑工业出版社, 2007: 96；（c）Maryannray. Gecekondu［G］//HARRIS S, BERKE D. Architecture of the Everyday, Newyork: Princeton Architecture Press, 1988: 155.

---

①　RICHARDSON V. New Vernacular Architecture［M］. London: Laurence King Publisher, 2001: 7.

②　RUDOFSKY B. Architecture without Architects［M］. New York: Museum of Modern Art, 1964: 1, para2.

③　RAPOPORT A. Spontaneous Settlements as Vernacular Design［M］// PATTON, CARL V. Spontaneous Shelter: International Perspectives and Prospects. Philadelphia: Temple University Press, 1988 : 51-77.

　　综合上述认识，本研究试以"自发性"概括了乡村、城市的传统建筑、农民住宅自建、城市居民自建房、城市违建社区的共同特征。自发性建造是指：为改善自身生存环境，以家庭为决策单元，不受外界特定指令控制，自主决策房屋的选址、形式、投资的行为或结果。自发性建造的基本组成包括如下几个方面（参见表4-1，图4-10）。

　　自发性建造概括了对地域性的不同认识，在其视野下研究地域性，既不是远足他乡的猎奇，也不是抚今追昔的怀古，而是以一种平和的眼光来看待古已有之、目前仍然广泛存在的基本建造方式。与建筑师的作品相比，自发性建造的存在更为广泛，表现更为多元，实施更为开放，对外界环境的变化更为灵敏。

自发性建造的组成　　　　　　　　　　　　　　　　　　　　　表4-1

地区	类型	子类			备注
城市	违章建造[①]	非正式部门		街头经营设施	
		违章加建、改建			重点在违章的理性因子
		自发性社区	违章建房	非居住建筑	自建市场、娱乐、生产设施
				居住建筑	作为住房策略
			不违章的自建	城镇居民自建房	
乡村	住宅自建	灾区自建住房			介乎于城乡之间
		乡村居民自建房		居住建筑	
				非居住建筑	牛栏、畜舍、堆场、其他生产空间，雷蒙德·亚伯拉罕在《Elementare Architecture Architectonic》有相关论述[②]

4.2　自发性建造的特征

　　自发性建造以个体（家庭）为单位，有效地利用社会关系、当地资源进行建造。在经济能力许可的范围内，在社会关系网络的制约之下，尽可能地追求个人（家庭）利益的最大化。建造过程中，使用者与建造者关系密切，甚至完全自己动手建造；营建目标与生活息息相关；注重生活经验的运用，对恶劣气候条件采取被动式应答；能广泛地发掘当地资源，创造性地运用材料；物尽其用，有效地发掘材料性能；对空间、场所有效地"异用"，多用途地开发，能展示出生活生动的一面。拉普卜特将自发社区的特质分为过程特征与结果特征两大类，分别用17个和21个

---

① ABRAHAM R. Elementare Architecture Architectonic［M］. Salzburg：Pustet，2001.

子项对其进行阐释①。本章将着重阐释自发性建造特点的三个方面②：1）存在广泛；2）实施开放；3）表现多元。

4.2.1 存在的广泛性

可以从时间和空间两个角度来认知自发性建造存在的广泛性。从历时性角度来看，现代建筑职业的出现不过是近两百年的事情，之前更长的时期内，绝大多数的建筑由民众自发建造。如今，尽管建筑师为城乡发展做了大量工作，但大多数建筑仍由老百姓自己建造；不仅如此，普通使用者对建筑师作品的改造与调整也极为常见。群众的建造活动与建筑师的建造活动一起，共同塑造了我们生活的环境，这是当前不争的事实，也是今后很长时期内将要延续的状态。了解自发建造的规律极为必要。

4.2.1.1 从历史的角度

建筑师是一个古老的职业，但为普通人服务的现代建筑师职业的出现是晚近之事。历史上，普通人的居所由自己建造。

沃尔特·凯瑟（Walter Kaiser）和沃尔夫冈·康尼锡（Wolfgang König）在《工程师史》③中，将建筑师职业回溯了六千多年前。"英文Architect是由希腊文而来，是'总匠师'（Master Builder）的意思。建筑师是领导广大的技术工人共同工作的，是与技艺相关联的并通晓各艺的，并且艺术造诣也是最高的。"④但传统的建筑师与现代建筑师有所不同。现代建筑师出现之前，一些身兼数职的艺术家为王公贵族设计建筑。这些人物知识渊博，活跃在军事要塞、港口码头、基础设施、王宫府邸、殿堂庙宇的修建之中。老百姓的房子绝大多数都由使用者自己，或使用者与"工匠建筑师⑤"一同建造。现代意义上的建筑师很晚近才出现：19世纪，建筑师才"摆脱了对宫廷、贵族、教会的依附关系，成为'自由职业者'。他们现在可以自由地为出得起钱的人服务，主要为掌握财富的阶层服务。"⑥

摆脱了对贵族依附的建筑师们，服务的对象仍然十分有限，希腊建筑师"道萨迪亚斯基于不同出发点，批评建筑师的业务范围过窄，从世界范围来看贡献太小"⑦（图4-5，表4-2）。

---

① 参见本书中对地域性的当代思考。RAPOPORT A. Spontaneous Settlements as Vernacular Design［M］//PATTON，CARL V. Spontaneous Shelter：International Perspectives and Prospects. Philadelphia：Temple University Press，1988：51-77.

② 本书1.3.1中已经阐释了自发性建造的真实性与敏感性两个特征，此处不再重复。

③ Walter Kaiser，Wolfgang König. 工程师史——一种延续六千年的职业［M］. 顾士渊，孙玉华，胡春春，等，译. 北京：高等教育出版社，2008.

④ 吴良镛. 广义建筑学［M］. 北京：清华大学出版社，1989：107.

⑤ 从工匠中涌现出的建筑设计者，称为工匠建筑师（Craftsman Architecture），学院培养出来的则称为专业建筑师或绅士建筑师（Gentleman Architeture）。

⑥ 吴焕加. 20世纪西方现代建筑史［M］. 郑州：河南科技出版社，1998：12.

⑦ 吴良镛. 广义建筑学［M］. 北京：清华大学出版社，1989：112.

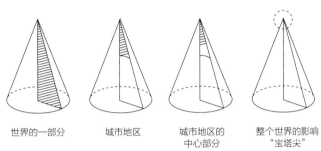

世界的一部分　　城市地区　　城市地区的　　整个世界的影响
中心部分　　"宝塔尖"

图4-5　建筑师职业的局限性

资料来源：吴良镛根据道萨迪亚斯观点绘制，转引自：吴良镛. 广义建筑学
[M] 北京：清华大学出版社，1989：112.

建筑师职业的发展与比较[①]　　　　　　　　　　　表4-2

分类		出现时间	知识获取方式	特点	对象
专业建筑师	绅士建筑师	17世纪法国君王设立多种学院，其中就有为宫廷服务的建筑师	身兼数职的艺术家，本人可能掌握一定的建造技巧（文艺复兴时期意大利），贵族子弟在学院学习技艺（法国）	与体力劳动脱钩，但既重实践，也重理论	王公贵族
	现代建筑师	19世纪产生，1834年"英国建筑师协会"成立[④]	受过专门教育，有知识体系	与工程实践、经济问题脱钩，主要解决功能问题，负责协调功能、形式、技术问题	出得起钱的所有人，中产阶级
工匠建筑师		史前时期的人类社会已经拥有专门的技术项目人员	劳动实践，师徒承传	与材料、技术、施工工艺以及生活需求之间形成有机联系	普通人

4.2.1.2　从当下的视野

1. 国外的观点

人类聚居学创始人道萨迪亚斯认为，建筑师的工作"只涉及城市中心区的那些纪念碑式的建筑和有钱人的住宅"，"对人类生活环境的影响范围很小"[③]。2000年10月，Design corps在普林斯顿大学（Princeton University）建筑学院召开首届"Structures for Inclusion"会议并发表声明，认为在美国，仅仅有2%的买地造新房的人得到了建筑师的协助。这也意味着，成千上万的人没有受

---

① 参考：Walter Kaiser, Wolfgang König. 工程师史——一种延续六千年的职业[M]. 顾士渊，孙玉华，胡春春，等，译. 北京：高等教育出版社，2008：5；以及：吴焕加. 20世纪西方现代建筑史[M]. 郑州：河南科技出版社，1998：12，13. 所述历史填写。

② 后更名为"英国皇家建筑师协会"（Royal Institute of British Architects，RIBA）。

③ DOXIADIS C A. Architecture in Transition[M]. Hutchinson of London, 1963：65-89. 转引自：吴良镛，人居环境科学导论[M]，北京：中国建筑工业出版社，2002：222.

惠于设计师的智慧①。

很难得到具体的统计数据进行准确的描述，究竟有多少建筑是由非专业人士自行建造的。肯尼斯·弗兰姆普敦②与保罗·奥利弗观点相近，认为仅有5％的房舍是由建筑师建造的。"没有人能说清，这世上到底有多少居所（dwelling），不是数以百万计，而是数以亿计。世界的人口超过了五十亿，八九亿处居所怕是会有吧。这其中，只有一小撮是建筑师设计的，1％也许都是高估了。修建乡野住宅的投机商和专业建造者正在增加，即便这样，专家和官方修建的居所还是不会超过5％吧。这世上的居所，一个人的栖身之处，无论怎样统计，人们自己建造没有专家插手的恐怕还是绝大多数。这些居所，人们的家，我的话题。"③

不单是这些自发建造的整座房子，人们出于各自的使用目的，对建成房屋做出调整、改进的例子更为广泛。将这些营建活动纳入进来，建筑师在人居环境塑造中所占的份额将会更小。

2. 我国的状况

尽管我国目前处于一个快速城市化的阶段，但乡村的建设量很长一段时期内仍高于城市。而且，在城市化进程当中，中小城镇的建设很大部分也依赖群众的自发建造来实现。与发达国家相比，我国建筑师参与实践活动的比例应该更低。详细的统计数据很难得到，但可以从一些相关数据中得到旁证（表4-3）。

历年城乡新建住宅面积和居民住房情况　　　　　表4-3

年份	城镇新建住宅面积（亿平方米）	农村新建住宅面积（亿平方米）	城市人均住宅建筑面积（平方米）	农村人均住房面积（平方米）	城镇人口（万人）	农村人口（万人）
1978	0.38	1	6.7	8.1	17245	79014
1980	0.92	5	7.2	9.4	19140	79565
1985	1.88	7.22	10	14.7	25094	80757
1986	2.22	9.84	12.4	15.3	26366	81141
1987	2.23	8.84	12.7	16	27674	81626
1988	2.4	8.45	13	16.6	28661	82365
1989	1.97	6.76	13.5	17.2	29540	83164
1990	1.73	6.91	13.7	17.8	30195	85138

① Design corps服务计划肇始于1991年，旨在通过建筑与规划服务，对社区产生积极的影响。当人们卷入塑造自身生活环境的决策与建设时，这些观念得以实施。
　2000年召开的首届"structures for inclusion"大会上，会议声明原文强调设计师以社区设计的形式服务于低收入人群的重要性，原文为："在美国，仅仅有2％的买造新房的人得到了建筑师的协助。由于没有在他们日常生活的空间中直接引入创造性，这意味着成千上万的人没有受惠于好的设计。而且好的设计只为那些有权有势的，可以按照传统计费方式支付的人群服务。尽管建筑学包含新的技艺，其参与者仍必须发扬专业人员原本就有的、为社区服务的意识。structures for inclusion旨在呈现建筑服务更多群体的理念。"
　原文主要针对设计师对改善社区品质的决定性作用，并不强调居民自身的创造性，这点与本文观点略有差异。

② K.弗兰姆普敦，张钦楠，R.英格索尔. 20世纪世界建筑精品集锦1900-1999：第一卷［M］. 英若聪，译. 北京：中国建筑工业出版社，1999：16.

③ OLIVER P. Dwellings：The House across the World［M］. Oxford：Phaidon Press，1987：8.

续表

年份	城镇新建住宅面积（亿平方米）	农村新建住宅面积（亿平方米）	城市人均住宅建筑面积（平方米）	农村人均住房面积（平方米）	城镇人口（万人）	农村人口（万人）
1991	1.92	7.54	14.2	18.5	31203	84620
1992	2.4	6.19	14.8	18.9	32175	84996
1993	3.08	4.81	15.2	20.7	33173	85344
1994	3.57	6.18	15.7	20.2	34169	85681
1995	3.75	6.99	16.3	21	35174	85947
1996	3.95	8.28	17	21.7	37304	85085
1997	4.06	8.06	17.8	22.5	39449	84177
1998	4.76	8	18.7	23.3	41608	83153
1999	5.59	8.34	19.4	24.2	43748	82038
2000	5.49	7.97	20.3	24.8	45906	80837
2001	5.75	7.29	20.8	25.7	48064	79563
2002	5.98	7.42	22.8	26.5	50212	78241
2003	5.5	7.52	23.7	27.2	52376	76851
2004	5.69	6.8	25	27.9	54283	75705
2005	6.61	6.67	26.1	29.7	56212	74544
2006	6.30	6.84	—	30.7	58288	73160
2007	—	0.8	—	31.6	60633	71496
2008	—	1.2	—	32.4	62403	70399
2009	—	0.5	—	33.6	64512	68938
2010	—	2.1	31.6	34.1	66978	67113
2011	—	0.9	32.7	36.2	69079	65656
2012	—	1	32.9	37.1	71182	64222
2013	—	—	—	—	73111	62961
2014	—	—	—	—	74916	61866
2015	—	—	—	—	77116	60346
2016	—	—	—	—	79298	58973
2017	—	—	—	—	81347	57661
2018	—	—	—	—	83137	56401

资料来源：中华人民共和国国家统计局官网http://data.stats.gov.cn/index.htm，城乡新建住宅面积统计方法由计算城镇、农村住宅面积变更为城市、村镇住宅面积导致部分数据缺失。

　　1979年到1999年的20年中，中国城乡共建住宅170亿平方米，而其中城镇住宅实际只占40.6亿平方米，仅占总量的24%；农村住宅面积高达129.4平方米，占76%。"九五"期间，我国城镇年平均建成住房6.2亿平方米，农村年平均建成住房6.7亿平方米[1]；2001年，全国城镇竣工住宅面

① 李先奎. 我国人居环境的进步与发展. 建筑，2001（12）：4-7.

积5.75亿平方米，农村竣工住宅面积7.29亿平方米。尽管农村建房与城市建房的比值逐年缩小，特别是1998年以后，随着住房实物分配制度的取消和按揭政策的实施，房地产投资进入平稳快速发展时期，城市新建住宅的量猛增；与此同时，随着城市化进程的加速，在数据统计中农村建房的总量有所下降（进入小城镇的农民，以及城中村的农民建房量很难统计）。但是即便如此，从绝对数量以及所占比例上来看，农村住宅的建设量仍然高于城市住房的建设量。

没有办法进一步判定城市建房中具体有多少是由民众自行建设的。乡村建房得到专业人员的指导相对较少，自行扩建、改建的量更是巨大[①]。城市建房当中城镇居民个人建房量也不容小觑[②]，另外还有大量的城中村与违规建房[③]。因此，尽管不能以更准确的数字来进行分析，窥斑见豹，以上数据已经从一个侧面反映了当前自发性建造惊人的总量。如此大规模的营建，耗费、占据了大量的社会财富，对城乡面貌也产生重大的影响，然而在当前建筑学领域却并不为人所关注。作为一种广泛、长期存在的营建方式，自发性建造富于生机、活力，其中蕴涵的规律应该得到更深刻的认识（图4-6、图4-7）。

今天，城市特色丧失、建筑地域性趋弱、建筑面貌趋同，种种问题既与规划管理者、投资商、设计人员的决策相关，但从更为广阔的视野下分析，也是社会群体共同选择的结果。1877

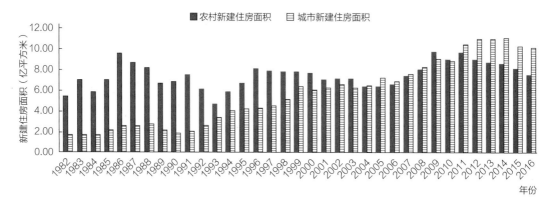

图4-6   历年城乡新建住宅面积情况
城市新建住房面积增长较快，但农村住宅也有缓慢增长，而且其建设量仍然远远高于城市

---

① 1985年对上海农村建房的预期：每年约有10%以上的农民需要翻建、新建住宅，每年至少建房1200万平方米。陈贵镛，彭圣钦. 上海地区农村住宅的特征和设计标准化、多样化的初探［J］. 建筑学报，1986（12）：29-32.

② 1983年5月25日国务院批准，1983年6月4日乡村建设环境保护部发布的《城镇个人建造住宅管理办法》就对个人建房起到了鼓励作用，促进了城镇居民的自建行为。

③ 城市自建住房以及棚户区所占的份额也不容忽视，Jimenez Emmanuel 1982年指出，"最近的调查表明，一些世界特大城市之中，高达40%的人口住在不正规的棚户当中"。EMMANUEL J. The economic of self-help housing: theory and some evidence from a developing country［J］. JOURNAL OF URBAN ECONOMICS，1982（11）：205. http://www-wds.worldbank.org/servlet/main? menuPK=64187510&pagePK=64193027&piPK=64187937&theSitePK=523679&entityID=000178830_98101903355947.

"墨西哥城加上周围的地区，现在已经超过2000万人，但是2/3的房子都是违章建筑……这种城市，还包括巴西的圣保罗、阿根廷的布伊诺斯艾利斯、印度的加尔各答。"秦佑国引美国伯克莱大学卡斯特教授的观点。参见：秦佑国. 墨西哥城的教训与"拉美化"的防止［J］. 瞭望，2005（23）：52-53.

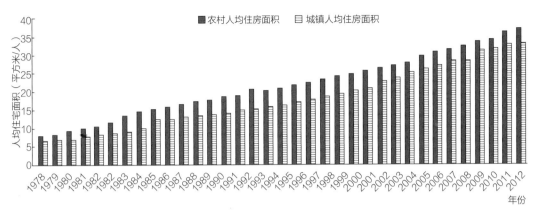

图4-7　历年城乡居民人均住宅面积情况
按照我国目前的城市化率，农村人口数量大于城市人口；农村人均居住面积大于城市人均居住面积，乡村住宅建筑的总量远高于城市水平

年，威廉·莫里斯在英国成立古建保护学会（Society for the Preservation of Ancient Buildings，SPAB），既关注大教堂的修复，同时也关注乡村功能性建筑；19世纪60年代，为了研究乡村建筑，威廉·伊登·尼尔斯菲尔德和理查德·诺曼·肖（Richard Norman Shaw）等人，深入Kent郡和Sussex郡写生农舍、店铺。工艺美术运动设计师的这些活动，被认为是建筑地域性研究的重要缘起之一①。而今天，主导城乡面貌的"主流建筑"——大量由民众自行建造的房屋，事实上处在建筑学研究的视野之外。我们关注建筑的地方性、尊重传统，并不意味囿于传统。地方性建筑往往和民居研究关联，但民居并不等同传统。我国民居研讨会中，大量关注的是传统的民居，甚至以一种单纯怀旧的眼光来看待这些传统风情的民居，而不是将其作为当下建成环境的一部分来对待。对新的、不断建成、不断变化的新民居更加视而不见。我们会对异国他乡或历史悠久的建筑顶礼膜拜，会将建筑大师的只言片语奉为圭臬，却将身边广泛存在的建成环境视若无物。不断涌现的新材料、不断变化的社会条件、不断更新的技术手段在这些自发建造的房屋中，正生成出新的建筑形式，建筑师有责任参与其间，同时领会建造法则，学习地方性规律。

4.2.2　实施的开放性②

城市的非正规区域（违建社区、城中村）从形态上增加了城市的开放性；违章的加建、改建从形态上增强了建筑的开放性。在自组织的视野之下，自发性建造所带来的开放性使城市处在动态变化之中，尽管有一些负面效应，但仍是城市存在、发展过程中不可或缺的要素。

对于经过规划的城市区域，经过精心设计的房屋，自发性建造提供了一种开放性的有效路径。建筑师设计、建造的房屋，从整体到局部通常都置于严格的控制之下，是典型的他组织过程。而自发的加建、改建，使得建筑的形态呈现开放性，可以不断地适应生活场景的变化，满足

---

① RICHARDSON V. New Vernacular Architecture［M］. London：Laurence King Publisher，2001：8.
② 作为核心特征之一，自发性建造在建成环境诸要素上的开放性，对建筑师的创作有极大的启发。

不同使用者的需求。不可否认，自发性建设活动也给城市面貌带来一定的负面影响，但通过一定手段将自发性的营建活动控制在一定区域和范围之内，这些变化并不会改变城市的根本性质。合理地引导自发性建设，反而能改善城市的面貌。与经过规划、符号化的城市公共建筑相比，大量民众的自发性建设也许才是城市面貌、地域特征的最终决定者。也正是有了自发的营建、自发的人流聚集、自发的功能重组，种种规划、计划所不能预料的情形才得以应对，使城市能够满足更多阶层人口的需求，空间变得更加形式多样，富有生气（图4-8）。

图4-8　自发建成环境反映城市文化
（a）长沙解放路酒吧街；（b）北京后海酒吧街；（c）上海田子坊
资料来源：（a）（b）作者自摄；（c）戴牟雨摄：上官秋清. 田子坊速写［J］. 城市画报，2008（10）：53-67.

　　通过对自发性建造内涵的分析，可以看到自发性建造的两个要点：1）不受特定制度的约束，2）由大量独立个体组成。这两个要点决定了自发性建造的本质特征——开放性。开放性不仅体现在其概念本身的开放上，还具体表现在参与者、建造规则、建造过程及建成单体的形式特征上。

　　1）参与者的开放性：任何人都可以参与，通常由未经专业训练的使用者为主进行建造。

　　2）过程开放性：不论以建筑还是城市视野来分析，自发建造是一个过程，是一个周期，需要历时性的积累，不可能一蹴而就。

　　3）规则开放性：按照生活经验，而不是完全依据法令、法规进行建造。

　　4）形态的开放性：建筑的形态、功能不可预测，是开放的、不断变化的。

　　这四个方面的开放性互为因果，在自发性营造之中总是同时出现，并且强化了建筑的地域性。

4.2.2.1　参与者的开放性

　　参与者的开放性是基本前提之一。大量民众自行建设的房屋聚集为城市、村落、集镇的过程中，在没有预先规划的前提下，个人的营建决定了聚落的形态。参与者的开放性关联着规则与过程的开放，"我们所讨论的自发建筑，与城市的演变相关，是一种可以被居民一代一代改良的建筑形式。我们关注的作为城市样本的单一家庭，其社会、建筑、经济能力如何一体化，以及折衷的邻里关系在混合居住区里如何发展。这将引发很多重要的话题：场所感，社区交往与参与，经济，可持续发展以及都市文脉"。[①]

① SMITH K. Spontaneous Architecture［D］. Paper of Mcgill School of Architecture，2008. 原文针对蒙特利尔中心区高密度居住问题。http://www.arch.mcgill.ca/prof/davies/arch671/winter2008/wordpress/wp-content/winter2008/kieron-smith/M2%20Final%20Project%20Description%20Kieron%20Smith.pdf.

4.2.2.2　规则的开放性

对于自发性建造，受某些规则的影响较大，"例如技术与资源，常常十分严苛，但诸如规章、制度以及正规的专业理论的影响则相对较小"。[①]规则的开放性使得建筑直接呈现一种清晰的地域性。大量未经专业训练的人员是营建的主体，生活经验替代法规成为建造的依据。建筑不再单纯由共通的法则决定，而是各种生活经验的体现，因此展示出生机勃勃、富于变化的地域感。"自发建筑意味着与其居民之间的亲密关系。更确切地说，身边的空间由我们的活动、经历、创造以及之间的互动所改变。这些地方很亲切，具体来讲就是我们的家。这些经验根植场所，解释了个人空间何以反映个人经历。这个视野下，建筑既是生活本身也是其精髓，这是房子作为庇护所而应具有的基本要素。只有具备这些基本元素的房子才是值得一住。"[②]

4.2.2.3　过程的开放性

自发性建造源于生活，是一种随着生活变化不断调整自身行为与结构的建筑，拉普卜特称这种特性为：基于生活的开放结果[②]。当这种开放性被引入具体的案例运作时，则被视为一种壮举（印度岩石花园、印度昌迪加尔、中国乡巴艺廊），它们以另一种极端的方式阐释了自发建造的理想境界。"什么是自发性建筑（What is Spontaneous Architecture）？在世界各地，到处都有这样的房子，人们不需要任何文化、法律、规章的认可，只是凭直觉建造他们想要住的房子。他们建造的房子脱胎于他们自己的想法，他们无意识地构思：他们是想象的建造者，他们被想象的热望所支配。这些建筑基于令人惊异的解决方法，避开了传统的模式，精心地、完全不顾常理地使用那些并不高贵的材料。"[③] Casa da Flor（House of the Flower，花之屋）[④]被认为是巴西自发建造的杰作。Casa da Flor从1912年开始，由当地一位没有受过教育的黑人利用能收集到的建筑废料建造，经过几代人60多年的建造，已经成为巴西人自豪的宝藏。1987年，Casa da Flor联谊会、Casa da Flor研究中心的成立，使其完全走入公众视野（图4-9）。

---

① RAPOPORT A. Spontaneous Settlements as Vernacular Design［M］//PATTON，CARL V. Spontaneous Shelter：International Perspectives and Prospects. Philadelphia：Temple University Press，1988.

② SMITH K. Spontaneous Architecture［D/OL］. Paper of Mcgill School of Architecture，2008. http://www.arch.mcgill.ca/prof/davies/arch671/winter2008/?　page_id=2.

③ 原文后面部分是："各处都引起艺术理论家和评论员的关注。他们的执业者，那些'想象建造者'被重新认识，理所当然地刊印在艺术书籍、评鉴研究、影像资料上，广为流传。不幸的是，迄今为止，在巴西，这些所激发的兴趣寥寥无几。因此大规模地向巴西公众引荐正当其时，因为在我们当中，有一位品牌似的、标杆性的Casa da Flor。"主要介绍巴西Casa da Flor富于特色的营建方式与经历。http://www.casadaflor.org.br/english/arquitetura.htm.

④ 1912年，由一位在当地做体力活，几乎没有受过任何教育的黑人开始建造。1923～1985年间，当他去世后，Gabriel Joaquim dos Santos被他的梦想与激情感召，继续用当地的日常废弃物以及建筑废料修饰他的家。http://www.casadaflor.org.br/english/arquitetura.htm.

图4-9 Gabriel Joaquim dos Santos 与 Casada Flor
资料来源：Casa da Flor 研究会官方网站 http://www.casadaflor.org.br/english/galeria.htm.

4.2.2.4 形态的开放性

形态开放性是其他开发性共同作用的结果，在自发性建造的语境下，建筑的形态随着使用—建造者的意愿不断变化。形态的开放性中，值得单独关注的是材料与做法的开放性。材料的开放性尤其值得注意，它包含建筑材料演进（传统建筑材料的变化）与拓展（非传统建筑材料的引入）[①]两个方面。材料的更替引发做法上的变化。在自发性营造当中，材料的演进由材料价格、材料性能、材料获得的便利性等几个因素推动，居民会自动选择性能优良、价格便宜、来源广泛、获取方便的材料。

材料的演进，新建材替代老的建材成为民众自发建设的新宠是不可避免的发展规律，如何在自发性建造中认识这种规律值得探讨。在一些新农村改造的案例当中，我们发现固守传统材料，或者用新的建筑材料强行模仿传统材料未必是一个好的方法；合理地使用新材料，发掘新材料的特性更加重要。在湖南城步苗寨的改造以及湖南凤凰的调研当中，诚实地表达材料质感，仔细寻找新材料与生活方式、气候特征的结合方式，并不会损害群落的地域特征。

自发性建造中材料的开放性，还体现在各种材料的混合运用上。土耳其的Gecekondu就由一些匪夷所思的非正规材料加上相对正规的标准建材共同建造。与普遍使用的那些建筑材料不同，生活废弃物以及农业生产的副产品更加明确地标识了建筑的地域与时代特征。南方地区很多民居的山墙，穿斗构架常常露明，有时也用树皮、木板、板条抹灰、编竹等手段封堵。这些传统的材料正在被石棉瓦、阳光板、废弃广告布替代，民居依然保持自身朴素的风格。观察这些材料之间的替代关系以及相应的构造的微小变化，用变化的观点重新认识建筑的材料与形式，既能很好地介入民居的更新工作，也能给予建筑师很多启迪（表4-4）。无意单纯地鼓吹廉价材料的运用，而是希望能通过最朴素的建造方式，理解更多基本的建造原理。对材料与形式的问题，还将在第5章、第6章的相关章节中引入更多的案例深入讨论。

---

① 本无所谓"建筑材料"与"非建筑材料"的区别，玻璃、钢材、水泥作为建筑材料也是近200年的事情，人类原本是用各种自然材料建构。本文为了行文方便，暂用"非建筑材料"指代那些现代建筑中不常用的材料、生活废弃物以及工农业生产的副产品等非常规的材料。

农村建筑柱子的几种材料与做法[①]　表4-4

	湖南耒阳小水村祠堂用混凝土预制管做模板浇注柱子	湖南郴州板梁村民用PVC预制水管做模板浇注柱子	湖南耒阳郊区居民用竹模板做模板浇注柱子	湖南宁乡农村，预制混凝土砌块做柱子
简介				
缺点	柱子半径较大，不好调节，粗笨	浇注不方便，不易捣实，结构强度低	表面粗糙，需要做面层	易偏心，不能做太高，表面粗糙
优点	浇注方便、快捷，表面光滑	表面光滑、完整	易浇注，无空隙	方便，施工快捷
图片				

4.2.3　表现的多元性

自发性建造涉及面广，不同学科视野之下，表现形式各异；不同地区，不同的经济发展阶段，自发性建造的表现也各有不同。

由于存在广泛，且深入社会生活的每一个层次与角落，自发性建造的表现形式多样，各个研究之间的关联很难理清，梳理出清晰的谱系。在不同研究者的视野里，研究侧重点各有不同，相互间的交集也不大一样。图4-10反映了它们相互之间大致的关系。传统与当代、城市与乡村不同研究视野下的自发性建造，共同构成了自发性建造的基本面貌。在传统建造语境之中，在当代乡村住宅的建设当中，自发性建造是最主要的建造形式。我国城市的自发性，主要集中在城市历史地段、城市居民自建房、城中村三类地段。

由于相关研究资料较多，传统民居在此不做单独的分析，第6章中结合实例直接论述。传统民居与当代自发性建设没有本质上的区别，拉普卜特关于乡土建筑与自发性社区相似性的论述已经在本书多次引用，台湾宝藏岩地区则更加具体地证明了这一观点。台湾宝藏岩地区的保护运动，虽然也借历史地段保护之名，但是实际上保护的是1949年以后大陆去台湾的老兵自发建造的眷村，本质上是私建的违章住宅。由于记载了特定的历史，见证了台湾都市化发展的历程，而且空间变化丰富多样，颇为有趣，引得广泛关注。在学术界以及民间团体的呼吁奔走下，该地区成为一处由老居民与年轻艺术家组成的"共生聚落"，台北市值得造访的几个文化去所之一。宝藏

---

① 参考：Walter Kaiser, Wolfgang König. 工程师史——一种延续六千年的职业［M］. 顾士渊，孙玉华，胡春春，等，译. 北京：高等教育出版社：5，2008；吴焕加. 20世纪西方现代建筑史［M］. 郑州：河南科技出版社，1998：12，13. 所述历史填写。

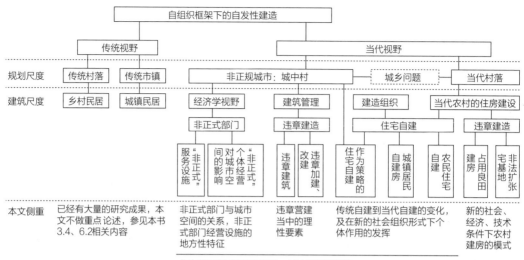

图4-10　自发性建造的基本内容

岩的保护，得益于对其自发生成特征的尊重，外来资金、人员、信息以渐进式的介入获得成功。这个成果，鼓励了台湾相关团体的工作，其他一些类似地段也得到青睐，成为台北较为知名的文化产业带。宝藏岩的成功证明了自发性营建的魅力，也以实例说明了违章房屋、传统民居、历史街区本质上都是人们自发建造的结果（图4-11）。

图4-11　宝藏岩与其他自建聚落的形态比较

乡土建筑的研究范畴宜进一步拓展。这三个例子之间具有相似性，也说明了乡土建筑概念的模糊性。（a）台湾宝藏岩是1949年以后发展的眷村；（b）湖南长沙凤凰山脚下的村落是近20年经济发展后自发形成的高校商业街；（c）湖南城步县桃林村貌似传统村落，实际是1980年代后逐渐建成的新村

资料来源：（b）（c）作者自摄；（a）宝藏岩照片引自：苏瑛敏. 文化艺术介入社区共生之新思考［J］. 台湾建筑，2007，144（9）：86-91.

4.3　自发性建造的多元表现与建筑地域性

　　当代自发性建造可以从城市与乡村两个不同的侧面予以观察。1）城市中严格的规划、建设审批制度下，自发性建造作为一种对正规建造组织模式的补充而存在，主要体现为街头经营设

施，违章建造、加建、改建等行为。对城市自发性建造的关注，并非否定规划管理的必要性，而是通过对自发性建造中理性因素的分析，观察自发性建造如何作为一种补充手段对既有建成环境不断更新、改良、适应变化，进而生成地域特征的。2）在乡村，自发性建造仍然是最主要的建造方式。我国改革开放40年来，乡村建筑的材料、设备、选址变化较大，但当前大部分乡村地区仍然延续了传统的、以家庭为决策单元的建造模式。通过对当前乡村住宅变化的关注，可以更为清晰地了解依附于传统材料、空间格局、社会关系的建筑地域性如何在新的经济、文化背景以及建造方式中动态转型。

4.3.1　城市中的自发性建造

"城市环境具有一定的自发性和偶然性，发生着不间断地自下而上的建设或改建活动"[①]。对城市自发性的讨论，主要关注两类特殊的地区：快速城市化背景下产生的"非正规城市"，通常是无序增长的新城区；小块私人土地的集合区域，通常是已经建成的旧城区。

4.3.1.1　作为背景的城市自发性研究

当前，大量城市自发性建造现象都与"城市非正规性"（Urban informality）相关：自发性社区、违章建筑、作为策略的住宅自建研究，都在"城市非正规性"的宏观语境下展开，"城市非正规性"是城市自发性建造的研究背景。不同地区的"城市非正规性"有不同的特点[②]，一般而言是指"在城市环境的演变中，在无明确官方控制和正式权利控制之下而自然形成的、具有自发性和偶然性的城市环境，多表现为居民自发参与城市建设活动的过程与结果"。[③]非正规城市主要由快速城市化进程之中的居住问题引发，20世纪60～70年代，亚洲和拉美城市的外围，无序涌入城市的乡村移民造成了城市的蔓延，也催生了城市土地上未经规划的、大量的自发性建造行为。在我国经济高速发展，城乡二元户籍制度，以及国有、集体土地管理模式之间的冲突与差异下，城市的"非正规性"主要表现为城中村问题。城中村是我国特有的城市自发性社区。土地的来源是合法的，但土地上的建设未经城市规划主管部门审批；为追求利润的最大化，常常突破地块实际指标违规建设，造成消防、卫生状况堪忧，基础设施严重不足的状况。

除了快速城市化，城市拓张所引发的自发性建造。城市中心区，老城区，地块划分细，地价高昂也催生了另一类城市自发性建造。小块私人土地集合的区域里，各个家庭在自己的土地上自主建房，大量小块的私人土地拼缀成富有特色的自组织城市景观。在东京或京都，这种混乱、混

① 龙元. 汉正街——一个非正规性城市［J］. 时代建筑，2006（3）：136-141.

② 对非正式城市研究，不同地区的方言当中squatter settlements（有时是 slum settlements）的称谓：委内瑞拉是Ranchos，智利是Callampas，Campamentos，巴西是Favelas，秘鲁是Barriadas，阿根廷是Villas Misarias，墨西哥是Colonias Letarias，菲律宾是 Barong-Barong，缅甸是Kevettits，土耳其是Gecekondu，印度是Bastee, Juggi-johmpri。SRINIVAS H. Defining Squatter Settlements［A/OL］. 全球发展研究中心（GDRC, The Global Development Research Center）资料。http://www.gdrc.org/uem/define-squatter.html.

③ 王晖. 城市的非正规性：我国旧城更新研究中的盲点［J］. 华中建筑，2008，130（3）：152-155.

图4-12　东京和京都由大量小块的私人土地拼缀而成
（a）东京的城市肌理；（b）京都的城市肌理

沌的城市景象，已经成为当地都市文化中不可或缺的一个部分（图4-12）。

　　对于城市中心区小块土地的开发，当前主要从旧城更新的视野进行阐释，对建造的自发性研究较少。荷兰的URHAHN研究小组以旧城核心地段为研究对象，对自发建造所形成的城市肌理进行探讨，提出了"城市自发性"的概念。基于荷兰[1]、中国以及玻利维亚等地的研究，URHAHN研究小组提出自发性城市的概念，将城市"视为业已存在的产品，并放逐城市新奇性"[2]，认为"自发性城市代表了：使用者巨大的影响力，功能、时间、空间上的可变性，形式的不断变化"。认为"城市自发性是一种思考方式，它绝不是一种放之四海而皆准的标准处方。要从'人'的视角出发，记住城市里那些持续的变化、不断运转的进程"。[3]基于对案例城市的研究，URHAHN研究小组认为，合理运用城市自发性生长特征是一种很好的投资，有利于城市的可持续发展。强化城市的自发性，促进有地域特色城市环境的形成应充分注重以下几个要点：1）尊重个体的自由；2）尊重地理环境的约束；3）强调独特且充满惊喜的市民文化；4）是当代进行的，而不是对历史的简单借鉴；5）面向新奇，保持开放的；6）过程是持续变化的；7）是可持续且特色鲜明的。关于城市自发性的理念目前主要应用于城市拓展、城市复兴、城市工业区改造等课题中。

4.3.1.2　非正式空间的地域性

　　经济学家普遍关注的"非正式部门"（Informal Sector），主要指那些存在于街道上的无组织、无管理、没有登记的一系列多样化的服务和生产活动。作为国际通用的术语，包含以下两个方面的内容（表4-5）。

---

[1] 荷兰阿姆斯特丹的运河地区是URHAHN最主要的研究对象。该地区被密集的运河水网切割成小块土地，各自独立发展。

[2] 城市是日常消费品的观点，还可以参见1964年Archigram成员Peter Cook提出"插接城市"所强调的"住宅即消费品"的概念，以及Yona Friedman的建筑与家具的"类家具"观点。参见霍顺利，吕富珣. 建筑比雨水更重要吗？——"建筑电讯"创作历程初探［J］. 世界建筑，2005，184（10）：106-109；尤纳·弗莱德曼. 为家园辩护［M］. 秦屹，龚彦，译. 上海：上海锦绣文章出版社，2007：11.

[3] URHAHN. Spontaneous city：Urhahn Urban Design［M］. Netherlands：Urhahn，2007：3.

"非正式部门"包含的内容　　　　　　　　　　　　表4-5

1. 是一种适应策略（生存行为）：偶然的工作、临时的工作，没有报酬的工作，少有余粮的耕作，多重工作	2. 非正式盈利（商业活动中的非法行为）	
	2.1. 非正式盈利行为：偷税，非政府以及反制度的用工制度，没有注册的公司	2.2. 地下活动：犯罪，贪污等统计学之外的行为活动

资料来源：作者根据世界银行组织相关解释整理制表。①

作为对城市生活、就业的重要补充，那些在街头巷尾展开的非正规经营活动，是城市空间重要的"非固定特征因素②"。"我们谈论的城市非正式问题，将直奔城市建成环境的非正式过程而去。显而易见，这些话题会与非正规经济话题关联与重叠，但还是可以将话题限定在非正式的城市化过程之下。"③ 目前对非正式部门的研究，大多从经济、社会就业等视点出发，鲜有关注其与城市空间关联的。针对"非正式部门"的经营活动对城市空间的影响，本研究提出"非正式空间"的概念，关注非正式部门中街头经营设施在形式、构造、用材等方面所体现出的地域性。

城市的"非正式空间"目前缺少研究。本研究中将"非正式空间"分为以下几种情形加以认识（图4-13），其中"贩夫走卒"违章占用城市空间、可移动、可拆卸的设施值得关注。对于地

图4-13 "非正式部门"与"非正式空间"
（a）有固定场所的经营，襄樊建设路的小诊所；（b）可移动设施，南宁兴宁路水果摊；（c）基本没有设施的街头兜售，南宁兴宁路手机贴膜

① 参见：世界银行对"Informal Sector"的解释。
② 非固定特征因素（Nonfixed-feature elements），参见：阿摩斯·拉普卜特. 建成环境的意义——非语言表达方法［M］. 黄兰谷，等，译. 北京：中国建筑工业出版社，1992：85.
③ ROY A. Urban Informality：A Transnational Perspective［R］//Women's Studies. part of the New Geographies，New Pedagogies project at the Institute of International Studies，UC Berkeley. Funded by the Ford Foundation. http://globetrotter.berkeley.edu/NewGeog/urban.html#1.

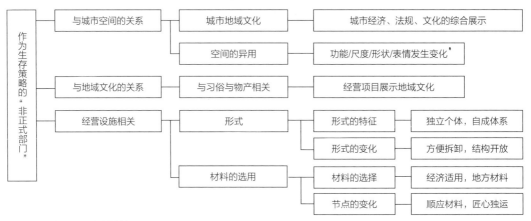

图4-14　非正式空间的地域性

图4-15　香港油麻地夜市
香港油麻地的自发性夜市,已经逐渐成形,并成为展示香港市民文化的窗口

域性研究,这些"贩夫走卒"的空间特征被忽视已久。"非正式部门"作为一种生存策略,对地域性的阐释主要在于三个方面:1)自发性经营活动所形成的独特城市景观;2)自发经营的器具、设备展示的独特的地域文化;3)自发经营的设施所用材料、构造、形式对地理环境的应答。

首先,"非正式部门"的自发经营活动本身就是城市地域文化不可或缺的一部分。拉普卜特也曾谈到,作为文化背景的一部分,街头商贩对于形成特定的文化景观相当必要①。香港的油麻地夜市,作为解决当地人口就业的一种方式,已经形成了独特的文化意向,作为理解香港市民文化的重要环节已经被写入官方的旅游手册当中。

其次,自发经营的门类、器具、设施本身蕴含了地域的文化特征。一些传统的手艺通过街头

① RAPOPORT A. Spontaneous Settlements as Vernacular Design [M] //PATTON, CARL V. Spontaneous Shelter: International Perspectives and Prospects. Philadelphia: Temple University Press, 1988.

巷尾的经营活动得以传承、展示，并成为增强场所的地域性及城市地域文化印记的重要元素。岳阳顶糕、绵竹凉粉、南宁粉肠、桂林烤芋头、山西石头饼，从原料到做法，都是地方物产、文化的展示，所采用的设备与前两者适应，是地域风情的一部分。顶糕用糯米制成，是华中地区城镇特有的小吃，图4-16中所示的顶糕摊位有两个木柜，一个是放置原料，一个内设火炉，有120年的历史。印尼大街小巷里，售卖地道小食快餐的小卡车被称为Gerobak或Kakilima，冠以"五只脚[①]"的外号，深得本地人的喜爱。这些城市里游走的小车构成了印尼特有的文化，成为印尼街道文化的象征（图4-17）。

图4-16 经营项目展示地域文化
一些传统手艺、地域文化在街头的经营活动中得以展示。（a）岳阳的顶糕制作；（b）山西的石头饼；（c）南宁的粉肠、糖水经营；（d）南宁驴打滚；（e）宁波粽叶煎饼

受地域条件的制约，自发性经营必须阐释地理要素，所用设备的材料、构造、形式与当地气候特征、经济状况密切关联。尽管简陋，但临时性经营场所是窥探建筑地域策略的一扇窗口。受各方面因素制约，自发经营设施的地域性在以下四个方面得到强化：1）为了应付街头独立经营的需求，必须适应当地气候条件，形式上会有统一特征，展示地域性；2）为了方便搬运，结构本身是可以拆卸变化的，形式上具有动态开放性；3）经济上的制约，一般会采用本地最容易得到的材料；4）为呼应所用材料，节点也凸显出基于不同材料体系的独特智慧。

形式上的差异，主要源于对不同气候条件的应答。同样以不锈钢管、塑料薄膜为基本材料进

---

① 也有其他含义，这种街廊式建筑规格称作"五铳距"，此称呼源于马来语（kakilima），意指临街骑楼底下的人行道。但Kakilima本意是指Indonesia售卖各类小商品的小贩。他们通常经营范围广泛，包括售卖各种食品，如冰激凌、肉团、蛋糕、面条、糖果、点心等。术语"kaki lima"意为"五脚"，两只脚是小贩的，另外三只（两个大的后轮，一个小的前轮）是小推车的，总共五只。"kaki lima"在印尼各地城市都能看到，在人行道、住宅区、公交站，任何人多的拐角。通常，他们是流动的，只在为客人服务时才停下，之后他们还会继续在城市里游走。作者根据http://www.kakilima.com/k5-content.php3？c=about编译。

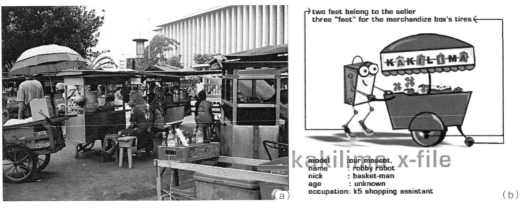

图4-17　"五只脚"成为一种文化的象征

（a）印尼大街小巷的路边都有一些售卖地道小食、快餐的小卡车，它们构成了当地特有的、变化的城市空间；（b）Kaki lima网上超市对店招的阐释

资料来源：yuna lee摄，源于印度尼西亚研究网为Deden Rukmana所著文章《非正式部门与发展中国家的城市规划》一文所配的插图。http://indonesiaurbanstudies.blogspot.com/2007/05/urban-planning-and-informal-sector-in.html.

行搭建，香港油麻地的摊位开敞，通风，辽宁海城则封闭，集热。

　　材料的选择受经济制约更加明显。气候条件相近，香港油麻地的摊位以不锈钢管和透明塑料薄膜为主。钢管之间的活动连接主要为套筒式，依靠悬挑增加钢管末端的压力，增强钢管与套管间的摩擦；钢管与塑料薄膜之间的连接则依靠长尾夹来实现，在需要连接的位置，用长尾夹将薄膜直接夹在不锈钢管上。湖南宁乡县流动的皮影戏班，戏台用细竹竿、彩条布搭建而成。竹竿和竹竿之间的节点连接也是套筒式为主。将细竹削去一半，烘烤弯曲，制成一个环扣。一组预制竹竿环环相扣，可以在拌筒上搭一个活动戏台；竹竿与彩条布的连接，主要依靠细绳绑扎，而不是夹子（图4-18）。材料选择，主要受当地资源和经济条件的制约，不论采用哪种材料，都是当地居民为适应生活、生产需要，逐渐发展起来的营建智慧，对阐释建筑地域性有启发。

4.3.1.3　违章建造的地域理性

　　在我国违章建筑产生的情形有三种：1）非法占用土地进行营建，如擅自占用城市绿地，扩大宅基地建房的行为；2）未经许可擅自扩大建设规模，超过正常指标建设的行为；3）对既有建筑的擅自改建、加建。其中，加建与改建行为作为对既有建筑的修正与改良，更清晰、直观地透露了一定地区建筑的地域性（图4-19，表4-6）。

　　违章建造与自发建造关系密切，但违章建筑并不等同于城市自发性建造，拉普卜特曾专门区分了"自发性社区"与"违章社区"的差异，"以'自发性'（spontanous）一词，而不是'非法占用'（squatter）来进行概括，是因为后者是一个法律术语。'非法占用'关注建筑土地的所有权更甚于对其建成环境的关注。而且，并非所有自发性社区都是非法建筑"。[①]城市自发性建造

① RAPOPORT A. Spontaneous Settlements as Vernacular Design［M］//PATTON，CARL V. Spontaneous Shelter：International Perspectives and Prospects. Philadelphia：Temple University Press，1988：51-77.

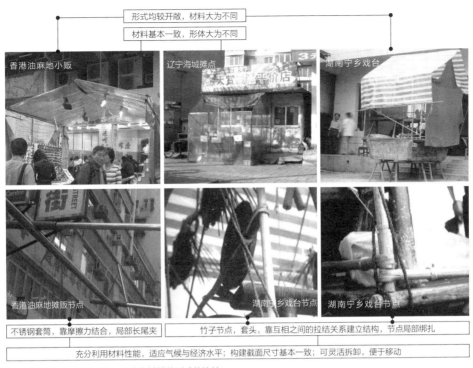

图4-18　香港油麻地、湖南宁乡、辽宁海城摊位形式的比较
香港的摊位强调通风和防御，辽宁地区的强调防风和接收阳光。材料相同（不锈钢管，塑料薄膜），却具有完全不同的形式。临时性经营场所也会应答当地气候，揭示不同地域的基本原理

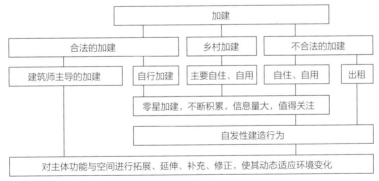

图4-19　加建的类型细分
乡村加建的合法性介于二者之间，有时很难作出明确的界定

中，违章建筑占据了很大的份额。"违章"站在"制度"的对立面。而在城市，为了协调密集人口之间的空间关系，不得不借助法规体系来约束人们的建造行为。因此，只有在城市才会有大量的"违章建筑"[①]；乡村有大量与土地相关的纠纷，却鲜有违章。

---

① 《建筑法》第八章附则，第83条："抢险救灾及其他临时性房屋建筑和农民自建低层住宅的建筑活动，不适用本法。"
《中华人民共和国建筑法》于1997年11月1日第八届全国人民代表大会常务委员会第二十八次会议通过中华人民共和国主席令第91号公布，自1998年3月1日起施行。

主体与加建部分的异同① 　　　　　　　　　　　　　　　表4-6

建筑主体	主体	永久的	较为昂贵	合法的	体面的	建筑师主导	设计过程中需要申请、勘查、设计、计算	坚固的
违章加建	扩充体	临时的,不确定、弹性的	比主体便宜	违建的	鄙陋的	业主主导	无设计,边做边想,施工中一再变更	易变化、可拆除

合理认知违章建造中的理性成分,有利于对自发性建筑做进一步思考。违章并不意味着完全的非理性。违章建筑反映了个体的理性选择与城市整体价值体系之间的冲突。宏观视野里的失序,并不意味着微观环节上的混乱。个体理性能弥补制度、法规、规范所不能涵盖的一些细节,能处理一些特殊的地方性问题。这类"违章",由于在一定群体、一定空间范围内具有合理性,因而能得到认同并传播,形成该区域有别于其他地段的共同特征,展示出地段内具体文化、经济、生活方式的特征,生成建筑的地域性(如图4-22中居民楼的窗户加建)。违章建筑的理性要素,可以从经济理性、建造逻辑理性等方面进行分析。违章建筑中的经济理性早已得到关注。"众所周知,违章住宅不仅具有使用价值而且具有商业价值(Ward, 1982)。"②在城市,违章建造不仅是获取必要生存空间的策略,也是占据空间、攫取商业利润的手段。

建造理性对理解地域性生成更有价值,但相关研究很少。建造理性可以分为材料理性、构造理性、结构理性、地域理性等方面的认知。

1)材料理性。游离于制度之外,违章建筑随时面临拆的可能,作为权宜之计,材料选择需要遵循:廉价、性能优良、易于购买、易于施工等要点。因此,不同时代加建材料的搭配富于特色,体现出建造者关于材料的理性思考(表4-7)。

不同时段加建材料的比较 　　　　　　　　　　　　　　　表4-7

用途	木料时代	钢料时代
骨架	木角料	C型钢
包覆	木板、石棉板	波纹钢板
栅栏	竹栏、木栅	钢管门窗
接合	木榫、铁钉	自攻螺钉

资料来源:谢明哲. 视而不见、存而不论——铁窗与铁皮屋现象:被忽略之本土意义[D]. 台北:台北科技大学建筑与都市设计研究所, 2001.

2)构造理性。为了使廉价材料更好地发挥性能,材料的构造关系并不草率。与现代建筑的构造方案相比,尽管材料不同,却有基本一致的原理(图4-20)。

---

① 参考:谢明哲. 视而不见、存而不论——铁窗与铁皮屋现象:被忽略之本土意义[D]. 台北:台北科技大学建筑与都市设计研究所, 2001;谢家铭. 屋顶上的"家"——以台湾县市公寓"顶楼加建"的居住空间作为人与空间关系的研究[D]. 台北:私立中原大学, 2006. 等文章整理。

② ROY A. Urban Informality: Toward an Epistemology of Planning[J/OL]. Journal of the American Planning Association, 2005, 71(2): 147-158. http://www.ced.berkeley.edu/faculty/roy_ananya/japa-informality.pdf.

3）结构理性。通常来讲，违章建造同样会遵循材料的受力性能，合理地进行建构。参见图4-20的解析，第5章对自发性建造生成机制解读时，亦涉及其他相关案例。

4）地域理性。建造理性的分析中，材料理性是基础，构造和结构理性是手段，地域理性是特征的呈现。违章建造中加建是解读一个地区气候、经济、物产信息的窗口，应给予更多的关注。加建可以对主体建筑的功能与空间进行拓展、延伸、补充、修正，使其动态适应环境变化，获得更具体、更强烈的地域性。加建可以毗邻主体另建；也可以通过墙面外挂、悬挑、屋顶加建，或对阳台、雨棚、转换层以及悬挑广告的内部空间改造来实现。

为了使廉价材料所建成的部分获得更大的舒适性，加建的空间形式会更加本地化，以被动式策略适应当地的气候条件。与主体建筑相比，违章加建部分更能凸显南北地区不同的地域原型。台湾学者谢家铭认为违章建筑能反映一定地区的建筑原型，指出台湾地区的违建原型是棚架、围篱（防御性，非防御性）；与他的观点相呼应，结合调研可以发现我国北方的违建原型是阳光房。

作为城市风貌的决定要素之一，加建的存在，不但完善了主体的功能，改善了热工形式，对主体形式在一定程度上也有修正作用（图4-21、图4-22）。鸟瞰台湾、澳门的城区，屋顶加建拓展了使用空间，改善了顶层房间的热工性能。由于主体建筑修建在先，违章加建在后，后者反倒成为城市风貌的决定者。"蚂蚁雄兵超越了建筑与都市规划者，他们改造了天际线、改造了立面轮廓线、改造了建筑面貌，终于也塑造了整个城乡面貌。"对于一座城市，卑微的城市加建竟是"永恒的配角"，而光鲜、不断更替的"标志性建筑"只是"临时的主角"[1]（图4-23）。

图4-20　违建中的结构理性，构造理性解析
（a）长沙居民的加建；（b）长沙居民用石棉板局部强化防水构造；（c）邵阳城步桃林村苗族民居；（d）山西五台山民居
资料来源：（a）～（c）作者自摄；（d）袁野摄于山西五台山。

① 谢明哲. 视而不见、存而不论——铁窗与铁皮屋现象：被忽略之本土意义［D］. 台北：台北科技大学建筑与都市设计研究所，2001.

图4-21 广西龙胜、三江的屋顶加建

（a）以改善热工为主的加建，广西龙胜某农宅，将老宅的木屋架放在屋顶上，既解决了屋顶通风防晒的问题，也增强了房屋的地域性；（b）以增加使用空间为主的加建，广西三江某农宅在屋顶上以木板加建使用空间

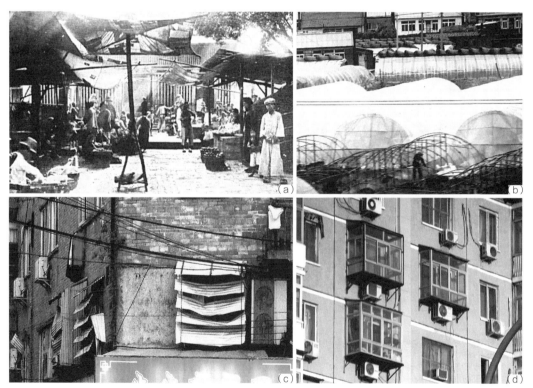

图4-22 不同地区的违建原型在违章加建中的体现

（a）凉亭原型，台南妈祖庙前市集棚架；（b）暖房原型，东北农村的温室；（c）凉亭原型的应用可能，南宁的遮阳；（d）暖房原型的应用可能，北京的双层窗

资料来源：（a）雄狮美术．摄影台湾．1979；（b）~（d）作者自摄。

图4-23 屋顶加建决定了城市的最终风貌
（a）台北五彩的"顶加"空间已经成为都市景观的一部分；（b）澳门高楼顶上的屋顶加建仿佛飘浮的村庄
资料来源：（a）王路摄于台北；（b）作者摄于澳门。

　　除此，城镇民居与乡村民居也各有不同，城镇加建与乡村加建也各有区别，探究其间的差异，能见微知著，更加细致地思考建筑地域性（表4-8）。

城市与乡村加建的比较 　　　　　　　　　　　　　　　表4-8

乡间加建	都市加建
水平方向展开	垂直方向展开
与地形相关	与地形无关
一般不属于违章	绝大多数属违章
与主体相同的材料，亦有临时性材料（竹、木、泥土）	轻质材料为主（材料也在演进，目前为轻钢、阳光板、彩钢板等）
以居住、生产为目的	以自住、出租为目的
攀比心理，有空间闲置	追求效率，最大化利用空间
不申请，自行建设	自行建设
主次关系比较模糊	主体＋自建体
偏房、厨房、草棚、粮仓、农具房、畜舍、鸡窝	阳台、雨棚、平台、露台、屋顶、直接出挑

4.3.2　农村住宅的自发性及地域性

城市自发性建造与违章、非正式等主题相关联，而乡村地区则更为普遍地延续了房屋自发建造的传统。尽管当代农村建房在社会、经济、习俗、材料、选址等条件上都在变化，农村住宅建设的互助自建模式，与生活、生产紧密关联的基本特征却没变。自发性建造的营建组织方式使农村住宅获得动态变化的地域性。为解读农村住宅地域性的动态变化，可以从1949年以后农村住宅建设的历程入手进行探讨。

4.3.2.1　建设的两次高潮

我国乡村住宅的建设量大，至今仍高于城市住宅的建设量，大量村民自发建设的住宅与城市住宅一道，共同塑造了城乡人居环境的基底。农村住宅建房量受经济及政策影响明显。伴随新中国成立后经济建设的步伐，我国农村住宅的发展在1985年、1995年前后出现了两次建设的热潮（图4-24）。这两次建房热潮极大地推动了农村住宅在选址、材料、形式上的变化。这些变化是我国经济体制改革、农村经济变化的具体展现，同时也反映了农民改善居住环境、追求现代生活的意愿。以两次建房热潮为参照点，可以将当代农村住宅的发展分为三个时期：生存型—生活型—生态型（图4-25）[①]。

与建设热潮相呼应的是材料、设备、形式的更新。1985年，第一次建房热潮之前所建的农村住宅，基本延续了传统的建造方式。单层，主要以地方物产、本土植物、农副产品为建筑材料；手工建造；根据所在地域不同，有各自特殊的施工程序与工具（图4-26）。尽管简陋，但由

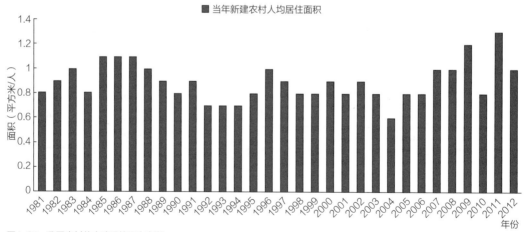

图4-24　我国农村住宅建设的两次高潮

资料来源：本研究根据中国国家统计局历年资料绘图整理。

[①]　根据本研究调研以及相关统计数据综合分析得出。调研主要范围是洞庭湖周边地区的农村住房，兼顾在湖南中部、北部地区的实地考察。我国幅员辽阔，各地经济发展速度差异很大，生活习俗也各有不同，而且以农村之间的差异尤为明显。各个地区发展的时间节点偶有不同，但基本进程应当一致，且洞庭湖历来为鱼米之乡，是典型的传统农业生产区；又位于我国中部地段，经济发展形势也具有一定的代表性，其农村的发展状况具有一定的参考价值。

于能充分地利用材料，结合适当的构造工艺，这些建筑朴实地应答了气候条件，创造了良好的居住环境。1985年后，随着改革开放以及生产责任制的实施，农村经济长足发展引发了第一次建房热潮。新建成的农宅，材料以砖木为主，单层为主，尺度较大，剖面形式与既往一致。1995年前后，第二次建房热潮中，农宅从单层向多层建筑过渡，两层以上的建筑较为常见；材料以砖混为主；建筑选址、平面布局、剖面形式都有较为明显的改变。与两次建房热潮呼应，一些电器与设备在农村住宅中得到应用。1980年代中期，农村住宅开始通电，一些小型家用电器进入农家[①]；1990年代中期，室内卫生间、盥洗设备引入，房屋由一层变两层，机井、水塔、室内的给水管线、楼梯等现代元素开始添加到设计中，影响建筑的平面形式。近几年，卫星天线也广泛地出现在农村住宅的屋顶，给建筑形式带来新的改变（表4-9，图4-27、图4-28）。

图4-25　我国农村住宅发展的三个阶段

（a）湖南常德安乡县茅屋；（b）（c）湖南长沙宁乡县；（d）苏南生态农宅设计

资料来源：本研究观点，（a）～（c）作者自摄；（d）宋晔皓. 绿色更新：苏南传统水乡地区生态住宅研究［M］//蒋新林. 绿色生态住宅设计作品集. 北京：机械工业出版社，2003：8-13.

图4-26　洞庭湖周边地区修理茅草屋顶的专用工具

（a）茅钩，将楼梯挂稳在松软茅屋边缘的工具；（b）参篾与渡针，用于穿透松软屋顶进行修补的工具

① 这从当时的书籍发行情况可见一斑。1950年代后，农村建设主要为改善其基本设施、建筑质量，主要的书籍是关于木匠培训、图书馆建设等；1970年后，则以电工培训的册子为主。

农村住宅空间与城市独立住宅的比较　　　　　　表4-9

农村住宅		城市独立住宅	
空间	特征	空间	特征
禾场	是堂屋空间向室外的延展，基本功能与堂屋一样	院子	休闲
堂屋	是祭祀、生产、储藏、宴请宾客的复合空间，尺度由摆酒席的桌数确定	客厅	待客，休息
厨房	烹饪、用餐、邻里闲谈	厨房	烹饪
餐厅	一般由厨房、堂屋担任	餐厅	用餐
卧室	核心家庭的所有生活起居，不仅是睡觉	卧室	睡觉

注：灰色部分是城市空间，用以对照农村住宅的相应空间。

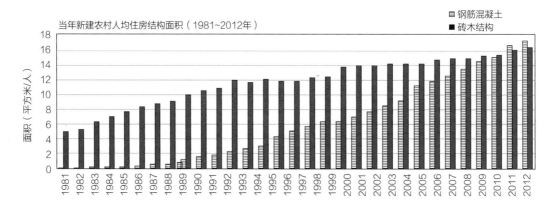

图4-27　我国农村住宅建设的材料变化（当年新建农村人均住房结构）
资料来源：本研究根据中国国家统计局历年数据绘图整理。

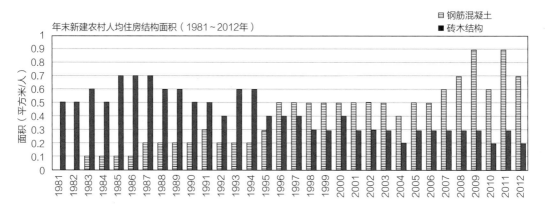

图4-28　我国农村住宅建设的材料变化（年末农村人均住房结构）
资料来源：本研究根据中国国家统计局历年数据绘图整理。

　　一方面依然深受传统习俗的影响，一方面又努力追求着现代生活。随着材料演化、设备更新、生产生活方式变化，农村住房不断改变自身形象。改革开放之后短短的30年中，是我国农村住宅由传统向现代转型的关键时段，农民生活、生产环境、卫生环境大幅度提高；但与此同时，也面临传统的村落景象不再，传统的建造经验失语，新的建造方法又尚未成熟的尴尬景况。如何在我国农村特有的经济条件、生产制度、建造组织方式下延续传统的建造智慧，并使之与新材料、新技术的应用结合是值得关注的问题。作为量大面广的居住建筑，生态化是农村住宅发展的大趋势，1981年农村住宅设计竞赛当中，已经有了对农宅中新能源应用的探索[①]，生态化成为农宅发展的重要课题。与城市建造不同，农村住宅的生态化策略是一个不断变化发展的开放性课题，需要与生产和生活方式紧密结合，选择适宜技术，对各个地段的经济与资源做系统性的研究。

4.3.2.2　自组织村落演化

在社会关系、经济制度、技术条件发生重大变化的同时，我国农村住房仍基本保持了传统的自发的建设模式。

我国二元土地制度之下，农村建房难以纳入城乡规划的统一管理体系之中。2007年10月28日，第十届全国人民代表大会常务委员会第三十次会议通过《中华人民共和国城乡规划法》，共7章70条，自2008年1月1日起施行，乡村规划在法律上纳入统一规划的范畴。2014年1月21日，住房和城乡建设部印发了《乡村建设规划许可实施意见》的通知，规范了村庄规划的编制要求和内容。2013年底我国有54万个行政村，265万个自然村。有行政规划的行政村32万个，自然村74万个，行政村、自然村覆盖率分别达到59.44%，27.85%[②]。

尽管从数量上来讲，我国已经有很大一部分村庄编制了规划，但在规划执行上存在不少问题。我国村庄发展以村民自治为主，村集体是规划编制和实施的主体。但由于我国广大乡村地区对村庄发展的定位和村民自身的条件限制，村落规划实施的难度依旧很大。

此外，村落作为人居环境最基层的自组织系统，受外部条件的影响较明显。规划编制后，如何结合乡村发展的实际需要，不断地更新调整是需要面对的挑战。此外，与城市居民不同，乡村居民直接参与村落的建设，如何调动各个农户的参与，是村落规划是否能得以实施的主要挑战。目前，乡村建设中，农村建房按照规范流程申报的不足30%。即便符合申报流程的建房，实际也没有建筑师的参与，反映的是村民自己的建房意愿和技术水平。

再者，我国乡村实际生活之中，房屋的加建、改建非常随意，难以约束。从我国现行经济发展的状况，以及建筑师的人口占比而言（我国建筑师人数占总人口的比例低，约40000人一位建筑师）[③]，今后较长时期内，难以对村落及农户的建房提供专业的建设服务，更遑论严格的控制。

整体而言，当下，我国乡村发展中，村民建房以受乡规民约、道德约束为主；尚未建立规划

---

①　张开济，陈登鳌，陆仓贤，等. 写在北京市农村住宅设计竞赛评选之后 [J]. 建筑学报，1981（5）：1-7.

②　卫琳，关于村庄规划编制实施情况的汇报 [EB/OL]. http://wenku.baidu.com/link? url=dyMPWwjeUfsCVkyoTJxB3kialjjOQgtBUJYxtKrFplyQkqsRcSFbI14iooJJDSGEDO4XPotOOM-Gk3B9UjHcxJocPXR8GImJGH2mq_ei9Fq，2014-08-30.

③　威尼斯建筑双年展调查显示，36个国家中的设计师和居民的数量比值存在明显差异。中国不足40000人一个建筑师。葡萄牙、丹麦、德国、比利时、西班牙和希腊都多于1：1000的比例。相反，意大利在其人口建筑师上有高得惊人的比例：每414意大利人中，有一个是建筑师。

建设的层级管控机制。今后很长时期内,难以也没有必要对乡村建房实施严苛的管理。农民缺乏特定的约束,农村住宅建设仍处于以家庭为基本决策单元,以血缘、地缘为主要纽带的互助关联、自主建设、自发演化的阶段。以自建住宅为主体的当代中国村落,也仍然具有明显的自组织特征[①]。

4.3.2.3　日常性与地域性

建造目的基于日常生活,建设建造过程中的自发性和开放性,决定了农村住宅的空间特征:1)生产、生活的复合;2)形式变化灵活;3)材料使用多样;4)地域特征明显。

1. 生产、生活的复合性

建筑形式不仅与生活,而且与生产、劳作方式应对,与城市自发性的建设相比,农宅映射出更丰富的地域特征。

农宅空间是生产与生活的复合体,不仅为生活服务,也为农业生产服务。在现行的生产制度下,农宅中谷物的贮藏、农具的收纳仍需要单独的关注;不仅如此,还应考虑农副业生产对建筑的影响。农宅中大部分公共空间,堂屋、厨房、外廊、禾场等,都需要承载生产、生活的不同活动。以洞庭湖周边地区三开间的农宅为例,居中的堂屋[②]是祭祀、交通、储藏、生产、生活等功能的复合体。堂屋内,正对大门的墙壁上一般有天、地、祖先的牌位[③],是家庭祭祀的重要场所;由于处在房屋的中心地段,是沟通各个房间的交通枢纽;农忙时节,堂屋里面会堆放一些大型的农具,或者临时存放一些需要阴干、晾晒的农产品;婚丧喜庆、逢年过节大宴宾客时,堂屋也是主要的场所。

农村独特的生活方式与家庭格局也会对住宅的形式造成影响。由于一般在家里宴请宾客,堂屋的尺度也由酒席摆放的桌数确定,调研中,开间一般大于3.9米,进深很少小于4.5米。堂屋宽敞,摆放酒席的桌数多,是主人值得炫耀的指标[④]。当代农村,小的核心家庭并未完全替代传统的大家庭,三代同居、四世同堂仍然普遍。为了避免干扰,各个家庭所使用的房间相对独立,以堂屋为中心的布局模式在楼房的建设中仍然延续,卧室的尺寸相较城市住宅大很多。卧室不是单纯睡觉的地方,而是一个核心家庭全部起居生活的所在。日常邻里往来,厨房是最重要的社交场所:日常的闲聊、打趣、饮茶不在堂屋,而在厨房。因此厨房面积较大,从18平方米至57.6平方

---

① 姜敏. 自组织理论视野下当代村落公共空间导控研究 [D]. 长沙:湖南大学,2015:12.

② 堂屋是农宅中最重要的房间之一。《现代汉语词典》中对堂屋的解释是:①正房中居中的一间;②泛指正房。这个解释不大准确,至少对于洞庭湖周边地区的农宅建筑而言不甚准确。虽然大多数情况下,堂屋是居中的,但在所调研的房屋中,我们可以看到偏于一隅的堂屋。堂屋的英文翻译中,有一种译法译作"center room",窃以为比较传神,"center"并不专指位置的中心,还应当有心理上的暗示——心理上的居中,比其他的房间具有更为重要的含义。

③ 湖南、江西等地还有毛泽东画像,其他地区的农宅则相对少见。即便同一省份,堂屋正中的神位布置也是各不相同,体现出具体的地区特性。

④ 根据作者2001年的调研。堂屋的尺寸一般较大,2001年岳阳筻口晓塘村的姜明初介绍:他家的堂屋进深有11米,"我们在农村不比在城里,吃饭可以去饭馆。逢年过节,有什么大事请客吃饭,就得在家里""我们这里吃酒席用八仙桌,一个桌子0.9米宽,两边还得坐人;每排摆两桌,中间还要走人,房间至少4.5米宽。嘿!嘿!这个厅摆个八桌不成问题。"

米不等[①]。

2．形式变化灵活

使用者参与住宅建造的决策过程，并在使用中不断调试、改进住房形式，农村住宅对生活、生产方式的应答，不是静止孤立的，而是随着生活的变化不断地演进。具体有两种方式对形式进行调试：1）旧建筑整体翻新、改造、加建；2）房屋主体不变，厨房、杂屋、畜舍、粮仓、水塔的改变。调整和改变在建筑上留下的痕迹，记录了建筑地域性特征转变的过程。四川绵竹农民住房中的水塔，从20世纪90年代到今天，转换了三种形式：酒缸[②]—水泥罐—金属桶（图4-29）。高高伫立的水塔，不断变化的形态，标识了农宅经济、生活的变迁。

值得注意的是，这种变化既具有灵活性又具有相关性、整体性，生活方式的细微改进，可以引发建筑形式的大改观，牵一发而动全身。以厨房为例：燃料的选择影响灶的形式，灶的形式又决定厨房的位置与形体，厨房的位置与尺度则对整个房屋造成影响[③]。湘中地区，洞庭湖周边，1995年前建成的农村住房内，一般会有柴灶，煤炉使用也较常见，燃气灶数量不多。柴灶体积大，另需较大的空间以储存柴草。因此厨房空间大；厨房的后檐还需特别加长，房屋两端的山墙或偏屋须建有0.8米左右的屋檐用来庇护堆放的柴草。为节省造价，保持新建房屋室内洁净，洞庭湖区农村新建楼房内不设厨房，保留原有厨房继续使用。近年来，农户养猪以饲料为主，不再煮猪食，大的锅灶无存在的必要；煤、燃气的利用日渐普遍，燃料的变化、灶具的改善使得农村住宅中厨房空间渐渐变小，并逐步和新建房屋融为一体。2008年在湖南耒阳、城步[④]调研中发现，农民日常主要使用节能灶，罐装煤气、沼气的利用率也很高，厨房空间紧凑、体量小，并且集成到住房的设计当中，不再是独立的、偏在一隅的屋子。对于农宅的设计，不仅要强调随时间

图4-29　绵竹民居中三种水塔形式的演变：酒缸—水泥罐—金属桶

---

① 根据2001年在湖南洞庭湖地区的调研。

② 绵竹是剑南春酒厂所在，1990年代建成的民居，大部分借用酒缸作为水塔。

③ 卢健松，姜敏．燃料·灶·农宅——洞庭湖地区农宅调查研究［J］．中外建筑，2003，8：54-57.

④ 城步有苗寨，调研中发现，新建农宅中，火塘几乎不再使用，被木板盖住的也很多。大量农户使用一种当地生产的节能灶。汉族的柴灶到节能灶，火塘到节能灶的变化，反映的是同一个变化的趋势，并无本质上的不同，本文无意讨论民族之间的差异，是以为记，聊做补充。

而发生的变化，更要强调其变化的整体性。

3. 材料朴实多变

受到经济的制约，传统农村建房通常因陋就简，尽量采用地方性材料。这些材料需要在日常生活中经过很长时间的积累，然后才能巧妙地应用到建筑当中（图4-30）。"洲上茅屋几百家，家家盖的是芦花，柳枝柱头芦苇壁，冬暖夏凉不易垮。"[①]以茅草、竹、木、黏土为基本材料的茅屋，曾经是洞庭湖周边地区最常见的住宅形式。近年，随着经济、交通、信息的发展，农村住宅的材料与形式都发生了变化：一方面，传统的、手工的、地方性的材料所占比例越来越小，红砖、混凝土、钢材、混凝土砌块在农村住宅中的应用越来越广泛[②]；另一方面，乡村企业的边角余料、廉价的工业产品正替代原有的地方材料、农业生产的副产品，越来越广泛地应用到住宅建造上来（图4-31）。除此，对传统建筑材料的改良，也正进一步地推动农村住宅建设的发展。农

图4-30　自发性建造中，很多材料依靠生活中的日常积累
（a）湖南邵阳城步桃林村三组，村民收集的卵石；（b）桃林田间地头，村民收集来的树皮

图4-31　当地产业与建筑材料异用
铜关、靖港是长沙历史文化名镇，一水相隔，距离很近。（a）铜关是传统的瓷器之乡，废弃的瓦范作为挡土墙、墙壁、栅栏很常见；（b）靖港有一个凉鞋厂，用废弃塑料做围篱、窗花很常见

---

① 洞庭湖区，湖南南县的民谣。

② 对于材料的变化趋势，可参考前文观点与数据。

村住房建设所用的材料处于变化之中，应当用发展的眼光去认识。一味强调对传统材料的继承，对传统形式的模仿，有时候适得其反，应合理认识现代材料的理化性能、美学特征，以及在当今农村住房建造中的应用方式。其次，农村住房建设中所用的材料远比城市丰富，应当以开放的态度来认识"非正规"的建筑材料在建筑当中的应用，探讨在一定构造形式下，这些材料的转化、异用。

4. 地域特征明显

乡村比城市更能保存地域的传统文化。各地乡村住宅建设的导控手册中，地域性内容备受关注（表4-10，字体加粗部分）。我国近30年来，农村住宅处于不断的更替变化中，农宅所具有的地域性，不再是传统文化的简单延续，而是与农村住宅自发性的建造相呼应，在气候、地形、文化关联制约下，不断适应农村生活、生产方式以及经济发展水平的动态地域特征。

各地农村住宅设计导则的内容组织与比较　　　表4-10

地点	Cork①	Mayo②	Wellington③	New Zealand④	Clare⑤	Braintree⑥
正文	简介	—	简介	简介	简介	必要性
	场地选择	场地选择	场地分析	土地权属	场地特征	场地选择
	场地布置	道路退让和场地入口	建筑定位	乡间规划：社区听证，社区建议，设施，场地规划	基址与定位	资金来源
	建筑设计方法（Cork乡村建筑的特点）	环境的可持续发展	入户路径	基础设施：入口通道，可持续发展的资源，费用分析，绩效报告	地域元素	当地设施
			乡村遗产			
			自然要素，生态因素，习性		设计你的家	
	建构策略	住房形式	建筑与结构设计	建造：自建，维护		合作设计，共同参与

① Colin Buchanan and Partners Ltd and Mike Shanahan + Associates，Architects. Cork rural design guide：building a new house in the countryside. Cork：Colin Buchanan and Partners Ltd Mike Shanahan + Associates，Architects Cork County Council，2003．http://www.corkcoco.ie/co/pdf/343708010.pdf.

② Mayo颁布2008年乡村建筑导则，参见Mayo官方网站：http://www.mayococo.ie/en/Planning/DevelopmentPlansandLocalAreaPlans/MayoCountyDevelopmentPlan2008-2014/PDFFile,7801,en.pdf.

③ 新西兰wellington乡村住宅设计导则，参见wellington官方网站：http://www.wellington.govt.nz/plans/district/planchanges/pdfs/change33/change33-maps/change33-rural-design-guide.pdf.

④ Housing New Zealand是新西兰政府关于住房问题的主要建议者。本文是他们的所提出的关于农村住宅建设的研究导则。http://www.hnzc.co.nz/utils/downloads/B98EAED6EFCB37FB6D542EE5559AD275.pdf.

⑤ Clare County Council，New Road，Ennis Count Clare. The essential guide for anybody planning：designing or building a house in rural County Clare［M/OL］. Ireland：Clare County Council. 2005．http://www.clarecoco.ie/planning/Docs/Rural_House_Design_Guide_2005.pdf.

⑥ http://www.braintree.gov.uk/Braintree/housing/Housing+Advice/New+Affordable+Homes/rural+ housing +guide.htm.

地点	Cork[1]	Mayo[2]	Wellington[3]	New Zealand[4]	Clare[5]	Braintree[6]
正文	工作案例：场地分析草图，规划申请程序	建造规范	植栽		调整、转化、延伸	住房选择（租，买，建）
		应用案例	边界确认与处理			
			可能的变化			相关单位联系方式
附录	案例剖析、树与树篱、参考树木、图表清单、致谢		Wellington的地方特性		术语表、本地规范、当地树种	当地法规

　　尽管平面与剖面形式都发生着变化，气候对建筑形式的制约方式也发生了变化，建筑形式还是体现出一定地区内的统一性。与寒冷地区以及夏热冬暖地区相比，作为中部夏热冬冷地区，洞庭湖周边地区的农村住宅在通风、采暖、隔热的做法上有其自身的特点。由于自发性建造模式，建筑形式是生活、生产方式的映射，同一气候区之下不同的生活习俗也会造就不同的建筑形式。各地不同的企业和不同的农业生产副产品的应用，也会影响到一个地区的建筑形式与细节，凡此种种，进一步约束了建筑可能的形式，催生更加微观、具体的建筑地域性，需要在农村住房研究中予以关注。

　　改革开放以来，尽管经济、技术、材料，社会、文化背景都在变，农村住宅自组织建造模式的变化却很小。这种以家庭为单位的自发建造组织，决定了农村住宅的基本形式特征。经过近40年的变化与发展，农村住宅正在逐渐远离传统的建筑模式，各地的农宅在各自的语境下正形成新的地域风貌。无视这些生动、细腻的变化，简单地将这些变更与发展视为负面的因素，或指责当前农村住房的形式千篇一律、毫无特征的观点都值得商榷。在农村住宅大量更新、转型的时代里，建筑研究者深入了解乡村生活、生产的变化，认知农村住房形式自组织变化，是了解自发性建造的途径之一。

4.3.3　多元表现的两点启示

4.3.3.1　不同社会层级的建筑具有不同的地域性

　　不同社会层级的建筑，对地域性关注的范畴不同。地域性不仅受时空关系的束系［图4-32（a）］，也受到投资、技术、管理、维护等因素的影响。不同社会层级的建筑，受诸要素的制约各不相同，把自发性建造纳入观察范围做单独研究，这种影响体现得更明显［图4-32（b）］。

　　非正式部门的经营设施、作为策略的住宅自建、城市中的违章建筑、农村住宅，作为较低社会层级的建筑，自发性建造展示了其在资金、技术、材料广受制约条件下的建造状态。与相对投资高、技术好、设备新，由建筑师主导的建筑相比，自发性建造受空间的影响更为显著。气候、地理（海拔、纬度、地貌）等因素决定了自发性建造的形式。在不同的经济环境中，自发性建造对文化的回应则各不相同。城市经济迅猛发展的情形下，自发性建造当中传统文化亦会失落，在外来人口激增的城中村地区，这种情形较为明显［图4-32（c）、（d）］；在缓慢发展的乡村、集镇，尽管受到外来文化的影响，传统文化、生活习俗在自发性建造当中相对稳定地存留下来，建筑地域性的面貌更为广阔深远［图4-32（e）］。

　　建筑师对建筑地域性刻意地强化或忽视，都将扭曲对地域性的认知：技术突进导致对空间因素的忽略［图4-32（c）、（d）、（e）］，现代主义语境下对文化的漠视，都缩小了对建筑地域性的认知范畴［图4-32（c）、（d）］。

　　表4-11结合案例调研做简要梳理。沿横列比较了不同地域要素对建筑特征的影响；沿纵向则展示了这种特征如何以不同表现形式贯穿各个不同社会层级的建筑。

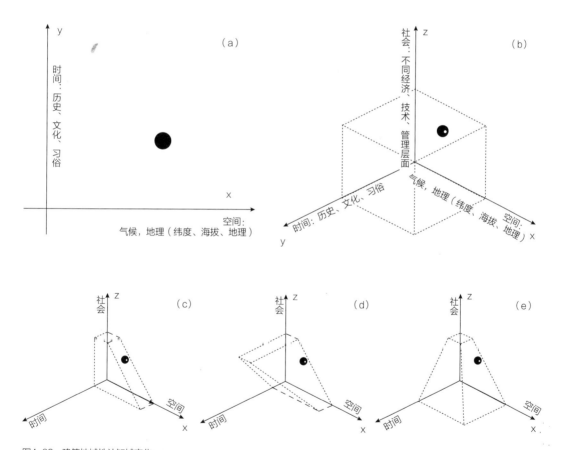

图4-32　建筑地域性认知域变化

（a）地域性不仅受时空关系的束系，也受到社会关系的影响；（b）展示了一种关于建筑地域性的理想状态；（c）展示了整体漠视文化、历史的语境下，对地域性的认知域；（d）反映了建筑创作中，对现代建筑盲目地自省，过多地强调历史文化，过分地依赖于技术而忽视空间的差异。在自发性建造的层面上，（c）或（d）反映了自发性建造层面中对空间因素尊重，对历史文化忽视的状况，这种情形，在非正规城市以及违章建筑的讨论中，比比皆是；（e）反映了自发性建造中，既尊重传统，又关注空间的限定因素的情况，例如四川等地的新建农宅

气候要素贯穿各个层面的自发性建造　　　　　　　　表4-11

类型	北方地区		南方地区	
非正规部门的经营（人力车、机车）		塑料薄膜包裹的人力车，辽宁凤城		带阳伞遮阳的载人摩托，湖南城步
街头的临时商业（临时设施）		塑料薄膜包裹的摊位，辽宁海城		阳伞遮阳的摊位，广西南宁
乡村建筑的形式		南立面大玻璃窗采光，北京房山某农宅		强调通风的敞口堂屋，广西南宁某农宅
乡村的加建（临时的）		阳光暖房模式的应用，辽宁本溪某农宅		强调遮阳与通风的加建，湖南华容某农宅
屋顶的加建（城市，临时的）		阳光房模式的加建，辽宁海城某办公楼		凉亭模式的加建，广西南宁城市住宅
城市屋顶的加建（较正式）		屋顶加建阳光房，北京上地某宅加建		屋顶加建遮阳棚，广西南宁某住宅户外楼梯

续表

类型	北方地区		南方地区	
城市建筑中的应用		现代建筑中阳光房，辽宁高速路边咖啡屋		高层建筑中屋顶遮阳的变化，广西南宁

4.3.3.2　多元表现之下的五种形态模式

不同表现的自建活动，可以简要归纳为五种基本的形态模式。自发性建造五种不同的形态组织方式，反映了土地权属、产权机制对建筑布局、形态构成、立面发展的影响。城市与乡村亦有不同的表现特点。五种形式可以相互关联组合，描述各种不同的情况。了解建筑形态自发生长的诸形式，认识建筑形态并非一成不变，而是会不断变化演进的特点，既有利于自发性建造原理的转化，在设计中的应用；也有利于对建筑可能形态的控制、管理、引导（图4-33）。

1）平面自由展开方式［图4-33（a）］。传统的、乡村的聚落在平面上展开模式，单体的位置和形式都不受统一指令的约束，在空间中自主延展。

2）平面限定展开方式［图4-33（b）、图4-34］。道路骨架，甚至房屋建筑由统一规范的图纸指导建设，长期自发性的加建丰富了形态的变化，呈现与规划预想完全不同的聚落景象。城市居民自建、移民建镇、部分政府主导的农村建设呈现这样的情况。

3）立面限定填充方式［图4-33（c）、图4-35］。城市居民自建房和部分城市核心区内的城中村，房屋布局有统一规划，但单体建设是自发的。底层门面、建筑立面略有不同；顶层自住或是二次加建，形式亦有变化；中间各层形式统一。各家产权不一，形成的建筑立面竖向基本一致，水平方向各异。

4）立面自由填充方式［图4-33（d）、图4-36］。在统一建成的单元楼、写字楼中，住户对自己所在单元的改建，加建，形成统一框架下，各个分隔之中的自由变化。

5）顶层加建［图4-33（e）、图4-37］。或者为了改善房屋整体热工性能，或拓展使用空间，在空间归属含混的公共区域进行加建、改建，通常位于建筑屋顶。

(a) 传统的、乡村的空间组织模式。大量主体特征相似，局部存在差异，在平面上展开

(b) 经过规划的地段，主体相同，扩建、加建使建筑获得特征，在平面上展开

(c) 经过规划，单体自建的乡村，集镇地段；城中村、城市居民自建房的组织模式。如同糖葫芦串似的立面组织模式。同一开间，基本特征一致，顶部和底部有调整

(d) 城市居民对居民楼的自发改造。主要对阳台、厨房、厕所等房间进行改造，或加建雨篷、空调机窗等设施。形成统一框架之下不同表情的单元集合

(e) 城市居民对产权不明晰部位的占用，加建。主要目的是增加使用空间，同时也是改善建筑热工性能的方式之一。大多的屋顶加建是违章的

图4-33　自发性建造的五种形态组合方式

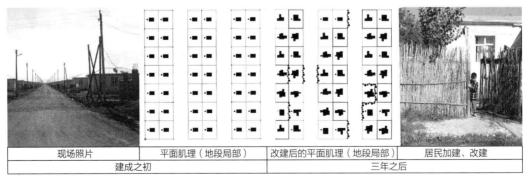

现场照片	平面肌理（地段局部）	改建后的平面肌理（地段局部）	居民加建、改建
建成之初		三年之后	

图4-34　平面限定展开方式
Barda难民安置点三年中的变化

资料来源：本研究分析，图片资料来自Robert Bevan, Barda's Boundaries , Vlora Navakazi. Archis Interventions in Prishtina［J］.
Cities Unbuilt, 2007, 11（1）: 48-53.

屋顶加建遮阳棚
屋顶金属水箱

顶层加建，做法略变

外侧留出厨房位置

内侧加建厕所一间

图4-35 南宁麻村外立面特征的形成机制

麻村是南宁市的一处城中村，伴随着南宁市2004年之后的飞速发展而急速加建。毗邻南湖，有临湖开敞的阳台；这些阳台为了防盗加建实墙；或便于出租加建厨房。每户原有宅基地为4~6米面宽，因此阳台加建材料上下一致，左右不同，形成了具有特殊地域特征的临湖街区立面

（a）麻村建筑立面1；（b）麻村建筑立面2；（c）麻村建筑立面的cad绘图

图4-36 立面自由填充方式

（a）湖南华容某居民楼阳台的不同做法，使得原本单调统一的立面有了不同个性的变化；（b）湖南长沙某居民楼的立面，各种不同形式的无烟灶台嵌入立面

图4-37 不同地区的顶层加建

（a）台湾某居民区的屋顶加建；（b）澳门的屋顶加建

资料来源：（a）王路摄；（b）作者自摄。

4.4　小结

　　自发性建造是指：为改善自身生存环境，以家庭为决策单元，不受外界特定指令控制，自主决策房屋的选址、形式、投资的行为及结果。自发性建造概括了乡村、城市的传统建筑、农民住宅自建、城市居民自建房、城市违建社区等建造行为的共同特征。自发性建造中的"自发"具有相对性，不绝对排他，也不强调绝对的"非专业"。

　　自发性建造具有1）存在广泛；2）实施开放；3）表现多元三类特征，其中"开放性"最为核心，是对其他概念进一步地概括。具体表现在参与者开放、规则开放、过程开放、形态开放等更具体的方面。

　　在城市和乡村，自发性建造的表现各异，具有多元性。城市自发性建造的研究，以快速城市化所引发的"非正规城市"为背景。非正式部门街头经营的设施、违章建造，以及加建、改建活动中所展示的地域性，是本节关注的重点。住宅自建作为一种住房以及灾后重建的策略，进一步拓展了自发性建造的观察视野。对于住宅自建概念的解析，进一步阐释了"自发"一词在建筑语境下的含义。农民住宅的研究，探讨了改革开放40年来农村居住建筑的重大转变。农村住宅中，材料、构造、设备不断更新，平面布局也脱离传统，但自组织的建造模式没有变。农村住宅的地域性由自组织建造方式决定，并处于变化之中。

　　自发性建造纳入研究视野后，建筑地域性的认知领域得到了拓展。不同社会层级的建筑，对建筑地域性关注的范畴各不相同，且随着经济、技术、文化等要素的变化发生改变。自发性建造尽管表现多元，却可以基本归纳为五种基本形式，反映了土地使用、产权机制对建筑布局、形态构成、立面发展的影响。

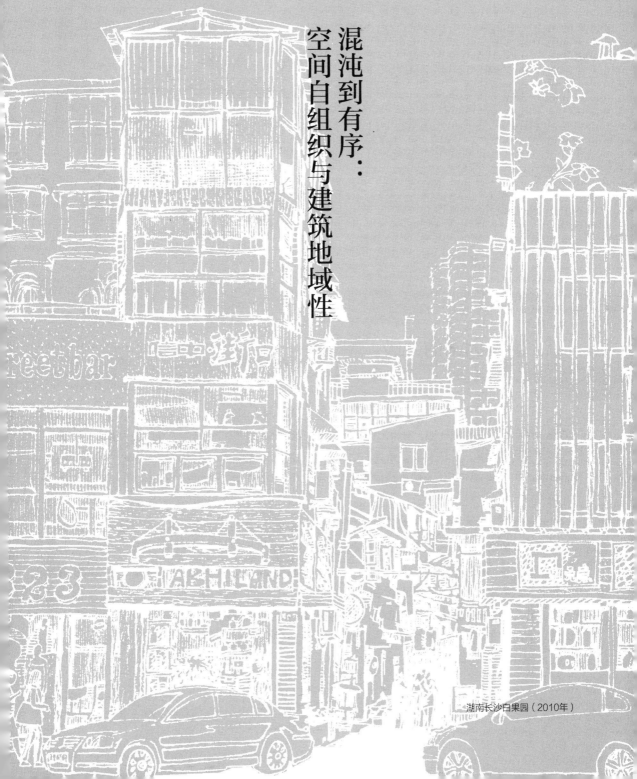

5

混沌到有序：
空间自组织与建筑地域性

湖南长沙白果园（2010年）

　　本章将在自组织框架下，以自发性建造的开放性为基础，探讨地域性的生成机制。通过对建筑地域性影响因子的进一步分类解析，结合生成机制的研究，理解微观的、随机的、偶发的因素如何影响特定地段内建筑地域特征的产生（图5-1）。

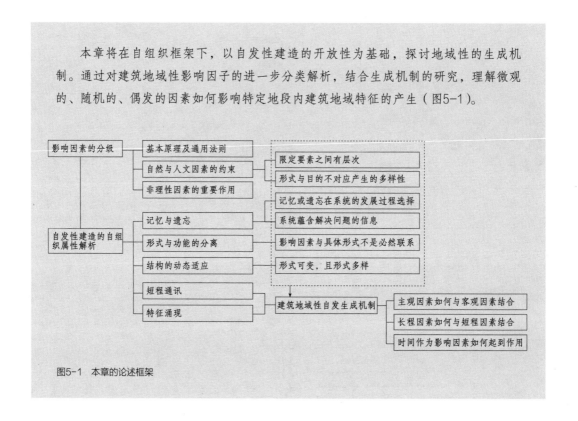

图5-1　本章的论述框架

5.1　影响因素的分级

　　为进一步分析建筑的地域性，本章引入了基本原理，以及随机的、偶发的非理性因素，在此基础上结合自组织原理框架，对自发性建造的内在机制进行了探讨。基本原理以更为宏观、普适的视角看待不同地段、时代、造价建筑之间的共同性，是理解材料替换、构造变化的基础。随机性要素力图阐释个人主观因素如何推动地域性发展，及其在促成更为具体地域性中所起到的作用。

　　影响建筑地域性生成的因素，不仅包含自然、地理、人文因素这个层次，还应包含时空尺度上更为宏观的基本原理，以及更为具体微观的非理性要素。仅仅认识到气候、地理、人文因素与地区建筑大体形式存在一定关联，尚不足以阐释地域建筑丰富的面貌，也无法描述具体地段建筑地域特征的生成机制，无法指导建筑创作实践。

　　在传统研究中，把地域性特征看作是诸多因素共同限制的结果。诸多因素在空间分布上各有不同，各个因子不同的分布规律分层叠加后，得到更为具体化的地域性限定要素（图5-2）。[1] 这

① 袁牧. 国内当代乡土与地区建筑理论研究现状评述［J］. 建筑师，2005，115（6）：18-26.

些分析解释了地域条件与地区建筑形式之间的因果联系，是对建筑地域性原理很好的总结。但仅止于此还不够，应结合限定因素层级的拓展进一步分析主观因素如何渗透建筑地域性的形成过程。本节将对整个过程做一个梳理，从基本原理、理性原则、非理性原则[①]三个层次上认识建筑地域性生成的限定因素。建筑地域性生成是一个感性与理性交融，既有法又无法的综合历程。自发性建造的视野下，建筑更替变化的时间、空间尺度都更加具体，历程更加清晰可辨。建筑地域性的影响因素可以简单地以下图（图5-3）表示，是一个从通用基本原理出发，不断被界定，同时受到主观、随机因素影响的体系。

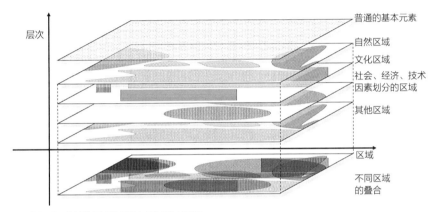

图5-2　地域性要素的层次与区域叠合示意

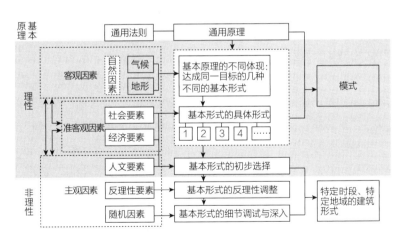

图5-3　建筑地域性生成的限定层次

---

① 尽管内涵不同，阿摩斯·拉普卜特关于固定特征因素（fixed-feature elements）、半固定特征因素（Semifixed-feature elements）、非固定特征因素（Nonfixed-feature elements）的论述，对理解本文的观点或有启发，是以为注。参见：阿摩斯·拉普卜特. 建成环境的意义——非语言表达方法［M］. 黄兰谷，等，译. 北京：中国建筑工业出版社，1992：76-93.

5.1.1　基本原理及通用法则

建筑的生成遵循一定基本规律。芒福德在论述美国的地域建筑时，指出每栋建筑都具备二元性，其一是受制于特定地点、特定时间的地域性，其二是超越疆域限制的、普适的通用原理（Universality）。并指出，不应混淆"通用"（Universality）和"同样"（Uniformity）之间的差别。通用原理与建筑的地方性并不矛盾，它是由各种地方性知识中的共通之处所汇集而成的。"强调美国对于通用形式的贡献意味着，我们当前建筑的模式贮存了大量地方与区域的传统，它们中的每一个都为通用形式做出了贡献，而且并不会因此丧失其自身民族和区域的特点，并且可以从通用性当中得到回馈。在现代主义内部，从赖特开始，就从日本印画和房屋中大受启发，向印度住宅学习了阳台的做法，不但如此，在一定限定条件下，还领悟了屏风墙（screened wall）——勒·柯布西耶大为推崇的印度发明——的妙用。"[1]

在本研究中，建筑作为自然与人之间的协调之物，其基本原理可以从三个方面考察：尊重自然、尊重人、尊重材料的性质（图5-4）。

环境友好，资源节约是最重要的基本原则，贯穿其他各个方面与层面。建筑不是孤立的存在于时空之中，必定与周边环境发生关联，环境的制约不可回避。

其次[2]，应当注意的是人的基本需求。建筑是为了庇护自然界的人而建造的，其基本原则之一，就是能够改善人体周围的热工环境，使人体在不同环境中，获得相对稳定的生存空间，并感到舒适。除了生理上的基本要求，心理上的诉求不应忽视。芒福德着重指出：基本原理还包括那些超越疆域、种族、时间的情感元素，正是由于这些情感元素，我们今天仍然得以对奥德赛颠沛流离的生活感同身受，能够备受荷马史诗中英雄业绩的鼓舞；这些通用的情感元素，广泛存在于各宗教之中，没有它们，人们就只有兽性的冲动，也无法与其所在的大地沟通。[3]

再者，应当充分尊重材料特性。"建筑，源于材料与大自然破坏力之间的对抗，不断地、竭尽所能地从科学发展和技术进步中寻求新方法，以获得体量与空间的和谐。"[4]建筑作为人造的物质环境，由各种材料构筑而成，材料的选用决定了构造方式，构造方式的选择影响建筑的形式。关注材料就是关注建筑的基本组成。材料的基本特性，例如木头需防潮，黏土需要防水，砖头可能吸潮，等等，是最基本的规律，应当得到充分的尊重。对于自发性建造而言，没有专业知识的约束，建造更加遵循材料的基本性质。"工具的原始以及对使用外来材料完成节点构造的无知使得建造系统能够以最简单的方式发展；简化到最基本，最有说服力。建筑的各个元素根据材料的

① MUMFORD L. Roots of Contemporary American Architecture［M］. New York：Dover Publications, Inc., 1972：vi.

② 约翰·拉斯金的观点值得参考，认为，具有人的特征的起源规则，或是那些具有材料合理性的规则才是具有意义的，"基于过去实践中的那些原则与规则，没有哪一个不是随着新条件的出现，或是新材料的发明而转瞬即逝的"。参见：汉诺-沃尔特·克鲁夫特. 建筑理论史——从维特鲁威到现在［M］. 王贵祥，译. 北京：中国建筑工业出版社，2005：247.

③ MUMFORD L. Roots of Contemporary American Architecture［M］. New York：Dover Publications, Inc., 1972：369.

④ Konard Wachsmann的观点。引自：ABRAHAM R. Elementare Architecture Architectonic［M］. Salzburg：Pustet, 2001：I.

特性以最简单的形式组合在了一起。"①理解了这一点，将拓展设计师对建筑的理解，也有利于重新评价、反思地域建筑与传统建筑之间的差别。

图5-5是对挑出屋檐梁头的处理方法。广西融水苗寨的做法最质朴，用一顶废弃的斗笠为梁头遮雨；湖北、广西等传统建筑当中，用不同构造的小青瓦为其防雨；四川绵竹清道镇的居民住宅，用塑料布包好挑出的木梁；湖南华容居民自建房当中，用废弃的雪碧瓶做梁头的防水；柏林建筑师赛温斯基·杰克逊建于美国马里兰州的"悬挑住宅"则用了金属皮作为出挑木质梁头的防护。无论采取哪一种措施，本质上是为了防水，使得木头的使用寿命延长。最基本的原理普适于不同的地区、不同的历史阶段、不同的经济条件。尽管做法不同，但基本原理是一致的：维护材料的基本性能。

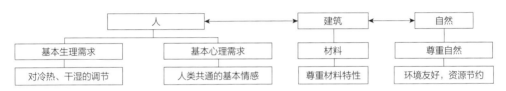

图5-4　基本原理涵盖的三个方面

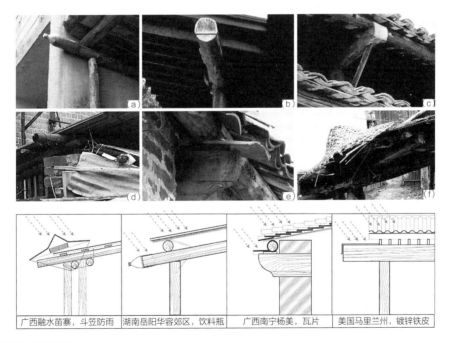

图5-5　木梁头的防水做法

（a）湖南岳阳华容郊区用饮料瓶套在木梁上，保护梁头；（b）美国马里兰州的"悬挑住宅"，镀锌铁皮保护梁头；（c）湖北某民居用瓦片保护梁头；（d）广西杨美某民居用瓦片保护梁头；（e）广西南宁民居用油毡包裹出挑的梁头；（f）广西融水苗寨一处简易木棚用斗笠防雨，保护梁头

资料来源：（a）（d）（e）（f）作者自摄；（b）Arian Mostaedi. 低技术策略的住宅［M］. 韩林飞，刘虹超，译. 北京：机械工业出版社，2005：162.

---

① Konard Wachsmann的观点，引自：Raimund Abraham. Elementare Architecture Architectonic. Salzburg：Pustet，2001：V.

可以考察另一个更为复杂的例子。湖南安乡的农村住宅,用缠绕在细竹竿上的稻草绳作主要构件,俗称"毛蜡烛"。把一根根毛蜡烛并排捆在框架上就得到一个墙面。这是我国南方农村比较普遍的传统做法。为了保护墙面上的稻草,使其不被飘雨打湿,当地农民将当地的茅草捆成细束挂在外墙上,形成防雨的保护层。这个保护层是附加上去的,可以修补、更换。与之相似,在现代草砖房建设中外墙防雨也很重要。英国Sarah Wiggles-worth设计公司的办公楼,用阳光板、波纹钢板作为防水材料,外墙板附加在框架之外,能很好地对内部草砖进行防护,老化之后,拆换也比较灵便。材料和构造细节不一样,但基本原理仍然一致,在这里,阳光板、波纹钢板与洞庭湖湖区的茅草是对应的(图5-6~图5-8)。在深刻体验到基本原理和通用法则之后,主体材料与维护材料各得其所,各种材料、构造、形式之间的替换逻辑清晰可辨(表5-1)。无所谓传统与现代,也无所谓守旧与创新,基于地域与时代做出分析,用可以得到的材料进行建造,远比刻意的文化诉求要接近地域。对基本原理与通用法则的思考,拨散了"形式"带给建筑设计的困扰。

不同构造草砖墙的材料关系 表5-1

材料			特性	目标
主体材料	稻草	毛蜡烛	轻、薄、有缝隙	适应于中国南方的湿热气候
		草砖	厚重、密实、(在本案例中)半承重	适应于伦敦寒冷、湿润的气候
维护材料	湖区的茅草		防水,可更换	挂在外墙之上,以防雨水冲刷草质外墙表面
	波纹钢板、阳光板			

图5-6 两种草墙防水的比较

(a)英国草砖办公楼细部;(b)英国草砖办公楼外观;(c)毛蜡烛细节;(d)洞庭湖茅屋外观

资料来源:(c)(d)作者摄于湖南安乡;(a)(b)Sarah Wiggles-worth办公住宅楼资料参见:Gernot Minke, Friedemann Mahlke. Building With Straw: Design and Technology of a sustainable Architecture [M]. Basel, Berlin, Boston: Birkhäuser-Publishers for Architecture, 2005: 110.

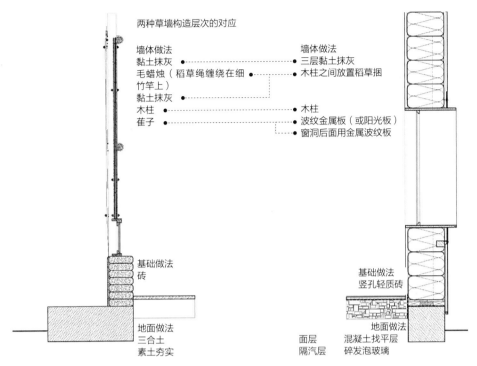

图5-7 两种稻草墙体的立面防水做法构造层次的相似

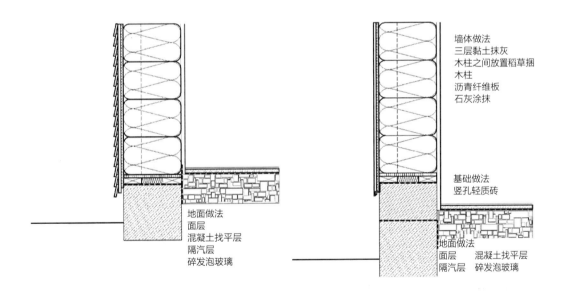

图5-8 稻草墙体立面防水的一般做法①

① 作者参考文献绘制：Gernot Minke，Friedemann Mahlke．Building With Straw：Design and Technology of a sustainable Architecture［M］．Basel，Berlin，Boston：Birkhäuser-Publishers for Architecture，2005：38，39.

　　除去以上两例、隐藏在自发性建造当中的其他基本法则同样值得尊重。例如尊重材料特性，以坚固的材料包裹强度较低墙体材料的护角；充分利用材料性能的斜撑做法；防止飘雨，保护木柱根部的柱础做法；防止雨水侵蚀墙体材料的压顶，等等。在跨地域、跨文化、跨时间、跨等级的比较之中，这些法则得到更加清晰的展现，并在不断地比较之中被拓展（图5-9~图5-13）。

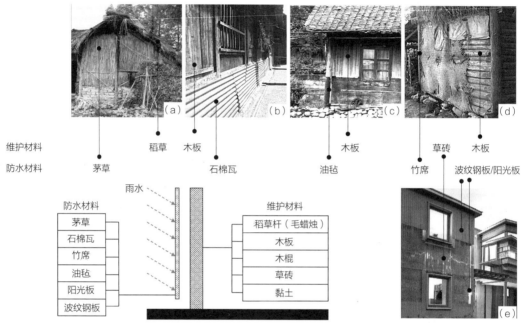

图5-9　同一原理不同做法形式举例：立面防水做法

（a）湖南安乡茅屋；（b）湖南城步木楼；（c）广西融水小学；（d）湖南城步牛栏；（e）英国草砖办公楼

资料来源：本研究观点，（a）~（d）作者自摄；（e）Gernot Minke, Friedemann Mahlke. Building With Straw: Design and Technology of a sustainable Architecture［M］. Basel, Berlin, Boston: Birkhäuser- Publishers for Architecture，2005：110.

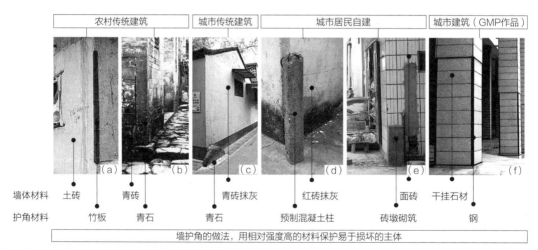

图5-10　同一原理不同做法形式举例：墙护角的做法

本质是用强度相对较高的材料维护强度相对较低的材料。（a）江西农宅；（b）湖南郴州板梁村；（c）北京西单胡同；（d）广西南宁长罡村；（e）广西南宁长罡村；（f）浙江杭州公园大厦

资料来源：（a）王路摄；（b）~（f）作者自摄。

图5-11 同一原理不同做法形式举例：斜撑

本质是合理利用细小的杆件，增加出挑的距离。（a）湖南常德花岩溪；（b）湖南邵阳城步农宅；（c）Rudrapor，Banglandesh乡村学校；（d）Dusseldorf办公楼

资料来源：（a）（b）（d）作者自摄；（c）引自：HERINGER A，ROSWAG E. Earth Works：Handmade School，Rudrapor，Banglandesh［J］. The Architecture Review，2007（12）：40.

图5-12 同一原理不同做法形式举例：柱础

抛开美学上的诉求、文化上的含义，本质是为了防止潮气侵蚀结构。（a）湖南耒阳小水，同一栋房屋前不同的柱础；（b）广西融水整垛，卵石柱础；（c）湖南耒阳小水，卵石柱础；（d）湖南邵阳城步，卵石柱础；（e）湖南耒阳小水，商店门口的"柱础"；（f）香港天心码头，钢柱与地面的混凝土底座；（g）日本若林广幸设计的邸园怪诞大厦的金属柱与乱石础；（h）坂茂L形房屋，纸管下以金属管与地面交接；（i）（j）Simon Velez的竹建筑，以卵石或金属承台为础收束

资料来源：（a）～（f）作者自摄；（g）若林广幸. 邸园怪诞大厦［J］. 建筑师，1996（10）：封三；（h）坂茂L形房屋，引自：坂茂. L字形纸管建筑［J］. 新建筑（日本），2006（1）：148；（i）（j）http://www.koolbamboo.com/.

图5-13　同一原理不同做法形式举例：压顶

（a）长沙黄泥街的临时市场，墙头以波纹板压顶防水；（b）长沙府后街民居，以石棉板压顶防水；（c）南宁陈村民居，用红色脊瓦为多孔砖砌筑的砖墙压顶；（d）Wilhelmshaven的民居石板压顶；（e）长沙太平街传统民居的片瓦脊压顶；（f）深圳第五园钢压顶

资料来源：（a）~（e）作者自摄；（f）邓翔宇摄。

5.1.2　自然与人文因素的约束

自然与人文因素及其子因素，相互影响，关联错综复杂，是造就建筑地域形式各异、变化丰富的主要原因。气候、地形、文化、经济等宏观因素的共同作用会对建筑地域性产生影响，已经得到广泛共识，亦是本研究论述的基础之一，此处不再作分析。本节之中，拟对两个被忽略的话题作简单阐释。

其一，应当观察形式与目的不对应所带来的多样性。形式与目的不对应，是地域建筑形式变化多样的另一层原因，5.2.2将结合自组织原理深入探析形式与功能分离的观点。形式与目的不存在一一对应的关系：相同原因之下，可能有多种形式发生，即所谓"同等可取①"原则；同一类

---

① 在做经济、政治等决定时，答案往往不是唯一的，会出现多个"同等可取"的答案。这些答案各有优缺点，答案的选择与集体的态度模式有最密切的关系。参见：赫尔曼·哈肯. 协同学：大自然构成的奥秘［M］. 凌复华，译. 上海：上海译文出版社，2005：140.

形式背后，又可能隐含不同原因。建筑形式与地域也没有绝对的对应关系。"同一风土有不同的居住样式并存，不同的风土存在类似的居住样式的现象"。①因此，在考察气候、地形、文化、经济等因素对建筑形式造成的影响中，应该更加客观地看待形式与目的，分别考察原理与形式之间的关联，合理认知不同规律对建筑形式的限定。围墙防盗的做法各地各有千秋。为防止攀越，围墙上沿一般会设置尖锐之物。四川绵竹②地区有不同做法，各家各户墙头上会砌筑一垄片瓦脊，既能防盗，也可以保护墙体不被雨水渗透。无独有偶，唐山小山市场周围的民房，为防止攀越，墙头用的是一溜水泥预制花格窗。和四川绵竹墙头的片瓦脊一样，两种做法都装饰了墙体，同时使人无法攀越，相同的原理，不同的做法，实现了同一目的。墙体上砌筑瓦片和水泥花窗在其他地区也可以见到，但有些是墙体上阻断视线兼顾通风的做法。几种做法，形式上非常相似，只是压顶的位置不同，但各自应对的目标却大异其趣，相近的形式有不同的原因（图5-14）。

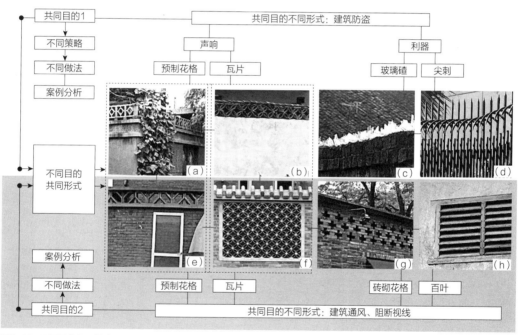

图5-14 不同目的相同做法，相同目的不同做法举例
（a）唐山小山片区城市居民自建房的预制水泥花格防盗；（b）四川绵竹市民自建房的防盗；（c）湖南耒阳小水的农宅防盗；（d）香港某住区的防盗栏杆；（e）北京某小区的外墙；（f）北京清华园围墙；（g）四川成都宽窄巷子；（h）广西贵港

自发性建造中，同一问题即便解答方法有多种，一定地域内的建筑也会趋同③；不同地区，相似的做法往往产生的原因又各不相同，"叶徒相似，其实味不同④"。具体原理在5.2中详细解释。

---

① 胡惠琴. 世界住居与居住文化［M］. 北京：中国建筑工业出版社，2008：27-29.

② 我们在沈阳周边县市考察也曾经看到过类似的做法。具体目的没有询问当地人，不好妄下结论。

③ 参见5.3.1.2和5.3.3两小节的论述。

④ 语出《晏子使楚》。

其二，诸限定要素对建筑形式的限定有层次。高层次的限定因素，应对更为广泛的地域特征，对下一层次要素引发的特点有限定作用[1]。仅仅强调层次较高的因素，地域的概念过于宽泛，建筑形式的划分过于笼统，无法得到具体的地域特征。自然因素相对持久稳定，影响范围相对广泛，本研究将其作为相对宏观的元素进行对待；文化背景其次，较为具体地区别了建筑的地域性；社会、经济、技术等因素，更加具体地限定了建筑形式的选择，是更加细致的层次划分（参见图5-2）。层次的等级不是绝对的，但要素的层层细分是建筑地域形式丰富的原因之一。从这个划分层次可以看到，简单地去谈"形式追随气候"过于笼统，必须进一步结合低层次的要素进行分析，增加限定条件，对可能的策略进行细分[2]。

图5-15 高柱础
（a）湖南郴州桂阳阳山村，油布包裹的柱础实际是为了防止飘落的雨水侵蚀柱身，原理同高柱础；（b）湖南郴州桂阳阳山村，高柱础；（c）湖南耒阳毛坪村，高柱础；（d）湖南邵阳城步桃林3组，新建农宅的高柱础；（e）湖南耒阳小水镇，商店门口的"高柱础"；（f）湖南耒阳小水镇，作坊门口的"高柱础"；（g）（h）Simon Velez的竹建筑的高柱础
资料来源：（a）~（f）作者自摄；（g）（h）http://www.koolbamboo.com/large_structures.htm.

---

① 卢健松，朱永，吴卉，等. 洪江窨子屋的空间要素及其自适应性 [J]. 建筑学报，2017（02）：102-107. 本书讨论了低层级的要素对高层级做法的修正作用。

② 观点可以比较：单军. 建筑与城市的地区性 [D]. 北京：清华大学建筑学院，2001：9；陈晓扬. 基于地方建筑的适用技术观研究 [D]. 南京：东南大学，2004：102. 中关于文化调试的观点。

图5-16 山墙通风
（a）湖南城步桃林村农宅的砌上露明；（b）湖南凤凰农村多孔砖的山墙通风；（c）南宁某菜市场的侧向通风；（d）南宁某村落休闲中心

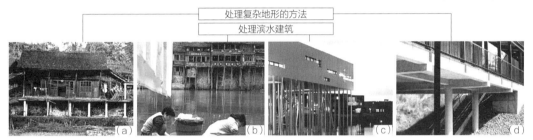

图5-17 吊脚楼的本质是对地形的协调
资料来源：（a）作者摄于城步；（b）王路摄于凤凰；（c）Aluminium Centre，位于Houten，引自：CAMBERT M. Top Young European Architecture [M]. Barcelona：Prgeone，2006：20-31.；（d）Durham小学，引自：Kierantimberlake. Durham Lower school [J]. 世界建筑，2005，178（4）：40-47.

　　超越地域、时间、社会等级的限制，认识处理材料、构造问题的基本原理，是探讨材料、形式转换的基础（图5-15～图5-18）。建筑的地域性是建造者根据各自资源、资金条件对基本法则的运用，对自然、地理条件的回应。尊重建筑的基本原理，明确所面临的自然、气候因素的限定，可以结合经济、技术的发展，以及资源的配置情况，在不损害建筑的地域性的前提下，对建筑形式进行创造、对材料进行替换、对构造及做法进行改进（图5-19）。

图5-18 湖南凤凰沱江边的小贩
功能一致，形式相似，材料更新，构造不同。老者戴的伞形遮阳帽与当地妇女戴的传统斗笠在一定程度上诠释了建筑地域性的原理。无所谓传统与现代、保守与创新、简陋与奢华

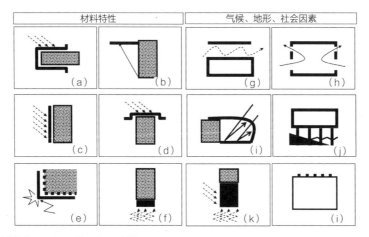

图5-19　本书案例中的普适原则及理性要素原理总结

（a）梁头防护，本质是防水材料保护易腐结构构件；（b）斜撑，本质是细小构件解决出挑问题；（c）外墙模式，本质是防水材料保护易腐维护构件；（d）压顶：本质是防水材料从顶部封堵墙体材料；（e）护角：本质是坚、韧材料防护易损维护材料；（f）矮柱础：本质是隔绝地面潮气，保护结构构件；（g）凉亭模式：核心是用屋顶通风解决湿热问题；（h）山墙通风：主要是利用热压，利于通风；（i）暖房模式：核心是蓄热材料和阳光房的组合；（j）吊脚：主要解决复杂地形上的建筑；（k）高柱础：核心不仅在于隔绝潮气，还在于防止雨水冲刷柱子底部；（l）防盗：顶部用松散的结构形式，不易攀爬

5.1.3　非理性因素的重要作用

　　非理性要素是本书关注的焦点，后文将详细论述在各自独立的单体营建中，随机产生的非理性因素如何影响建筑地域性的生成。本小节对其所涵盖的内容作简要分析。非理性要素的影响主要包括反理性的要素和随机性[①]因素两类。

图5-20　华容农民住宅坡屋顶的加建

---

①　乔舒亚·雷诺兹（Joshua Reynolds）在1786年12月11日的演讲中，强调过"偶然性"因素的重要性，但似乎是从美学角度对单调刻板设计的回应，参见：汉诺-沃尔特·克鲁夫特. 建筑理论史——从维特鲁威到现在［M］. 王贵祥，译. 北京：中国建筑工业出版社，2005：183.

　　反理性要素是指，局部地域在某些特定环境之下对某些违背建造规律的因素的推崇。反理性要素的产生，可能是对某个因素的过分推崇，比如对经济利益的过分追逐；也有可能是某个阶段，对建造过程中某些制约因素认识不够、尊重不足。不论哪一种情形，这些反理性因素引发的一致性都是暂时的，但反理性要素也有传播的可能性，可以反映特定地区特定时间段之内的地域特征。随着时间推移，反理性要素所带来的结果会被逐渐修正、补救，建筑群落获得新的建筑地域性。前文曾经论述过湖南华容的农民住宅，为了造得更像"城里房子"而不约而同地采用了平屋顶模式，这种反理性的思考曾经主导了当地农民住宅的建设；2005年之后，这些房屋又逐渐加建了坡屋顶，当地建筑群落形成了新风貌。

　　随机因素可分为两个方面内容：1）对"同等可取"策略的选择；2）对构件具体形式、装饰手法的选择。随机性要素引入建筑地域性的研究，质疑了气候、地理、人文因素与建筑形式之间的理性关联。但随机性要素的存在，并不意味着聚落内的建筑形式将会变得杂乱无章。在系统演化过程中，通过单体之间的自组织，随机要素也会趋同，凸显出一定地段内较为具体的建筑地域性。

　　随机因素引发区域内建筑特征的趋同，体现了偶然因素对建筑地域性的推动。随机因素首先通过短程通讯得以在区域内传播，得到局部认同、模仿之后，形成小的风貌核。"成核"之后是更大规模的模仿与趋同，在"从众"心理的支配下，越来越多的建筑采用同一模式来建造，形成地域特性。沈阳农村入口之外的"塑料暖房"，冬天能使入口避寒风，得阳光；暖房内的热空气与室内空气交换之后，能提高室内气温，被动式采暖效果好。2000年前，这样的构造还并不多见，近几年却成为辽宁农村冬季比较普遍的景象，好的建造经验会得到较为迅速的传播[1]（图5-21）。实质上，与气候、地理以及文化的影响相比，偶发因素更具创造力，是推动建筑地域性特征随时代、技术进步的动力。这种阐释方式中，建筑师对个案的推敲显示出社会价值。作为偶然介入的外来因素，倘若方式巧妙、技术合理，建筑师的智慧也可以成为当地建成环境更新的推动力。

图5-21　本溪农村住宅入口的"塑料暖房"
（a）辽宁本溪农宅1；（b）辽宁本溪农宅2

---

① 以上，整理自辽宁凤城规划设计研究院宋主任的介绍。

5.2　自发性建造的自组织属性解析

　　前文通过对建筑地域性生成过程中限定因素的分级，阐释了诸要素层层限定、逐层深入的模式。本节将进一步结合自组织原理，解析自发性建造的规律。自组织系统表现形式多样，功能特征也不尽相同，但复杂系统一般的模型框架却具有共同属性。根据保罗·西利亚斯在《复杂性与后现代主义——理解复杂系统》中的阐释，自组织系统的一般属性包括如下七个方面[①]。

　　1）系统的学习与记忆。"学习"是系统复杂性增长、适应环境能力增强的途径；"记忆"是系统维持自身稳定性的前提；"遗忘"与记忆相对，是系统信息整合、适应环境变化的必要能力。

　　2）系统发展非线性。复杂系统的"系统组成之间、系统与环境之间具有相互作用"[②]。系统中大量要素之间的交互影响、系统要素与环境的交互影响，导致系统的演化过程与结果都具有非线性特征。

　　3）结构的动态适应。系统的内部结构可以动态地适应环境变化，即便这些变化没有规律。

　　4）结构功能不对应。系统的结构与功能并不一一对应，系统的功能由系统与环境之间的关系决定。[③]

　　5）单元间的短程通讯。不可能对自组织系统以粗糙的还原主义加以讨论。因为微观单元并不"知道"大规模的效应，同时这些效应是以集体的方式展示出来，不包括任何除了这些微观单元之外的东西。因此对系统的种种"层次"不可能独立地加以描述。

　　6）系统的特征涌现。自组织系统具有这样的属性：作为整体的系统不可能只通过分析其组分而得到理解[②]，自组织系统的特征是充分大量子系统作为一个整体的性质"涌现"。

　　7）系统结构非先验。不由外部条件所决定的，是系统与环境相互作用的结果。发展过程中大量的分叉，以及随机性、偶然性因素的影响，导致系统结构不能提前预测。

　　作为复杂系统的基本属性，以上属性相互关联、互为因果。逐一进行阐释是为了行文方便，并不意味这些特征可以被条分缕析，互无瓜葛。其中部分观点，例如结构的动态适应与系统结构的非先验性，是对自发性建造开放性[④]特征的进一步解读，解析开放性现象背后的自组织原理；另一部分观点，例如系统的学习与记忆、功能结构的不对应是对传统建筑学观点的补充；其余观点，短程通信以及特征涌现，阐释了系统共性特质自发生成的过程，是对地域性特征生成机制的原理解析。系统发展非线性在第4章第2节做过解析，此不再赘述；短程通讯以及特征涌现在下一节生成机制的探讨中专门论述。本节重点在自组织框架下对自发性建造群落做进一步解析，探讨

---

① 保罗·西利亚斯. 复杂性与后现代主义——理解复杂系统［M］. 曾国屏，译. 上海：上海译文出版社，2006：126-128.

② 同上：148.

③ 曾国屏.自组织的自然观［M］. 北京：北京大学出版社.1996：96.

④ 参见本书第3章。1）存在的广泛性；2）表现多元性；3）实施开放性。其中建筑单体在形态、规则、时间、参与者等方面的开放性是本质特征。

了记忆与遗忘、形式与目的分离、结构动态变化等状况，阐释地域特征为何不是地理、气候、人文因素下的必然产物。

5.2.1　记忆与遗忘

5.2.1.1　系统的记忆与遗忘

"记忆"与"遗忘"是自组织系统保持稳定，同时适应环境的能力。其中，"记忆"是系统维持自身稳定性的前提；"遗忘"与记忆相对，是系统整合信息，适应环境变化的必要方法。

记忆使系统获得历史。作为一个进化中的系统，相对其自身的进化是自参考的。这种展开不以随机无序的方式，而是以相干进化的序列进行。"一个自组织系统总是具有历史的，这种历时性因素在对于系统的任何描述中都不能忽视，因为系统先前的状况会对现在的行为产生至关重要的影响[1]。"自组织系统学习和记忆的能力，是系统保持相对稳定并且求得发展的前提。由于必须从经验中"学习"，系统需要"记忆"先前遭遇过的情形并将之与新的情形比较。通过记忆，自组织系统累积历史信息，保持自身结构的稳定性。没有某种形式的记忆就不可能有自组织，没有记忆系统就只能像镜子一样对环境做即时性映射。

自发性建造的聚落中，被固化下来的信息有两类，一类是社会历史信息，建筑不仅见证历史的兴亡，而且沉淀大量的社会生活细节，建筑是石头的史书；另一类是当地建造法则、经验、形式，包括建筑的材料的选择、节点的做法、形式的偏好，等等，工匠的经验、民众自发性的创造也包含其间。"不抵制变化，记忆就是不可能的。"[2]在发展过程中，对原有的形式予以尊重，对固化在原有聚落体系中的"记忆"予以呵护不能简单地视作保守，关键是如何选择性地记忆与遗忘。

记忆与遗忘共存，没有某种选择性的遗忘，记忆也不可能存在。"复杂系统必须应付变化着的环境"，系统"必须能够贮存关涉环境的信息以备未来之运用，以及必须在必要的时候能够适应性地改变其结构"。[3]遗忘是一种整合，仅仅是堆积信息而"没有某种形式的整合，会使它没有意义"。但整合不是通过某种外来的决策"实施"，不能先验地决定，而是基于系统自身的组织过程。使用频率低的信息逐渐消退，为新的信息留出空间。这个过程不仅为记忆创造了空间，而且更重要的是，遗忘的过程"还为所贮存的模式的意义提供了度量"。一件东西被运用的次数越多，在记忆中的"表征"就越强烈。要么利用它，要么丢掉它。系统只有能够记忆和遗忘了，自组织才是可能的。[1]

5.2.1.2　自发性建造的记忆与遗忘

有选择地记忆与遗忘，是建筑地域性逐渐强化、缓慢变化的基础。使建成环境本身蕴含解决

---

① 保罗·西利亚斯. 复杂性与后现代主义——理解复杂系统［M］. 曾国屏，译. 上海：上海译文出版社，2006：127.

② 同上：137.

③ 同上：14.

地域问题的手段。固化下来的信息中，社会历史信息的延续是附加的；形式特征的延续更加显性、直观；材料做法的积累则更为本质。本小节试从材料的延续以及做法的积累中进一步举例阐释上述观点。

自发性建造中，一般会选取本地特有物产、资源作为建造材料。对材料的采集、加工、应用反映了当地民众建造的智慧。经过长期的演变，地方特殊问题的解决之道常常蕴藏其间。自发性建造系统通过局部单元的试错积累经验，好的做法将被传承、传播。历经一定时间历程聚集而成的自发性建造聚落系统中，包含了大量利用本土资源、应对本土环境的构造方法。解读这些信息，可以帮助建筑师学习、掌握地方性营建的基本知识，了解适应当地气候、地形条件的空间形式；适于当地审美习俗的尺度、比例；对当地材料物尽其用的做法。

我国南方多竹，福建工匠可以用竹绑扎出大跨度的构筑物。这些轻巧的大跨度竹建筑被用于砖场、煤窑等处，通过工匠的传播广泛分布于我国南方地区[①]。这些技艺是对南方竹子特性的充分挖掘，可以利用简便的施工技艺，充分利用竹子的弹性与韧性，用细小的竹竿建成跨度在24米以上的结构。经过经年的积累、修正，结构形式几臻完美，每根细竹的位置几乎都不可增减。而且，通过大小组合、外加雨披等构件形式的变化，这些简陋的竹建筑可以变得更加实用美观。

从对比的案例中可以看到（图5-22～图5-24），尽管梅赛德斯住宅同样用了竹子，但材料尺寸、联结方法、造型语汇与福建竹棚大为不同（表5-2）。而台湾建筑师黄声远在宜兰三星乡集庆村一处办公场所公共空间上搭造的巨大凉棚，则明显延续了这些竹棚的形式特征，尽管材料不同，但形式上颇多相似之处。大量实践在自发建造的过程中被沉淀、积累，"材料—构造—环境"相互之间的制约与启发以最简练的形式被物化。

竹棚的比较   表5-2

特征分类	我国南方煤场、砖场的竹棚	梅赛德斯住宅的竹棚
联结方法	绑扎法联结，充分保证材料强度	螺栓联结，节点精致，但损害了材料强度
材料粗细	用材小，杆件细，杆件通过绑扎在一起增加强度	对材料要求较高，杆件相对较为粗壮，粗细均匀一致
材料长度	杆件长度可以长短不一，可以短拼长	杆件长度一致，没有拼接
材料特征	充分利用柱子抗拉性强、弹性好、韧性好等特征	一定程度上利用了竹子的材料特征
造型特征	造型灵活，屋顶坡度可变	强调几何性，以嵌套的六边形为母题，屋顶坡度固定

① 卢健松，刘一琳，徐峰. 中国南方拱形大跨竹建筑的特征及应用［J］. 建筑学报，2014（S2）：1-6.

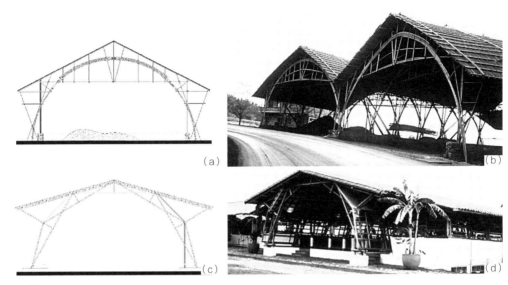

图5-22 竹棚与凉亭

（a）郴州竹棚立面逻辑；（b）郴州竹棚现场照片；（c）梅赛德斯住宅立面逻辑；（d）梅赛德斯住宅

资料来源：（a）（c）作者绘制；（b）作者摄于湖南郴州；（d）梅赛德斯住宅：Arian Mostaedi. 低技术策略的住宅 ［M］.
韩林飞，刘虹超，译. 北京：机械工业出版社，2005：134.

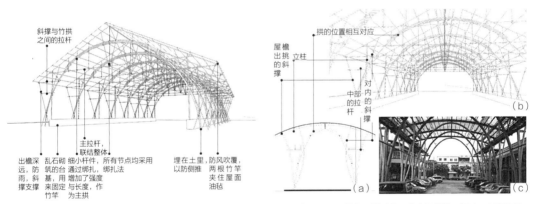

图5-23 大跨度竹棚的材料逻辑

图5-24 台湾建筑师黄声远搭造的巨大凉棚借鉴了福建工匠的智慧

（a）台湾建筑师黄声远所搭造凉棚的构造逻辑；（b）郴州竹棚的室内空间；（c）台湾办公建筑的凉棚

资料来源：（a）（b）作者绘制；（c）王路摄于台湾宜兰。

  作为群众建造智慧的集合，自发性建造中对具体材料的妙用，展现了对美质朴的追求，反映了建造与日常生活的紧密关联。由于针对了本地特有的材料组合，这些做法并不会被广泛地复制，对于地域性建造而言，这些现象展示了统一之下的微差，共性中的个性。它们不是规律，只是个案，但给予适当关注能帮助设计师认识生活、启发思维。

  遗忘与记忆同样重要。不同于文物建筑，自发建造的聚落（例如：历史文化街区）当中，历史并非是静止的，而是不断地在发展过程中被累积，被改写，被创造。聚落系统与时代同步发展的过程中，逐步积累应对外部环境变迁过程中产生的新经验、新知识。施工做法、形态符号、空间格局、材料色彩等都存在可能的更新或变化。合理淘汰旧方法与模式，能够促使建筑、街区更新，获得更大的开放性，产生更大的活力。但究竟存废何物，不能由设计人员或权力部门简单地决策，只有在系统运作的过程中，由时间、生活来筛选。

湘、桂两省交界处的苗族村寨，以穿斗的木构建筑为主，火灾袭来苦不堪言。在当地的调研访谈中可以切身感触到，木构建筑火灾很频繁，对当地人的物质、情感生活都造成很大的伤害。[①] 近几年来，当地村民建房逐渐在保留建筑格局、形式的基础上，以红砖、混凝土砌块为主要材料，逐渐淘汰木结构房屋。湖南城步桃林村3组的组长家，积攒多年，将1980年前后建成木楼的首层外墙替换为红砖，一家人对此颇为高兴，认为干净、耐火。20世纪90年代初期，清华大学单德启教授在广西融水整垛寨以木料换水泥、换资金，以砖混结构的房屋替代原有木楼的做法深得当地苗民的喜爱[②]（图5-25）。但也有与此相左的例子，一些地区为了塑造旅游环境，强行以行政命令，在刚刚烧掉的木楼基址上，让村民仍旧恢复木结构住宅（图5-26）。为了在村口"打造"苗家乐，将建筑外墙上强行贴上仿木的瓷砖（图5-27）。这些通过指令强行留住某种材料、某种工艺的方法，即便维护了貌似统一的聚落形式，本身是不稳定的；即便塑造了某种地域风情，这种统一性也与自发地域性观念相左。

图5-25　广西融水苗族农村住房，材料的更替与形式的延续
（a）融水苗族农村住房材料的更替；（b）近景

图5-26　材料的刻意延续与合理演进
（a）广西三江火灾后仍旧新建的木楼；（b）广西融水，木料换水泥的整垛改造

---

① 2006年4月，作者在广西三江地区调研时，也看到火灾之后的村寨重建；2008年11月，在广西融水翁义寨调研时，曾遇到几户出马的人家，原住在20里外的马家村，3个月前的大火烧掉了全寨20多栋房屋，原因可能是电线老化。当地人下田劳作，会带上所有的存款积蓄。一位20岁出头的小马，在深圳打工数年存下的两万余元的积蓄，用于老宅修整，一夜之间化为乌有，谈及此事，抱头痛哭，苦不堪言。

② 单德启. 融水木楼寨干栏民居的改建 [Z]. 北京：广西壮族自治区城乡建设委员会，清华大学建筑学院，1992.

图5-27 材料的自发演进与刻意延续
（a）湖南城步桃林村村民建房，用红砖替换木板；（b）镇政府指导修建的苗家乐用仿木地砖贴面，装饰砖柱

　　材料、构造、形式上交错的学习、记忆、遗忘，构成了街区、村落整体上的自发渐进的更新过程。系统中各组分各自与环境交换信息、能量、物质，改变了建筑的材料、结构、形态。基于各个元素协同、竞争的更新历程，确保了系统稳定且有变化地成长。与外来指令强加的刻意保护相比，这种基于系统本身的记忆与遗忘的整合过程无疑更有生命力。在历史街区、传统村落改造中，强调形式的、涂脂抹粉的设计往往收效甚微，借助政策、经济手段进行引导的策略却能得到好的效果。急功近利的、大规模、整体式的改造往往难以达到预期的目标；长周期、小规模、渐进式的策略反而能取得好的成效。规划上难以企及的目标，有时却在自发性的集体选择中得以悄然实现。

5.2.2　形式与功能的分离

5.2.2.1　形式与功能的分离

　　对于自组织所形成的系统，功能不能预设。"自组织过程不可能是由实施某种功能的企图而推动的。更确切地说它是某种进化的结果，系统如果不能够适应更复杂的环境，便不可能生存。"[①]"功能"的概念暗含了目的性，在特定目的下形成的系统，引入了系统生成的外部理由，因此，功能可以预设的系统并非自组织。

　　对于自组织系统，功能在形式与环境的互动关系中获得。"由于非线性的相互作用，一些意义或功能是通过上下文体现的。[②]"在结构与功能之间，"系统的结构是系统内部组成要素之间的相对稳定的联系方式、组织秩序及其时空关系的内在表现形式的综合；功能则是系统外部环境相

---

① 保罗·西利亚斯. 复杂性与后现代主义——理解复杂系统［M］. 曾国屏，译. 上海：上海译文出版社，2006：128.

② 约翰·霍兰. 涌现：从混沌到有序［M］. 陈禹，译. 上海：上海译文出版社，2006：扉页.

互联系和相互作用中表现出来的性质、能力和功效……系统的结构成为系统具有一定功能的内部原因，而系统的功能则与系统外部条件直接有关，条件不同时系统就可能表现出不同的功能"。[①]结构是相对稳定的要素；而功能则随着环境的变化会发生变化。例如：鱼鳃中作为活动联结装置的三块骨头演化到后来，就变成了使爬行动物能把嘴张得很大的颚，再后来又演化为哺乳动物内耳的联结装置。这三块骨头虽然随着时间的流逝保存下来，但所处的环境不同，功能也不同。

5.2.2.2　自发建成环境的形式与功能

"对我们来说，一件艺术家的作品没有它本身的价值，没有它自身的用途，也没有他自己的美。它只是在与之共同存在之物的关系中才获得这一切的。"[②]作为一种普遍原理，功能与形式的分离也体现在建成环境的各个层面。

以湘西古城凤凰为例，当宏观经济环境以及周边交通环境改变之后，原本安宁的小山城变成了喧嚣的旅游区。城市的格局和形式基本没有发生变化，但由于外围环境变化了，城市功能发生了变化，从"边城"转型为中国知名的旅游城市。这个背景中，在城市内部空间格局不变的情况下，街区功能发生重组。被评为我国历史文化名城之后，凤凰的客流量猛增，城市功能分区发生了变化：临江的住宅自发地转变成酒吧；沿主路的住宅变为商铺；背街的民居则挂起了小酒店的招牌。这个过程中，单体的形式也未发生大的变化，但自发地承担了许多新的功能（图5-28）。单体自发的功能转型，不但改变了古城的城市功能，实现了苗疆边城—居民小镇—旅游小镇的功能更替，而且自动重新划分了内部的功能组成与分区。整个过程由外部环境的变化引发，但变化过程是自发的、自下而上的。在建成环境空间结构、形式不变的前提下，实现了功能的转变，功能和形式一定程度上是可分离的（表5-3）。

形式与功能分离的体现　　　　　　　　　　　　　　　　　　　　　表5-3

分类与描述			变化的主导诱因	举例		
自发性建造：使用更灵活，变化更频繁，开放性更强	空间层次	建筑群落	时易境迁，功能变化很常见	历史街区	多功能转换	
		建筑物，房间等具体空间	使用者、环境的不同，引发功能变化	堂屋	多功能转换，详参4.3.2.3	
				自发建造当中的空间"异用"，详参4.3.1.2有关内容		
		建筑构件、器具、家具	空间位置改变，诱发功能转变	多孔砖	防虫篦	香炉等
				矿泉水瓶	多功能转换	
建筑师根据特定功能设计的房屋			世易时移，也有功能转型的可能	泰特美术馆	电厂	美术馆
				住吉长屋[③]	住宅	工作室

① 曾国屏. 自组织的自然观 [M]. 北京：北京大学出版社. 1996.95.

② El Lissitsky的观点，转引自：戴维·史密斯·卡彭. 建筑理论 勒·柯布西耶的遗产——以范畴为线索的20世纪建筑理论诸原则 [M]. 王贵祥，译. 北京：中国建筑工业出版社，2007：264.

③ 安藤忠雄设计的住吉长屋在建成时，主人生了一对双胞胎，原有的设计不能满足新的需要，安藤忠雄索性自己买下这处房产，作为自己的工作间。

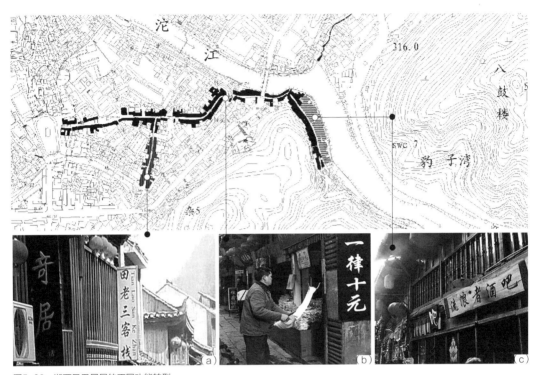

图5-28　湘西凤凰民居的不同功能转型
（a）竖条纹，小旅馆分布区域；（b）黑色，商业主要分布的区间；（c）横条纹，酒吧街

在更低的空间层次上，自发性建造中形式与功能分离的例子更多。在实际应用中，原有的功能预设不会束缚生活的想象力与创造力。家具、器具、构件、材料脱离原有功能设定得到异用的案例比比皆是。长凳变化为跷跷板，其形态的特性被发掘（图5-29）；常见的多孔砖，其多孔轻质的特征被充分利用，可以是过梁支模时的支撑、阳台的透空花格、门前祭祀的香炉、变压器的防虫篦、古旧大门的配重（图5-30）。

图5-29　长凳跷跷板
（a）广西三江用长凳搭成跷跷板；（b）湖南城步桃林的长凳

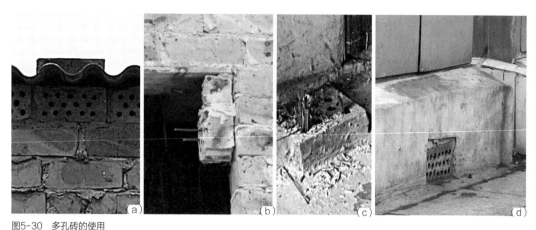

图5-30　多孔砖的使用
（a）通风孔，广西南宁；（b）过梁支模，广西南宁；（c）香炉，广西南宁；（d）变压器的防虫篦，湖南长沙

　　值得注意的是，系统的功能一定程度上还是会受到形式的约束。功能与结构的分离具有一个域度，有一个变化的范围。环境变化时，能充分促使结构某个方面的特性得到关注，从而促成新功能的产生。系统结构、环境的属性、系统与环境的关系三者共同决定了系统的功能，结构与功能的关系是内因与外因的关系。"系统的结构成为系统具有一定功能的内部原因[①]"，而环境是诱发功能产生的外因，结构与功能体现着"内因和外因的关系[①]"。

　　因此准确来讲，功能与形式的关联不是一一对应，而是多对多：一种结构形式对应数种可能的功能变化；同一种功能可以由数种不同的结构形式来完成。一个塑料饮料瓶，其光滑、柔软、透明、防水的特性，使其在实际生活中的用途，远远超过"装盛液体的容器"这一功能预设，它可以是装饰物、塞子、减震器、花盆、防水罩等，不一而足。其中也不乏在建筑上的应用，用来防护出挑的梁头，使其免受淋漓之苦，是很巧妙的构思；作为卫星天线的防雨罩，在整个湘中、湘南地区都很普遍（表5-4，图5-31）。

　　对于建筑地域性的思考，形式与功能分离的观点亦有价值。建筑的形式与功能关系之辩是建筑学领域长期争论的话题。现代建筑理论的发展中，"形式追随功能"还是"功能也可以是形式的追随者"一直是争论的焦点[②]。在自组织理论的框架之下，形式既非由功能决定，亦非由气候决定，二者之间不存在必然关联。我国北方民宅多硬山，出檐小，是为接收更多的阳光，适应寒冷的气候；中部地区的房屋多悬山，出檐深远，是为了适应多雨的气候；再往南，民居复为硬山多，出檐小，是为了防止台风吹覆屋顶而采取的措施。相似的形式背后，是各自不同的原因，以应对不同的气候特征。

① 曾国屏. 自组织的自然观［M］. 北京：北京大学出版社，1996：96.

② 汉诺-沃尔特·克鲁夫特. 建筑理论史——从维特鲁威到现在［M］. 王贵祥，译. 北京：中国建筑工业出版社，2005：324.

矿泉水瓶形态与功能的分离 表5-4

序号	地点	用途	防水	柔软	光滑
1	大量可见	作为装水的容器	●		
2	北京奥运会场	装饰			●
3	湖南长沙某小区	作为门禁的缓冲件		●	
4	湖南华容农村	防护露出的木梁头	●		
5	湖南长沙街头	2008年1月大雪破坏候车亭之后，防止水流入金属立杆内的塞子	●	●	
6	广西南宁郊外码头	防止水流入竹竿的盖子	●		
7	湖南长沙某小区	烟囱外盛接油污的器具	●		
8	湖南耒阳毛坪村	卫星天线接头防护的罩子	●		
9	四川绵竹南轩幼儿园	帐篷锚固铁件的防护件，防止小朋友摔倒划伤			●
10	四川绵竹绵竹中学	套在竹竿上，以免竹竿穿透防晒网			●

注：严格来讲，1～5项的形态完全一致，保持了水平的完整形态；后面6个例子的形态是一致的，截去了瓶子上部的圆锥形部分。

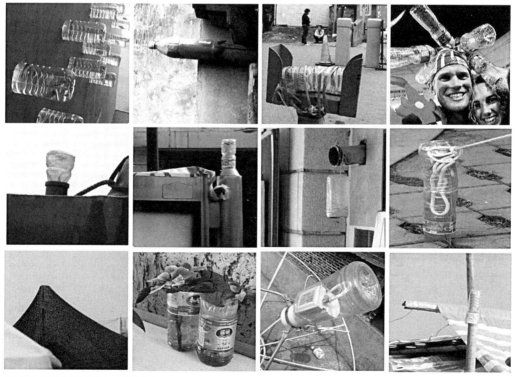

图5-31 矿泉水瓶的形态与功能的分离

资料来源：奥运图片来自《三联生活周刊奥运特辑》封面。

5.2.3　结构的动态适应

结构的动态适应进一步阐释了自发性建造中的形态开放性。

5.2.3.1　动态适应的范畴

前文论及形式与功能的分离并非完全随意，特定的系统所对应的功能是一个范畴，超越范畴的功能诉求，结构亦无能为力；当环境变化较大，功能拓展较多，结构需要进行调整以动态地适应变化，结构变化本身也有一定范畴。

调整内部结构，动态地适应环境是系统生存发展的基本能力，也是普遍的建筑现象。变化的形式与幅度既与环境变化的幅度范围相关，也与建筑本身的性质相关。当环境变化较小，所带来的影响可以被"容纳"，那么不需对建筑作额外的调整，仅利用原有设备、构件的变化就足以应对环境变化；当环境变化增大，所引发的涨落超过建筑现有"容纳"能力，则需要对现有的建筑结构进行调整；环境变化过大，远远超过建筑的"容纳"能力，调整也无法适应需求，建筑将被拆除重建，原有的结构被彻底破坏（表5-5，图5-32）。

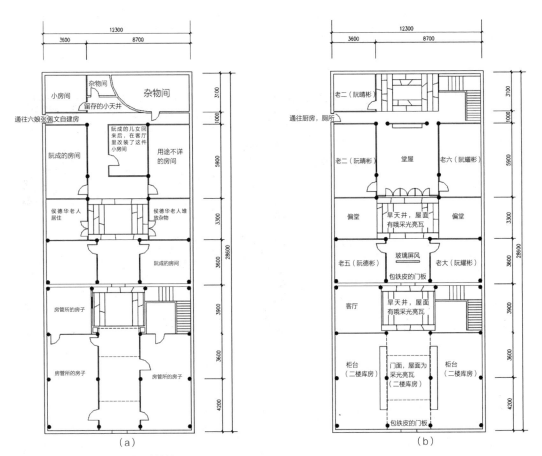

图5-32　结构适当调整以适应需求的例子

襄樊陈老巷42号新中国成立前后的平面对比。襄樊陈老巷42号阮家大院原本是前店后宅，现全是住宅。（a）现状图片；（b）历史平面复原

动态适应性的应对方式   表5-5

环境的变化幅度	建筑可能的变化			变化举例
环境变化较小，所带来的影响可以被"容纳"	不需对建筑作额外的调整，利用原有设备、构件应对环境变化			天气变化，开闭窗；光线变化，开关灯；调整家具位置的摆放，等等
	建筑的形式对不同功能的容纳能力			农村住宅中堂屋的多功能使用，参见本书4.3.2.3
环境变化较大，超过建筑"容纳"变化的能力	需要对现有的建筑结构进行调整	客观变化	可预期	气温、日照、风向、湿度的变化
			难预期	相对区位的改变
				经济的发展
				人口的增加
		主观变化		生活方式的变化
				对环境认知的加深
环境变化过大，远远超过建筑的"容纳"能力	调整也无法适应需求，建筑将被拆除重建，原有的结构彻底破坏			老房子的拆除重建

5.2.3.2 自发性建造的动态适应

与庄严华美的公共建筑相比，自发性建造的调整结构不需要外界的指令，可以更自发、即时、动态地适应变化。建筑对环境的适应能力，与其尺度、规模、质量、设施，以及结构形式、技术条件、资金投入等因素相关。尺度大、规模大、等级高、建筑质量好、设备好的建筑适应环境的能力强，对环境变化反应小，变化周期长。大型现代建筑通过设备调节冷、暖、干、湿，使建筑的室内环境符合人体需要。而简陋的建成系统，缺少相关构件设备的支持，为了适应环境变化，只能通过结构的变化来实现相对稳定的内环境。表5-6是较为极端的例子。为了给移栽后脆弱的树木一个相对恒定、舒适的环境，随着气温、日照以及降水情况的变化，半年之中，寒来暑往，为树木搭建的棚屋不断变换自身的结构。

引发房屋动态变化的环境因素很多，主要有温度、湿度变化，相对区位改变，生活方式变化，人口的增减，等等。这些因素当中，长期的、重复出现的因素，例如一年之中日照、气温、季风的变化，容易得到预期，可以在建造过程中给予考虑，通过增加一些特殊的、可变的构件增强建筑的可变性，加强建筑对外部环境变化的适应能力（图5-33）。一些偶然性因素，如新道路的修建、新市场的开业、城市外来人口的激增、生活方式的改进、经济水平的提高等则难以预期。对于这些情况，建筑应采用合理的结构形式、灵活的布局形式，以更开放的姿态迎接不可预知的挑战。我国传统的可增殖的院落布局模式；框架的、可灵活分隔的、可延伸的单体模式，都体现了一种主动面向未来的开放式思路。

自发建造的房屋通常规模小、尺度小、设备少，需要不断地改变自身的结构以适应环境的变化，对环境的变化反应灵敏。当然，自发性建造本身的形式也易于结构的调整，能更灵活、更迅速地应答环境变化；它们所聚集而成的群落能以更开放、更自由的方式与环境融为一体，体现出源于生活的、变化着的地域性。也正因为有了这些变化，当我们把眼光专注在那些变化的构件，或加建、改建的部位上时，往往能更迅速、更贴切地把握一个地域正在发生的、变化着的地域特征。

移栽树木所搭建的棚屋一年中的变化　　　　表5-6

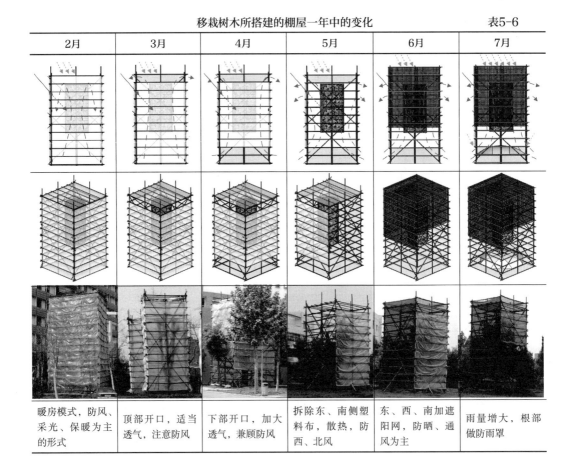

2月	3月	4月	5月	6月	7月
暖房模式，防风、采光、保暖为主的形式	顶部开口，适当透气，注意防风	下部开口，加大透气，兼顾防风	拆除东、南侧塑料布，散热，防西、北风	东、西、南加遮阳网，防晒、通风为主	雨量增大，根部做防雨罩

图5-33　传统民居的天井里遮阳挡雨的活动天井、活动幔布

（a）湖北民居里的活动天井；（b）安徽宏村天井里的活动幔布遮阳；（c）广西南宁朝阳溪边活动的东西向遮阳；（d）北京西苑早市的活动遮阳；（e）广西南宁市郊葡萄园的遮阳

资料来源：（b）～（e）作者自摄；（a）李晓峰. 乡土建筑——跨学科研究理论与方法. 北京：中国建筑工业出版社，2005：100.

5.2.3.3　形式的不可预测性

形式的不可预测性是前述各特征在系统演化过程中的集中体现。从以上的论述当中可以看到，记忆使得系统的发展有了基本参照，随后，有选择的遗忘、系统的动态适应性、结构形式分离等环节中，系统一步步走向开放，其具体形式也就变得越来越难以预测。"一个系统之所以被称为开放系统，正是因为它与它的环境保持着交换——特别是物质能量和信息的交换，还因为它是面向着新颖的、难预料的方向开放，面向着'新奇性'，正如我们后面这样称呼的。"[1]

所有建成环境都不可避免地在环境中逐渐变化、发展。经过设计的单体，或未经专业设计自发生成的建筑，都面临一个无法预期的最终形式。对解决问题手段的选择，实现共同目标的不同方法；在实施进程中，个人的偏好、禁忌等非理性的因素会使形态的演化走向越来越多的歧路，使得最终的形态无法预测。在图5-34中可以看到，此历程之中，形态演化路径的分叉点众多，形式不是理性推导的结果，而是由演化历程决定的。对于自发性建造，最初的原型就是历经各种选择与分叉的结果，因此，在后续的演进当中，形态更加无法预料[2]（图5-35）。

体验这种系统结构的非先验性，需要一个相对长久的视野。即便在严苛的集权统治与规划控制之下，随着时间的演变，形态完整的街区结构也会展现不同的形式。北京城市肌理的演变也是一个典型的例子。北京城用地划分与合院制度下"44步网格"构成了城市的基本模数。在这个共同遵守的制度下，北京旧城呈现出相当规整的城市结构。但具体到每一个地块，伴随着时间的发展，从元代大型合院建筑向明清小型合院建筑转化过渡的过程中，微观层面上，不同个体的需求仍然促成了灵活多变的街区肌理。即便在城市规划严格的框架之下，自发的城市营建活动使得城市形态仍然无法预测（图5-36）。[3]

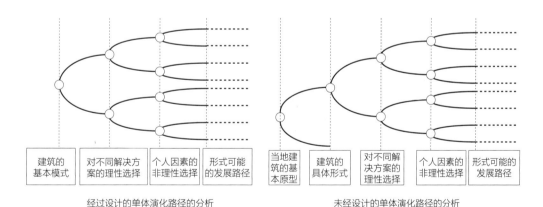

| 建筑的基本模式 | 对不同解决方案的理性选择 | 个人因素的非理性选择 | 形式可能的发展路径 |

经过设计的单体演化路径的分析

| 当地建筑的基本原型 | 建筑的具体形式 | 对不同解决方案的理性选择 | 个人因素的非理性选择 | 形式可能的发展路径 |

未经设计的单体演化路径的分析

图5-34　形态不可预测性的形成原理

① 埃里克·詹奇. 自组织的宇宙观［M］. 曾国屏，吴彤，何国祥，等，译. 北京：中国社会科学出版社，1992：39.

② 这也合理阐释了民居形式多样性的原因。

③ 李菁. 读《加摹乾隆京城全图》中的"六排二"与"六排三"［G］// 清华大学第165期博士生论坛论文集，2007：272-282.

图5-35 历时性的变化使得建筑的形态难以预见
（a）我国台湾地区某建筑经过反复加建的形态；（b）德国Wilhelmshaven改建居民楼，建筑师的加建也改变了建筑原有的形式
资料来源：（a）王路摄；（b）作者自摄。

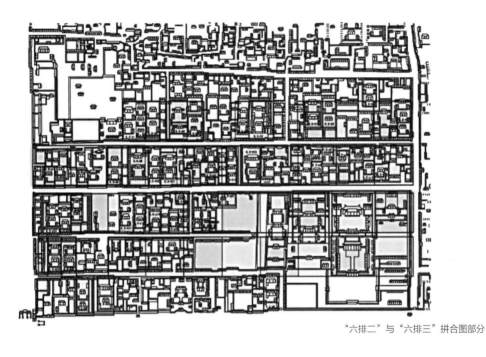

"六排二"与"六排三"拼合图部分

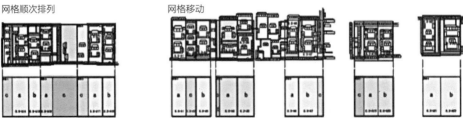

图5-36 《加摹乾隆京城全图》中的"六排二"与"六排三"
资料来源：李菁. 读《加摹乾隆京城全图》中的"六排二"与"六排三"［G］//清华大学第165期博士生论坛论文集，2007：272-282.

自发性建造中，这样的变化更为频繁。在更短的周期内，建筑被不断地修正、改进，建筑与街区的形态处于动态变换当中，形式很难预测。墨西哥城的圣乌尔苏拉殖民地（Colonia Santa Ursula），是居民自发建设形成的社区，单体变化的同时，街区也在变化。这些变化在宏观、微观层面的随机性都很强，整体形态不是设计师所能构想的（图5-37）。

尽管不能准确预见建成环境形式演化的最终结果，却可以对短期的规律，以及大致的路径进行预测。在不断增建、改建，丰富自身的形式，适应环境变化的过程中，演变并不随心所欲，在一定周期的演化过程中，某些特质会逐渐呈现出规律。这些规律在一定周期内逐渐稳定下来，成为一定地区内建筑的共有特征，强化建筑的地域性。对趋同和稳定的过程进行探讨，将揭示建筑地域性自发生成的规律，是地域性自发生成机制探讨的重点。

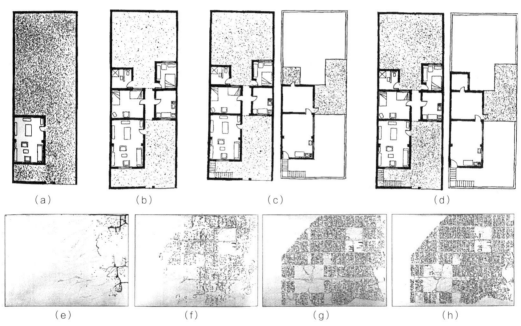

图5-37　墨西哥城圣乌尔苏拉殖民地单体、群落的演化
资料来源：HABRAKEN N J.　The Structure of the Ordinary：Form Control in the Built Enviroment［M］.　Cambridge，Massachusetts：The MIT Press，2000：105，304，305.

5.3　建筑地域性自发生成机制探讨

与传统建筑地域性研究相比，本研究对建筑地域性生成机制的阐释将重点关注：1）影响建筑地域性生成的非理性、随机、偶发因素如何在演化过程中，逐渐赢得共识，并成为一定地区内建筑群落的共同特征；2）独立决策的单元，在一定周期的演化后如何取得统一共识，建筑群落如何获得统一特征。讨论以自组织原理中的短程通讯和特征涌现两个原理为框架展开。

5.3.1　短程通讯

5.3.1.1　短程通讯

　　系统中单元并不了解整体的状况，也不明了聚集起来将会产生什么样的规模效应。单元仅对自身以及周边的信息产生反应，并没有共同的目标。每个单元在决定自己的对策和行为时，除了参照自身的状态以外，通常只是了解与它邻近的单元的状态。单元之间通讯的距离比起系统的宏观特征尺度要来要小得多，而所得到的信息往往也是不完整的、非良态的。师汉民先生在《从"他组织"走向自组织——关于制造哲理的沉思》中以单元自律、微观决策、并行操作①进一步阐释了短程通讯，描述了自组织系统中单元的行为模式。

　　1）单元自律：自组织系统中的组成单元具有独立决策的能力。在"游戏规则"的约束下，每一个单元有权决定它自己的对策与下一步的行动。

　　2）微观决策：每个单元所作出的决策只关乎它自己的行为，而与系统中其他单元的行为无关，所有单元各自行为的总和，决定整个系统的宏观行为，自组织系统一般并不需要关乎整个系统的宏观决策。

　　3）并行操作：系统中各个单元的决策与行动是并行的，并不需要按什么标准来排队，以决定其决策与行动顺序。

　　"短程通讯"与"信息共享"的观念对照起来理解更为清晰。自组织当中，信息共享是指系统中每一个单元都掌握全套的"游戏规则"和行为准则，这一部分信息相当于生物DNA中的遗传信息，为所有的细胞所共享。短程通讯和信息共享两个方面，更清晰地描述了自发性建造的基本状态。自发性建造中的单元共同受气候、区位、文化背景、技术条件、宏观经济的影响。这部分信息，对于同一群落中的个体而言都是一致的，没有差异，是群落营建中共享的信息。在这个背景下，每一个家庭都是以各自的经济、人口、个人生活习惯、审美情趣为依据（单元自律），同时受基地地形、资源、邻里关系的约束，自主地决定房屋的高度、形状、色彩、布局（微观决策）。营造可以各自为政，单独进行，各个单元的营造并没有特定的先后次序（并行操作）。

5.3.1.2　地域建筑的相似性与差异性

　　信息共享和短程通讯很简练地概括出自发性建造的过程与依据。"信息共享"阐释了环境作为一个整体如何对聚落中各个建筑共同作用；而"短程通讯"则解读了各个单体建筑之间的协同与竞争。前者造就了自发性建造群落的统一性；后者在更微观的层面上确保了群落单体的多样性。前者阐释了建筑地域性的基本原则，形成了模式；后者则具体在操作层面上，将微观尺度的影响因子融入单体设计中，阐释了模式之下的变异。正是有了信息共享、短程通讯，建筑的地域

---

① 一般系统的自组织特征，以师汉民先生观点为参考。师汉民. 从"他组织"走向自组织——关于制造哲理的沉思［J］. 中国机械工程，2000，11（2）：80-85. 张勇强在其博士论文中引用师汉民先生的观点，可参见：张勇强. 城市空间发展自组织研究——深圳为例［D］. 南京：东南大学. 2003：24.

性方才展现出层层套叠的相似性、差异性（表5-7）。

建筑地域性相似性与差异性的形成　　　　　　　　　　　　表5-7

分类	同与异的套叠		模式的深入			案例
信息共享	相似性		模式形成	环境对聚落中各个建筑共同作用；同一条件下，可能产生多种应对模式		
短程通讯	差异性	相似性	模式选择	建筑形式的选择		湘南屋顶上人做法与建筑形式
			模式的丰富	细节做法	邻里间的模仿　做法的流传、延续	华容农宅楼梯的位置
		差异性			邻里间的攀比　模式的变异	山墙气孔的装饰
			建筑具体形式的生成			

倾斜的房门，避开别人家的屋角　　　（a）　　　　　　　　（b）　　　　　　　（c）
门框微斜，对准山口　门框微斜，避开别人家的后窗

图5-38　单体营建中的微调（以入口朝向为例）
（a）广西南宁陈村；（b）湖南耒阳小水毛坪村小学校长家；（c）湖南桂阳阳山村

　　共享的信息使得诸多独立发展的单元选择了共同的基本模型。短程的通讯更多地决定了具体方案上的微差。为了避让邻居家的墙角，建筑的入口轻微地偏向一侧；为了和邻近入口呼应，建筑大门轻轻转向；为了自家的风水，将屋脊做得比邻居略高一点，房屋与自家屋后的"龙脉"更平行一点（图5-38）。所有这些形式上的细微变化，都不是预先决策的，而是在具体单体的营造中，根据其他单元以及微观环境一步一步调整得来。

　　短程联结会形成宏观现象。体育场观众看台上的人浪：每个人参照邻座的状态起立、坐下，并没有特定程序的安排，却形成看台上的起伏有序的变化。自发性建造体系当中，短程的通讯会导致建筑细节做法的传播与变异。各家按照邻居家的房子来决策自家房子的形式，建筑风格、细部装饰等特点会像"人浪"一样传播。农民建房过程中，通常会对邻居家细部的做法进行模仿，从而对样式进行变异。"模仿"使得某种做法会在一定区域内传播，形成更为具体的地区特征。农民建房时，楼梯出屋面的形式很多，湖南华容地区普遍采用外挂单跑梯的做法，形成当地特有的景象。楼梯外挂，并不是一种规定，而是邻里之间相互借鉴模仿造成的。"变异"则使得细部形式不断地丰富,增加了群落的复杂性(图5-39)。民居中,山墙通气孔的变化是有地域性的(图5-40)。湖南农村住宅中,一定地区会以某一种通气孔的形式为主导,并在这个主导形式之下产生大量的变化。湖南南部武岗县境内的农民住宅,山墙上的通气孔由砖砌筑而成,周围粉以白灰,样式变化多姿,这样的景象到城步县境内就渐渐消失,转而以一种相对简陋的圆形窗洞代替。这些细节上的统一,有时可以精确到具体的区域,长沙东部郊区民宅山墙上的窗洞一般是一个四方或者菱形的小孔,中间填以水泥花格;西部郊区则是以三个一组的小窗为主(图5-41)。尽管采用的是机械化的产品,但辅以粉饰,变化还是很多样。这些变化不能用气候、地形、文化的差异来解释,是由偶然形成的"秩序"。

从局部到整体,从单体到群落,没有依靠整体规划来控制协调单体之间的关系,而是依赖互相之间短程的制约,系统也会生成整体上的秩序;与此同时,相邻单体之间的竞争也会形成个体的差异。建筑地域性所描述的,不是建筑生成的简单法则,也不是气候、地形、文化背景直接导出建筑形式的简单过程。建筑虽然受到气候、地形、文化的制约,但具体生存的过程充满了巧合、偶然、随机的因素。认识到这一点,明确了个体创造在气候、地形、文化框架之下可能产生的积极作用,对于建筑创作非常有价值。在下文"特征涌现"中,将进一步探讨系统特性自发生成的问题。

图5-39　湖南华容农村住宅形式基本一致的外挂楼梯

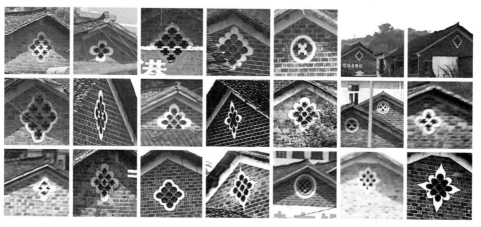

图5-40　湖南武岗的山墙通气孔

图5-41 湖南郴州板梁村的山墙装饰

5.3.2 特征涌现

建筑的地域性不是诸多影响因子的理性产物，并非预设，且不断变化，不可预期，它是一定地域范围内大量单体营建共同特征的涌现。

5.3.2.1 涌现

对于自发性建筑与地域性的研究而言，"涌现"的概念有助于进一步思考个体行为如何产生整体特征。"涌现"进一步阐释了"短程通讯"导致"整体有序"的机制。"自组织是系统作为一个整体（充分大量子系统）的涌现性质。系统的个体组分仅仅依靠局域信息和一般原理而运行。宏观行为从微观的相互作用中涌现出来，而微观相互作用本身只有非常微弱的信息量（仅仅是痕迹）。"[1]

与自组织的概念相似，"涌现"阐释了在各个领域广为分布的一种现象。尽管没有确切的解释[2]，却可以通过对其基本特征作进一步了解，窥探其内涵。涌现关注两种基本现象：

1）由简入繁的过程：涌现的本质是"由小生大、由简入繁"[3]。阐释了"复杂事物是从简单的事物中发展而来[4]"的规律。"少数规则和规律就能产生令人惊讶的、错综复杂的系统"[5]。约翰·霍兰用棋局来阐释这一特征。尽管对弈规则相当简单，但棋局的发展变换万千，难以预测。

2）整体大于各部分之和：涌现的概念惊人的简单，即整体大于各部分之和[6]。整体的性质不依赖于个体的状态，个体的行为和运动是随机的，但整体的性质相对稳定持久。组成成分可以不断更替，但整体的状态会持续存在。干净小河里石头前的驻波，只要水不断流动，驻波就会持续存在，但形成驻波的水分子不断变化。城市也是如此，它的组成成分每天都在变化，但整体的面

---

① 保罗·西利亚斯. 复杂性与后现代主义——理解复杂系统［M］. 曾国屏，译. 上海：上海译文出版社，2006：126.

② "涌现这么复杂的问题，不可能只是服从一种简单的定义，我也无法提供这样的定义。"约翰·霍兰. 涌现：从混沌到有序［M］. 陈禹，译. 上海：上海世纪出版集团，2006：4.

③ 约翰·霍兰. 涌现：从混沌到有序［M］. 陈禹，译. 上海：上海译文出版社，2006：2.

④ 同上：1.

⑤ 同上：4.

⑥ 同上：扉页.

貌会持续存在[①]。

　　整体展示出个体所不具有的性质，但这种性质又与大量个体独立的行为紧密相关。个体的能力有限，但整体体现出远远超出个体能力的行为，而且这个过程"是在没有一个中心执行者进行控制的情况下发生的"[②]。基于主体的涌现的经典描述是1979年霍夫斯塔特（Douglas Hofstadter）提出的，他将蚁群作为这种涌现的隐喻。蚂蚁个体的能力相当有限，但群体在探索和开拓其周边环境的过程中却展现了非凡的灵活性：修建桥梁跨越深沟；以叶为舟横渡溪流，等等。

5.3.2.2 "序"的形成

　　在自组织的视野下，建筑的地域性既是客观因素限定下的结果，同时也是大量单体独自营造"涌现"的结果。前者在建筑地域性的既往研究中，已经得到广泛的讨论[③]，这种地域性是受地域条件限制（气候、地形、社会、文化等）被动生成的。而后者，则体现了各个营造单体的自主性。

　　各个单体之间相互竞争、协调，最后会在某些做法上达成一致，取得共识。这种基于单体独立判断形成的"共识"，可以借鉴自组织理论中的"序参量[④]"来理解。"序"逐渐形成后会促进"成核机制"的运转，逐渐在更广泛的范围内达成一致，并逐渐在后续单体中得到不断的强化、累积，形成建筑的地域共性特征。这种地域性波及的范围取决于"序"的强弱。文化与本地习俗都是一种"序"[⑤]，但文化波及的时间、空间范围都更广泛。因此，单纯谈文化过于宽泛，不能阐释具体地段的地域性生成原理。上一节中，基于"短程通讯"所形成的共识，更好地描述了局部地段建筑的共同之处，阐释了微观地域特征的形成机制。一般的无关大碍的做法、装饰、花纹等，受"序"的影响较大。即"在一个无关紧要、无所谓的问题上，在根本不触及人们的实际个人利益的场合，多数人会同意众人的意见"[⑥]。除此，随机形成的"序"还影响具体策略的选择。当几种不同方法对解决同一问题都比较有效，出现多个"同等可取"的答案时[⑦]，基于单体短程通讯产生的"序"会导致一定地域内，建造者无理由地偏好某种特别的方式。当这种认同逐渐扩散被更多人模仿，就有可能形成最初的"基核"（图5-42），当相同的做法聚集到一定量，越

---

① 约翰·霍兰. 涌现：从混沌到有序［M］. 陈禹，译. 上海：上海译文出版社，2006：9.

② 同上：7.

③ 参见本书第2.3节.

④ 吴彤. 自组织方法论研究［M］. 北京：清华大学出版社，2001：49.

⑤ 文化不同于气候与地形，也不同于经济、技术等影响因素，它具有更强的主观因素，是影响建筑地域性的内部因素，因此本文认为文化是影响地域性生成、涵盖范围广的"序"。可以参见：赫尔曼·哈肯. 协同学：大自然构成的奥秘［M］. 凌复华，译. 上海：上海译文出版社，2005：121.中舆论也是一种"序参量"的观点。有研究者认为，气候、地形也导致了地区内建筑"序"的形成，但本文认为，对于微观尺度的人居空间而言，这些因素较为客观，并非内部要素之间不约而同的共识所达成的一致性，属于外部指令，不能视为"序参量"。

⑥ 赫尔曼·哈肯. 协同学：大自然构成的奥秘［M］. 凌复华，译. 上海：上海译文出版社，2005：124.

⑦ 在做经济、政治等决定时，答案往往不是唯一的，会出现多个"同等可取"的答案。这些答案各有优缺点，对答案的选择，与集体的态度模式有最密切的关系。参见：赫尔曼·哈肯. 协同学：大自然构成的奥秘［M］. 凌复华，译. 上海：上海译文出版社，2005：140.

过临界值之后，新的"序"就成形了。这种基于单体共同选择而形成的"序"，打破了气候、地形、经济、技术等客观条件与建筑形式之间的因果论，是对传统建筑地域性观念的有益补充。

图5-42　四棱锥屋顶正在形成的小小的"基核"
资料来源：王路摄于台湾台北。

5.3.2.3　模仿与从众

模仿和从众会促使一定区域的建筑偏离大的文化背景，形成局部的地域特征。我国绝大多数地区的建筑，脊饰[①]的"中墩"会置于屋脊线的中点之上。在农宅考察过程中可以发现，各个地区农村住宅对脊饰的处理有不同方式，一些地区农村住宅中的"中墩"，其位置并不居中。

常德镇德桥的农宅，因为搭了偏屋，屋脊的中线与堂屋的中线不在一条直线上，因此，屋脊的端头可以重复两次起翘，即重复做两个鳌尖，使得堂屋中线对准"中墩"，屋脊略不对称（图5-43）。湖南长沙黄花塘唐宅建了一栋双开间的房子，因此，屋脊上的"中墩"偏在一侧（图5-44）。这是经济窘迫造成的个案，当地其他房子并不如此。而在湖南邵阳甘棠镇附近，"中墩"对准堂屋中线而偏离屋脊中心非常普遍，形成当地农村住宅独有的地域特征。从新中国成立以后各个阶段所建造的农舍来看，有大量的四开间房屋，堂屋不居中，屋脊的"中墩"对准堂屋所在的轴线，因此也不会居屋脊的正中。这种观念的延续，形成了该地区特有的观念，一直影响到当前住宅的建设。近年来农村建房当中，无论两开间、三开间、四开间的房子，屋脊都只顾及堂屋的位置，而偏于屋脊的一侧（图5-45～图5-47）。这种局部的共性不由宏观因素界定，而是当地建造者之间的模仿与共识引发，常常隐藏在不影响建筑性能、无关紧要的局部做法之中。这些细微之处造就了地域的微观差异，在理解建筑的地域性时不容忽视。

---

① 在脊饰中，装饰主要集中在两端与中间。两端一般用砖或瓦砌成微微上扬的翘起——唤作鳌尖，鳌尖的花样很多，使屋脊变得轻盈。在中部，一般以砖、瓦砌出一个山字形或品字形的装饰，称为中墩或腰花。

图5-43　常德镇德桥的农宅不对称的脊饰

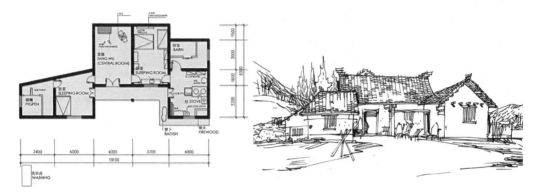

图5-44　湖南长沙黄花塘唐宅"中墩"偏于一侧

图5-45　湖南邵阳甘棠农宅脊饰的"中墩"偏于屋脊一侧

图5-46　湖南邵阳甘棠农宅脊饰"中墩"位置分析1

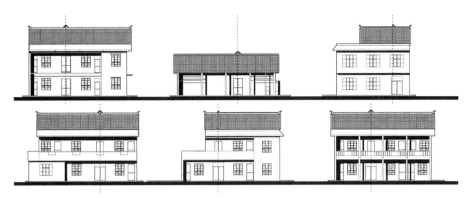

图5-47　湖南邵阳甘棠农宅脊饰"中墩"位置分析2

5.3.2.4　竞争

竞争也可以促进新的"序"形成。新经济地理学的主要代表人物之一保罗·克鲁格曼（Paul Krugman）曾借用一个8×8的方格网棋盘，阐释在一定主观偏好以及外界随机扰动干扰下，均衡状态如何被打破、棋盘如何被组织成为黑白分明的两个区域的过程，来描述城市环境中商业、不同肤色人口的分布（图5-48）。对于城市中建筑的形式、色彩来说，这样的竞争同样存在，即使人们原本有足够的容忍度接受一个一体化的格局，但到头来他们差不多还是形成了完全的分隔。即使各人都只关心最小范围内的邻居，但整个棋盘却被组织成为黑白分明的两个区域。这一由棋盘所模拟的城市经历了一个自组织过程。在这一过程中，从一个基本上无序的初始状态产生出了一个大范围内的有序性[1]。

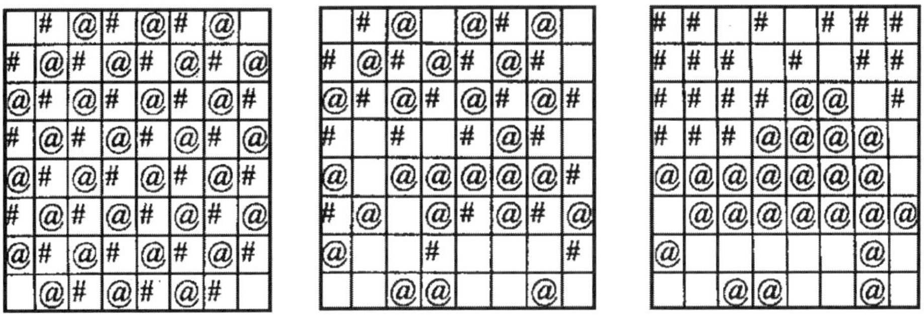

图5-48　保罗·克鲁格曼的演化模型

绝对均衡的状态容易被打破，经过演化，形成分界明显的新格局。#和@可以代表不同经营门类的商业，也可以是不同肤色的邻居，当然也可以是不同特征的房屋。但后者的演化周期相对较长

资料来源：刘安国，杨开忠. 克鲁格曼的多中心城市空间自组织模型评析［J］. 地理科学，2001，21（8）：315-322.

---

[1]　刘安国，杨开忠. 克鲁格曼的多中心城市空间自组织模型评析. 地理科学，2001，21（8）：315-322.，原观点属于 Thomas Schelling，在其《微观动机和宏观行为》一书中向我们表明，局部性的、小范围的相互作用可以促成大范围的结构的出现。

　　邻里之间的攀比之心会导致单元之间出现竞争。竞争会诱发某些性质的"涌现"。在材料、色彩、形式等要素可以选择的种类相对较少时，这种由竞争产生的协同很更容易展现出来。杭州郊区每户农民的自建房都标新立异，竭力变化，以避免与周边农宅雷同。单体的变化之多，令人咋舌。但与每栋单体的刻意求新相对，这个地区的房屋总体上体现出一种对生活的自信，整体上展示出一种与其他地区不同的特异性（图5-49）。所有的变化，包括那些刻意为之企图引起别人注意的手段，统统淹没在区域建筑的整体变化之中。

图5-49　杭州郊区的农民自建房
尽管每栋房屋都在求异，但整体上却呈现"存同"的景象，展示出杭州市郊特有的乡村景象

5.3.3　生成机制

5.3.3.1　原理阐释

　　本章进一步分析了建筑地域性的影响因素，引入了基本原理、随机要素两个层次，结合自组织原理框架，对自发性建造的生成机制进行了探讨。基本原理以更为宏观、普适的视角看待不同地段、时代、造价建筑之间的共同性，是理解材料替换、构造变化的基础。随机性要素的引入力图阐释个人主观因素如何推动地域性发展，及其在促成更为具体地域性中所起到的作用。在自组

织框架下对自发性建造群落作进一步解析，探讨了形式与目的分离的状况，解释了地域特征为何不是地理、气候、人文因素下的必然产物。短程通讯与特征涌现则更进一步解析了众多独立建造的单体建筑，在一定时间周期的演变后，为什么会逐渐趋同，形成一定范围内的地域特征。尽管分为三个小节进行阐释，实际上诸原理之间彼此关联，互为支撑，在此对总的逻辑关联做一个简要的梳理。

自发性建造视野下建筑地域性的生成机制，可以粗略地以图5-50表示。图中对普适性原理以及长程因素的影响简要地进行了总结，重点描述了随机因子对地域性生成的影响。图中所示的路径表明，一定时长的发展周期对自发性建造中地域性的生成十分关键。时间，不仅是历史文脉传承的路径；也要为自发性建造中创新要素"产生—积累—成核—扩散"的过程提供必要的周期。尽管本研究是以自发性建造为题进一步拓展了对地域性的认识，但是也必须认识到，在迅猛的经济建设以及不断变更政策的背景下，相当一部分快速建造的城市自发性社区变动过于频繁，无法沉积相应的历史信息，达不到应有的时间深度，缺乏研究的价值。

对于自发性建造视野下建筑地域性生成机制的探索，以下四个要点值得关注。

1. 独立单元

自发性建造群落由大量不受具体建造指令导控、自主决策建造方式的独立单元组成。与建筑师精心设计的建筑作品不同，这些建筑单体本身可能微不足道，其作为群体涌现出的性质，才是对地方建构方式质朴、贴切的阐释。

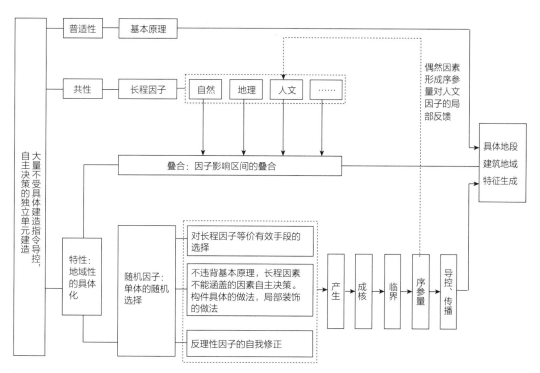

图5-50　建筑地域性的生成机制

2. 长程因素

自发性建造的地域性解析，并非否定气候、地理、人文因素的制约。对于自发性建造，普适原理以及长程因素的影响依然存在。作为庇护人们的建成实体，建筑必然受到各种客观因素的限定。这些限定既包括相对稳定的自然、地理因素，也包含缓慢变化的技术、经济要素；既包含相对广泛的宏观文化背景，也包括具体地方的乡规民约。诸因子的叠合，可以进一步限定、划分具体地段的地域性，获得对具体地段相对精确的理解。这些既定的限定要素，不会直接指导、控制具体单体的建筑形式，作为各单元共享的信息背景，对建筑的形式会产生共同制约，是一定地区内建筑共性特征的生成依据。

3. 成核机制

随机、偶发的因素只有在聚集成核以后才会对聚落的地域特征产生影响，少量偶然性因素不会使整体性质产生变化。少量随机、偶发因素需要经历：产生、成核、达到临界数量、"序"的形成几个阶段，才会具有影响、导控周边其他单体的能力，才可以促成地域性的生成。成核、扩散过程中，单体之间自发的竞争与协调是根本的动力。

随机、偶然的因素通常在两个阶段发生。

其一，对长程因素所对应的多个"同等可取"措施进行选择时，决策会受文化背景的影响，但大量情况下也会是随机的。在经济、技术、材料条件发生重大变化，传统文化失语的情形下，对"同等可取"的技术策略、形式法则所进行的选择会较为随意。在我国农村住宅从1979～2009年30年的重大转型历程中，这样的情形颇为常见。经济、交通、通信条件的改变，材料、技术、设备的变化，农村住宅在选址、造型、平面布局诸多方面都有重大变化，原有的建构方法不再适用。对新方法的理解尚未成熟，对"同等可取"方法的选择是随机的，但呈现的面貌并不混乱，在自组织法则之下，一定区域之内仍然会呈现出较为统一的特征。

其二，与地理、气候因素无关的某些局部做法，包括具体构件的形式、局部装饰的做法常常随机决策。传统民居当中的装饰纹样也可以认为是文化传承的一部分，但文化本身就是一种自组织的"序"；在新材料的运用中，随机性更加明显。湖南长沙郊区农民山墙用预制水泥花格做通气孔的方法，预制PVC管檐沟的做法都是对新材料的运用，不同地段略有不同，但各地区之内有大致统一的做法（图5-51）。这种统一性，不是传统元素的简单借鉴，而是由各个地段内起初几户人家的建造方式所引发。本书5.1.3中，东北农户冬天用塑料薄膜在朝南立面搭建暖房的做法，更清晰地阐释了这一观点。

随机因素的引入，关注了建造过程中主观因素对建筑地域性生成的影响。自发性建造之中充满了民间智慧，这种智慧在一定区域内的传播也会促成某些地域特征的产生。这些小的创造，不像文化背景那样宏观，也不像村规民约那么具体，但在一定地区之内行之有效，广为接受，是对地区之内材料应用的独到智慧，是对当地生活环境的特殊解读。广西融水县的民居用竹子做渡槽灌溉农田，在村子里亦用竹子作为雨水沟，即便在新建的砖混小楼里仍是如此。竹子做雨水管用在新农宅的例子，在其他地段的苗寨里并不多见，是融水有趣的"地域方言"。而用渔网盖住屋顶，兜住落叶，方便清扫，避免震动屋顶小青瓦的做法也颇见主人苦心，但仅此一家，尚未流传，算不得地域语言（图5-52）。

图5-51　PVC水管的檐沟做法有地域差异
（a）用三通做的檐沟连接；（b）用弯管做的檐沟连接；（c）一个地段，同一种做法会被反复应用（弯管连接）

图5-52　竹子作为落水管以及屋顶的渔网（广西融水）

　　充分尊重主观因素对地域性的影响，关注新语境下建筑地域特征的变化，对建筑师的创新工作也颇有启发。建筑师创造性的劳动并不能违背普适性原理以及相对稳定的长程因素对建筑形式的限定，但可以在受随机要素影响的层面进行创新，具体方法在第6章深入探讨。

　　4. 反理性因素

　　反理性因素对建筑的影响是暂时性的，在聚落演进的过程中会逐渐得到修正。修正既可能源自群众自我的觉悟，是自发的；也有可能源自统一的行政命令。但在一定时期、一定地段，违背气候、地理、文化传统等因素的认知也会在建造者中达成共识，并影响建筑的形制。

5.3.3.2   案例阐释

建筑地域性自发的生成机制可以通过湖南长沙周边地区农村住宅屋顶的变化进行具体解读。

农村第二次建房热潮以来，湖南中部地区经济发展迅猛，农村住宅形式发生了较为明显的变化。以屋顶的形式为例，发展过程中部分农户延续了坡屋顶形式；另一部分农户按照自身对现代建筑的理解，选择了平屋顶。农宅单层变多层之后，需要解决坡屋顶上人维修的问题，这导致屋顶形式的细微变化，衡阳附近的农宅选择在山墙上开门，或者直接在坡屋面上开"人孔"的做法。由于平屋顶并不适合湘中地区湿热、多雨的气候①，一些农户对屋顶进行了改进。改进的方法有两种，一种直接在平屋顶上加盖架空坡屋顶；另一种加高女儿墙，保留平屋顶的外观，内部加建小坡顶。随屋顶与屋面之间的间距不同，前者衍生出三种不同的形式：1）加高1.2米左右的，满足防雨、通风、隔热之外，兼作贮藏；2）加高2.2米以上的，直接开门通往室外，对坡顶与平顶之间的间层充分进行利用；3）近几年，部分农户直接在屋顶另建一层房屋，更好地利用加建空间，同时兼顾防水、隔热。后两者的区别在于天沟的位置：第二种情况天沟的位置在二楼楼面；第三种情况构造较为讲究，三楼也做现浇的天沟。

模仿平屋顶外观的做法，在长沙与株洲市区周边的较为富裕的农村地区较为多见。为了保持"平屋顶"的外观，女儿墙砌得较高，对通风散热较为不利。通过在女儿墙上开洞，可以缓解这一矛盾，这些洞口便成为农宅装饰的重点，颇为有趣。为了协调立面比例，内部坡顶的坡长、坡度会有变化。其中"W"形剖面的屋顶较为完善，尽管是内天沟的模式，对防水的做法仍然要求较高；但这种方法兼顾了坡长和坡度之间的矛盾；与"M"形剖面的坡顶组合相比，少了一条天沟，构造稍微简单一些。

以上对湘中地区屋顶变化杂沓的记述是为了说明：为应对大致相同的气候、文化、经济、技术条件，会衍生出多种不同的形态与构造；具体构造与形式的选择，并不是宏观因素限定的结果，而是由建造过程中"同等有效"手段的选择来决定。更为有趣的是，这种选择在一定地区内会趋同，形成一定地区的统一性。这种不同空间尺度上所呈现出的"变化—趋同—变化"交织的现象，对理解建筑地域性自发生成的机制颇有启发。

不仅对"同等有效"手段的选择如此，一定地域对装饰的偏好也是随机的。湘中地区山墙通风的做法各不相同，各种不同的山墙通风做法又有明显的地域倾向。前文已经列举过武冈县山墙通风孔的例子（参见图5-40），这里分析了不同方式在不同地区是如何分异（图5-53中a~d的变化），在同一区域又如何趋同（图5-53中d-a~d-c，参见图5-51），然而在不同人家又如何各显变通的（图5-53中d-b-1~d-b-3，图5-54）。

---

① 目前耒阳周边农户仍用平屋顶模式，有因防水不好漏雨的；由于二楼较少使用，湿热问题并没有引起重视。由于地处山区，平屋顶增加了一个晒场，尽管有不利因素，仍得到沿用，具体情况需要单独分析。这里主要对湘中丘陵地区进行分析。

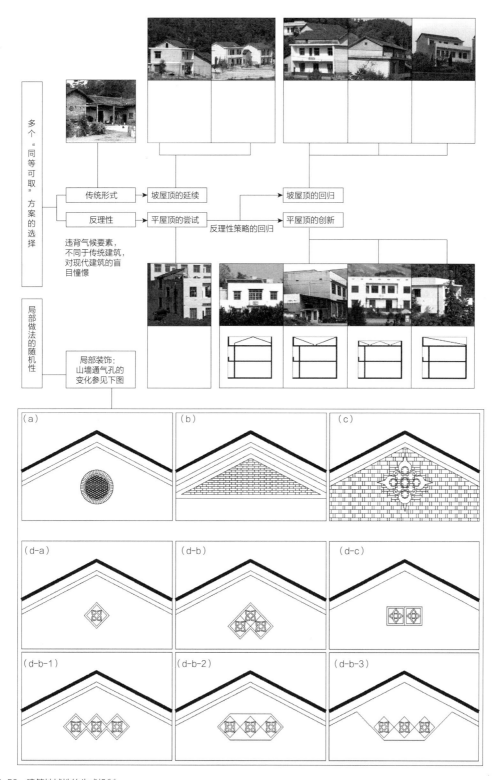

图5-53 建筑地域性的生成机制

（a）圆孔填以瓦片，郴州地区；（b）山墙用花格墙砖砌，湖南汨罗穿石坪；（c）湘南武岗的通气孔，参见图5-40的图片；
（d-b-1）~（d-b-3）三块花格做的山墙通气孔，在长沙西郊王家湾、平塘一带非常常见，图为各种不同的花样变体举例

图5-54　局部特征的成片聚集（以山墙通气孔为例）
（a）山墙用花格墙砖砌，湖南汨罗穿石坪；（b）两个花格做的通气孔较为少见，但长沙平塘附近有一处山坳，农宅统一采用这种形式；（c）长沙东郊、望城、宁乡等地，主要是用一块水泥预制花格作为通气孔；（d）三块花格做的山墙通气孔，在长沙西郊王家湾、平塘一带非常常见

5.4　小结

　　本章借用了自组织系统为框架，指出建筑的地域性是一定地区内，大量建筑单体共同特征的涌现，阐释了自发性建造中建筑地域性特征的生成机制。

　　首先，影响建筑地域性生成的限定因素被分为：基本原理、理性要素、随机要素三个层次。深入理解基本原理，合理认知自然、文化等理性因素，有助于在一定构造语境下认识材料特性，观察达成同一目的的不同手段，思考材料之间的替换原则，探索节点构造创新的方法。随机的、偶发的非理性因素在既往研究中被忽视，认识这些非理性要素，可以帮助理解个体的主观因素对地域性形成的作用。自发的地域性，并不完全是"被动的"、"不得不"的地域性。

　　对自发性建造自组织属性的解析，主要从六个方面进行。其中记忆与遗忘、形式与功能分离、结构的动态性、形式不可预测主要阐释了：地域性不是单纯的文化特征，也是解决地域问题的手段；应尊重系统自身的记忆、遗忘过程；形式与目的不对应，建筑的地域性不是自然、地理因素的必然结果。短程通讯和特征涌现则更为直接地阐释了建筑地域性自发生成的机制。

"短程通讯""信息共享"共同作用于自发性建造的单元。"共享信息"包含相对宏观的自然、人文背景要素，促成了地区内建筑的统一性。"短程通讯"则描述了单体建造中，作为独立决策的单元，家庭仅对自己周边邻里的情况做出反应的状态。"特征涌现"以短程通讯为基础，阐明了单元大量聚集后，集体特征的形成机制，包含产生、成核、达到临界值、形成序参量、扩散、导控等阶段。

特征涌现以及前述各要点共同阐释了自发的地域性的如下特征：

1）具体地段自发生成的地域性，并不单由客观环境决定，也受当地建造者主观因素的影响；2）自发建造的地域性体现了人适应、改造环境的集体选择与智慧，并不是被动地接收环境的影响；3）随机、偶发的因素聚集成核以后才会对聚落的地域特征产生影响，少量偶然性因素不会对整体性质产生变化；4）成核、扩散过程需要经历一定的时间过程，过于频繁的变动会影响聚落的时间深度，损伤建筑的地域性；5）具体地段的地域性，既有气候、地理、文化因素自上而下的作用，也由加建、改建、农民建房、城市自建房等自下而上的建筑活动推动。

对随机性、偶然性因素的分析，有利于重新定义设计师的工作。如何基于个案来延续、推动、强化当地建筑的地域性，自发的地域性如何向自觉、自省转化是第6章关注的话题。

6

干预自组织：
作为地域建筑设计方法的空间自组织

广西桂林阳朔（2018年）

本书第5章对自发性建造群落自组织特征所进行的分析，解析了建筑地域性的生成方式。本章将进一步研究地域性由自发向自觉、自省①转化的途径。

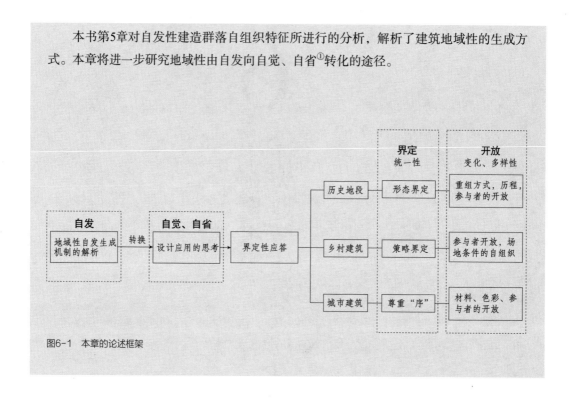

图6-1　本章的论述框架

6.1　自组织建成环境的导控方法

从第1章到第5章的反复论述中，可以认识到，在不同的空间尺度上，在合理建构系统要素及子系统的基础上，不同尺度的人居环境均可以显现明显的自组织特征。本研究着重于街区、村落等中观尺度聚落自组织的研究，在这一尺度下，某些特定的自生成聚落，如历史街区、乡村聚落等，自组织特征仍然明显。综合来看，在这些类型的聚落中，自组织理论的框架下：1）明确设计师的创新价值；2）明确"等价有效手段"的存在，合理选择设计策略；3）建构系统细分的原则与策略，有助于将自发性聚落被动生成地域性转换为地域性的建筑设计方法。

6.1.1　自发到自觉：自组织人居环境体系中建筑师的创新价值

存在并非意味着合理，自组织系统处于较低平衡态，或处于两个平衡态之间的混乱状态时，外部的合理干预有助于系统尽早达到新的、更高级的平衡态。对于自生成聚落而言，这个原理同样适用。管理者以及设计师，采用适当的方式导入资金、能源、技术、策略，介入聚落的发展，

---

① 自觉向自省的转化前文已经进行了论述，因此，本节的阐释主要围绕自发向自觉的转化。

有助于促进聚落实现：1）平衡态的跃迁；2）自组织系统的创新式发展。

1．平衡态的跃迁

承认"自发性"的广泛存在，并未预设"自发"等同于完善、合理、可行。自组织理论之中以"涨落[①]"的概念来描述系统存在的稳定状态。自发的建造过程可能使系统停留在一个相对较低的稳定态上，建筑师的合理参与可能会使系统向较高的稳定态跃迁；当然，也有可能适得其反。另外，第5章的论述已经阐释了地域特征生成所需要经历的流程，建筑师的参与可以减少系统试错过程中可能花费的时间，促使系统尽早向新的平衡态转化。建筑师在自组织建成环境系统中的作用，相当于赫尔曼·哈肯为描述自组织原理生成机制中所做"泳池"比方中的救生员。[②]

2．自组织系统中创新发展

自组织系统为"个体及其创造性的想象提供了机会，再还可以借助于进化的开放性和创造性[③]"推动系统的发展。本质上，强调自组织机制与尊重个人（包括建筑师）的创造性并不相左。在自组织视野之下，建筑的地域性不仅是对环境要素、历史人文因素的总结，还包括创新、融合、再创新、再融合的过程。强调自发性，并不排斥局部的创新，相反，强调了个人主观意识对系统的推动作用，但同时也为个案中体现出的创造性作了定位：个体及其创造性的想象力，只有通过涨落与涌现才能真正进入建筑地域性生成的总体流程[④]，形成新的地域特征，推动地区建筑的合理发展（图6-2）。

在这一流程图中，形成新的"序参量"（在人居环境体系建构中，是指自发的、新的共性策略选择）是建筑地域性形成的关键性步骤。

---

① 参见本书有关涨落的论述。详细参见：伊·普里戈金，伊·斯唐热. 从混沌到有序 [M]. 曾庆宏，沈小峰，译. 上海：上海译文出版社，2005：177；埃里克·詹奇. 自组织的宇宙观 [M]. 曾国屏，吴彤，何国祥，等，译. 北京：中国社会科学出版社，1992：50-64. 系统的进化通过涨落达到有序。

② 夏日炎炎，泳池中人满为患。当他们各自为政、漫无目的地游泳，他们将互相妨碍，无法游动。如果有救生员提议，让游泳者们沿池壁环游，这样妨碍会大大减少。但即便没有救生员的指挥，游泳者们也会想到这个方法。起初也许只有几个人参与，但后来越来越多的人加入进来，最终在没有外来指导的情形下形成集体的环游。也有以人满为患的舞厅做比喻的，基本原理一致。原文用以阐释他组织与自组织的区别，本研究中借此理解自组织、他组织之间可能的转化。赫尔曼·哈肯. 协同学：大自然构成的奥秘 [M]. 凌复华，译. 上海：上海译文出版社，2005：31.
相关讨论还可以参见：吴彤. 自组织方法论研究 [M]. 北京：清华大学出版社，2001：15.有关于英雄创造历史还是群众创造历史的反思。

③ 埃里克·詹奇. 自组织的宇宙观 [M]. 曾国屏，吴彤，何国祥，等，译. 北京：中国社会科学出版社，1992：13.
设计师的创新活动，在两个前提下是有效的。一种是合理认知系统里已经成形的主导因素，合理运用设计方法，顺应这个"序"的控制，渐变地推进系统发展；在材料、技术发生变化的时候，合理认知环境的变化，以设计创新促使系统向新的平衡态跃进，突变式地推进系统的发展。

④ 设计师的创新作用不能被夸大。自组织系统由于系统自维生（Autopoiesis）、自参考（Self-reference）的发展，会尽力将小的涨落吸收。局部的创新，可以看作是小的涨落。"起初是非常小的涨落内放大并取得突破而起作用。换言之，在此创新阶段，创造性个体原理战胜了集体原理而取得了胜利。"（本句引自：埃里克·詹奇. 自组织的宇宙观 [M]. 曾国屏，吴彤，何国祥，等，译. 北京：中国社会科学出版社，1992：18.）但集体总是试图抑制涨落，并依赖于子系统的耦合而明显延长旧结构的生命，这一点，已经在建筑历史发展的过程中得到验证。

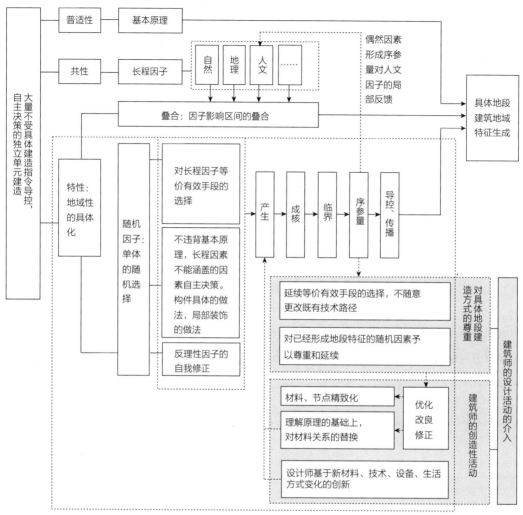

图6-2　设计师介入建筑地域性的生成

6.1.2　"等价有效"与"应答界定"

系统具有自适应能力，并对特定的解决方案有记忆和学习能力。在自发的建成环境体系中，这种学习和记忆能力表现为对特定技术手段、方法的传承。解析这种记忆传承并予以应用，有助于增强聚落的地域性；认知系统，并在系统中合理地选择要素予以轮替更新，将有助于传承系统的地域性并合理更新。本节将重点解析自建聚落中"系统学习与记忆能力的深度挖掘"以及"等价有效手段选择与应答界定"。

6.1.2.1　系统学习与记忆能力的深度挖掘

系统学习与记忆的能力，使得系统本身积累大量解决问题的方法，具有应对环境变化的能力。在仔细研究当地自发性建筑的基础上，完全可能通过在本地学到的经验解决设计、建造中的问题。本土的原理，与新材料、新工艺结合起来，兼顾本土习俗的同时，能进一步增强系统对现有环境的适应性。

形式与目的的不对应，同一目标的不同实现手段以及非理性要素等，都是设计过程中，应答方法需要进一步界定的重要原因。前文已经论述过，在短程通讯、趋同心理的支配下，同一地区的居民会在"同等可取"的不同方法中，不约而同地选择一种方法解决问题。起初具体形式的选择是随机、偶然的，当一种方法被越来越多的单体模仿，就有可能汇集成小的"风貌核"，当"风貌核"不断传播、重复，并积累到一定的量的时候，就有可能演化为一种新的风貌特征。这个过程是随机的，期间有大量不确定因素，最终形式的结果也不可预期。但这些非理性因素的存在，是建筑地域性表现丰富的原因，也开启了设计师介入地域性特征自发生成过程的路径。这种随机出现的趋同性，造成了建筑地域特征的细分，是自发形成的，设计过程中忽视这种趋同关系，当地细微的地域特征就可能被逐渐湮没（图6-3）。

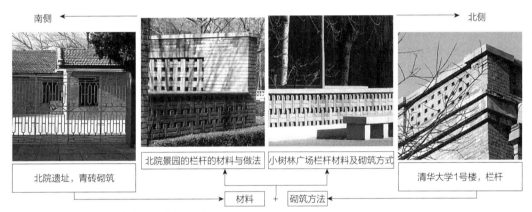

图6-3 清华大学北院景园的材料与砌筑方法界定

清华大学北院遗址、小树林景观设计则通过对基地周边建筑材料与做法进行研究，获得限定性，并在限定的过程中获得场所感与地域性。从清华大学物管中心，以及毗邻的清华大学同方部、清华学堂中获取材料，从北侧清华大学1号楼的栏杆中获得做法，平面与尺度是针对场地设定的。在这样一个限定的过程中，创造性地获得了场所感与地域性。

北院住宅区由H. K. Murphy等美国建筑师设计，与清华学堂，一、二、三院，同方部同期兴建，1909年开工，1911年竣工，为青砖、单层砖木结构的西式建筑[①]。学生宿舍1~4号楼，红砖，1954年由汪国瑜、李道增、周维权先生设计[②]

对当地设计问题的解决方法做地域上的界定，并不是抹煞设计师的创造性。恰恰相反，戴着脚镣跳舞的过程能激发建筑的创造力。但与传统设计方法不同，设计师需要对场地做细致、有条理的调研，既可以对场地内建筑的形式法则、空间模式进行梳理，也可以对材料演进、构造变化做深入的探讨。设计师需要把基地内的自发性建造活动中所涌现出的智慧当作设计方法手册来阅读，重新建构起一套专门针对本地建造问题的知识体系，而不是简单地以教科书上的基本原理、空泛的地域性逻辑来指导设计。

① 姚雅欣. 清华北院 幽香如故［J］. 中华民居，2008（9）；黄延复，贾金悦. 清华园风物志［M］. 北京：清华大学出版社，2005：158.

② 王丽方，谭朝霞. 清华大学北院景园设计随笔［J］. 中国园林，2001（2）：23-25.

　　建筑创作并不是纯粹理性的推导，仅关注自然、文化等宏观因素的影响，强调宏观因素与建筑形式之间的因果关系，容易使建筑创作陷入误区。对非理性要素在地域性生成过程中作用的深入认识，解释了创新性、创造性活动的作用，合理反映了建筑实践自下而上推动建筑地域性演化的过程，也为建筑师的工作留出了必要的空间。此外，由于各种因素对建筑形式生成的作用是复杂非线性的，而且演化路径也并不存在必然的因果关系，因此，分析当地建造行为所采取的策略比仅仅分析原因更为直接有效。

6.1.2.2　"等价有效手段"选择与"应答界定"

　　建筑的地域性是一定地区内，大量建筑单体共同特征的涌现。对自发建筑地域性产生机制所进行的描述，阐释了客观与主观因素对地域性生成的不同影响。作为客观因素，基本原理与环境因素界定了建筑所要遵循的理性原则，限定了建筑的大体特征；但具体采用何种具体的形式、策略则由建造者在单体设计、营建的阶段主观地决定。建筑师介入建筑地域性的生成过程，不仅要尊重宏观、长程的因素，还应当尊重对"同等有效"手段的既有选择，以及业已成形的随机要素。作为发展过程中的偶然性因素，设计师的创新只有作为有效策略在当地复制、传播，经过一定周期演化后才能逐渐成为建造文化的一部分，否则只是建筑师个人的孤芳自赏。建筑师的介入方式与流程可以通过图6-1简要表示。

　　对部分要素合理地限定是其他要素开放的基础。清华大学单军曾经指出，建筑地域性并非某种风格，而是一种理念，并且提出了"应答式设计理念"："注重建筑地区性影响的设计理念，本质上是在具体设计过程中，采用对地区性自然与人工环境、社会文化以及经济条件等因素的一种问题—应答式设计理念。"[①] "问题—应答式"理念中，注重对场地环境（气候、地点）、社会文化、技术经济、材料等因素的分析，对"问题"进行界定。在此基础上，本研究提出"界定式应答"方式，根据地段的特征对建筑的形态或实施策略进行界定，确保参与者、时间周期、材料更新的开放过程中地域性的延续。既取法自发性建造灵活多变的开放性特征，同时注意对地段的微观、偶发因素表示尊重，以免在技术、信息更新迅猛的语境下迷失。所谓界定，是对建筑师的"作为"进行限制；但对场所本身（包括场所内的人）所蕴含的能力持开放态度。自组织所重视的是生成的过程。在自组织视野下，生成就是"无设的创造性[②]"。与现象学的观点相映照，所主张的就是一种无立场、无方向、无前设的方法。这种无目的、自主演化的研究思想并非消极，而是主张在充分研究对象以及环境的前提下，审慎地运用外部力量推动一定地域范围内建成环境的演化。这种无为而治的思想，与中国的传统哲学也基本一致。设计过程中要重点控制创新的"度"，同时注重对系统中已经形成的支配性要素保持专注，对环境中可能引发大涨落的干扰因素合理回应。

　　具体方法为界定问题的"应答"域，将问题的解答方法界定在一定地区的经验当中，认为：

① 单军. 建筑与城市的地区性［D］. 北京：清华大学建筑学院，2001：122.

② 吴彤. 自组织方法论研究［M］. 北京：清华大学出版社，2001：154，193，208.

1）注重对问题与应答的界定，不但要基于场地特征提出问题，更要在本街区、本村落中探询问题解决的方法；不仅需要对场地相关条件作出分析，寻找问题，而且应该限定解决问题的方法范畴，尽可能地在本地寻找问题的解决方案；2）尊重宏观与微观因素的限定，对于建筑设计而言，宏观的、长时段的因素固然需要得到尊重，对局部经验的延续、反思、改良同样不可忽视；3）界定是基础与手段，开放是目的（图6-4）。

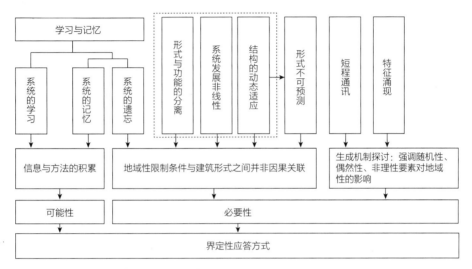

图6-4　界定性应答方式存在的可能性与必要性

6.1.3　层次划分与模块重构

6.1.3.1　积木块的生成与变化

　　在建筑设计过程中，对当地的建造规律、建筑元素做出研究、合理地分类、有层次地进行认知也非常必要。莎士比亚说："当我们打算建房的时候，首先要调查这一小块土地，其次要构造模型。"[1]建筑元素就正如"涌现"原理研究当中的"积木块"一样，"可持续存在的模块能够成为更复杂水平下的可持续存在的积木块"[2]。组分可以不断变化，但整体的性质可以持续存在；建筑可以更替演进，但涌现出的地域特征还是相对稳定的。积木块不仅仅是指具体的建筑构件，同时可以包含对生成规律的总结。而且模块的划分是因人而异的，积木块的发现也"是一项永无止境的长期任务。……重要的新积木块的发现，往往导致一场'革命'或开辟一个新的领域"。[3]

---

① 约翰·霍兰. 涌现：从混沌到有序［M］. 陈禹，译. 上海：上海译文出版社，2006：12.

② 同上：9.

③ 同上：28.

认知"积木块"以及"积木块"组合的规律是为了应用既有的规则或语汇，构筑"永恒的新奇（大量不断生成的结构）"，而不是收集僵硬的模式或者符号。设计过程中，"积木块"与"规则"都可以是开放性的，具体开放的程度应视具体的项目而定。以城市历史地段为例，核心地段的建造，积木块和规则的变化都较少；但对于外围非核心地区，过往的经验需要得到尊重，但并非必须遵守的金科玉律。因此，可以改变积木块的形式调整建筑的外观，而并不触动建造的规律；也可以改变规则，"利用规律，来设计出一些方法，通过这些方法，能使积木块随着时间的推移改变或重组"[①]；也可以同时变化积木块和规则，更加激进地改变建筑的发展方向。本研究在城市历史地段的尝试中，积木块对应不同的造型要素。通过和语言的对比，阐释了造型要素分解后重组的过程。在模拟过程中，时间、建造者、组合规律保持开放，因此地段的建筑形态变得灵活、丰富。在单体的试验中则强调了地域建构的法则，探讨了在气候、资源、材料、施工工艺等限制条件下建筑地域性的生成。在城市中的应用则可以通过南宁市特有的外遮阳设施的演化加以补充说明。

6.1.3.2   模块的变化案例：遮阳

南宁及其周边地区[②]，一种特有的外遮阳做法非常有趣，不仅在中山路、兴宁路等历史地段，以及城市其他区域的居民楼、城中村、周边农村随处可见，一些公共建筑的改造中也有借用（表6-1，图6-5～图6-7）。南宁处在湿热的低纬度地区，防雨、防晒、通风都非常必要，这种外遮阳模式造价低廉，结构简便，保证遮阳，兼顾通风，还可以与防盗网结合，非常实用，巧妙地契合了当地自然、经济条件。一些造价低廉的大型构筑物，如菜市场、建材市场、临时的作坊、仓库等，山墙散热通风也会采用这种形式；偶尔也会用作厂房、车间的立面做法。尽管材料和做法都很新，但由于经济实用，这种构造在当地广受欢迎，非常普遍。这种当地特有的水平外遮阳模式，是当地新的地域特征，这种新特色，也为建筑师解决当地气候问题带来启发。南宁医科大学附属一医院的住院部为了改善热工性能，学习了这种方式；朝阳广场边一栋办公楼的立面改造，也沿用了同样的方式。柳州钢铁厂新建厂房的外立面用角钢支撑铝板，也模仿了这种形式，是对地域智慧的沿袭。南宁市城市风貌规划导则编制中，注意沿用了这种构造，但根据城市街景的需要，借鉴壮族民间工艺品的色系将遮阳板染色，使其保持遮阳作用的前提下，成为城市色彩的点缀，对既有做法进行了拓展。南宁市中国移动通信办公楼的立面，没有直接照搬原有的做法，而是运用新的构造措施，兼顾原有形态，延续其基本功能，其立面做法仍集合了遮阳、防雨、通风的功用。用水平杆件遮阳，但以构造相对精巧复杂的水平玻璃百叶，模仿了水平遮阳板的立面关系。虽然原理不同，但外观相似，目的一致。

---

① 约翰·霍兰. 涌现：从混沌到有序 [M]. 陈禹，译. 上海：上海译文出版社，2006：29.

② 南宁到柳州，到桂林，这种做法逐渐减少。柳州还有一些，但过了桂林就相当罕见了。

<table>
<tr><td colspan="4" align="center">南宁特有外遮阳方式比较</td><td align="right">表6-1</td></tr>
</table>

外墙上的水平外遮阳			
广西三江风雨桥上的重檐	广西三江民居的外遮阳做法	广西南宁中山街住宅的外遮阳	广西医科大附属医院的外廊遮阳

广西医科大附属医院的外廊遮阳改造	广西南宁朝阳广场建筑立面改造	广西柳州钢铁厂厂房的立面改造	广西柳州钢铁厂厂房的立面做法

山墙上的水平外遮阳			
广西三江传统民居山墙遮阳做法	广西三江传统民居山墙遮阳做法	广西桂林某作坊的山墙立面遮阳	广西南宁某市场的山墙立面遮阳

资料来源：本研究观点。

图6-5　各种大异其趣的外遮阳

外遮阳的做法变化很多，选择具体的形式既不是由气候决定，也不仅由文化决定，还应当考虑当地的习惯。

（a）澳大利亚某建筑外遮阳;（b）澳大利亚某建筑外遮阳;（c）长沙某居民楼的外遮阳;（d）沙特阿拉伯图书馆扩建方案的外遮阳

资料来源：(a)(b) 王路摄;(c) 作者自摄;(d) Gerber Architekten International GmbH. King Fahad National Library. 建筑细部，2008（6）: 346.

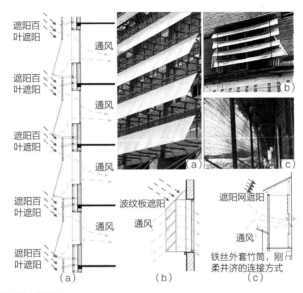

图6-6 南宁特有垂直遮阳方式的大样比较
（a）南宁中国移动的外遮阳构造；（b）南宁普通居民楼的外遮阳模式；（c）湖南耒阳市郊一户农宅的外遮阳构造

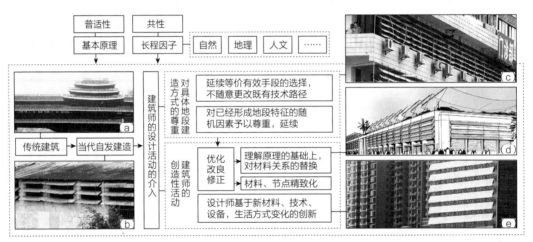

图6-7 南宁遮阳模式的应用
（a）广西三江侗族风雨桥；（b）南宁居民楼窗户的外遮阳；（c）柳州钢铁厂新建厂房的外立面遮阳；（d）南宁风貌规划导则图片，屋顶加遮阳片，立面遮阳片变为五彩的彩虹计划；（e）南宁广西移动大楼
资料来源：（a）（b）（c）（e）作者自摄；（d）南宁风貌规划街景导则图片，作者绘制。

6.2 历史地段，聚落的自生成机制模拟

6.2.1 自发聚落的形态自组织

历史地段的形成，历经长时间的自发性营造。与建筑师的作品相比，自发性建造具有更大的开放性，所聚合而成的街区、村落具有明显的自组织特征。清华大学方可（1999年）在对白塔寺

周边历史街区的改造研究当中，指出"从当代复杂科学的角度来看，许多旧城区的所谓'混乱不堪'的现状环境，实际上包含着社会经济因素之间错综复杂的、精致的相互依存关系，是一种充满活力的'复杂'系统"。①

刘晓星在《中国传统聚落形态的有机演进途径及其启示》一文中，以"自然有机演进途径"概括了这种自发建设的过程。"历史上聚落形态的形成与演进主要可以分为两种途径：'自然式'有机演进和'计划式'理性演进，有学者形象称之为'自下而上'途径和'自上而下'途径。第一种形式主要体现在古村落、商业性城镇中，第二种类型主要体现在都城、府城、县城等具有政治建制的城市中。"②二者具体的差异，可以用表6-2清晰地表达。

聚落形态的两种演进途径特征比较②　　　　表6-2

		"自然式"有机演进途径	"计划式"理性演进途径	附注
建设理念		聚落作为生活"场所"：朴素的生活环境观，融于自然的理想环境；共享的聚落空间：天人合一的"风水"思想	聚落作为"象征符号"：彰显政治权力，设立明确秩序，森严的等级制度；儒家"礼制"思想	建设目标与主导理念
主导因素		公众意志与先辈经验的传承	权力掌控者（统治阶层）的价值观	形态演变的主导影响因素
限制条件	技术手段	技术手段水平低，对环境改造力度受限较大	集合某一时期技术之大成，技术手段相对较高，改造环境的力量相对较强	实现建城目标所受到的限制因素
	权力掌控	缺乏强有力的权力控制力量，权力分散	具有强有力的统治力量和发言权，以及资源调配权	
	建设资源	缺乏强有力的建设资源	权力集中	
实现途径	发展策略	协商式、民主型：多元共存的多样化发展策略	命令式、集权式：理性发展策略	城市形态具体演变方式和特征
	建设原则	本土化原则：对环境的适应，随着环境的改变而改变；对方便性的简单追求	通用原则：不考虑或者很少考虑地方因素，更倾向于抹掉尽可能多的"空间情结"，基于抽象的美学、功能原则	
	建设周期	缓慢进化式，历时长，持续地调适与磨合	一次性赋予式，速成	
	动力因素	自发式：自己建造自己的生活环境，更强调环境的舒适与认同感	国家介入式：提升到国家战略的高度，往往倾一国（地区）之力	
	设计者	不（或很少）需要专职的规划设计者的参与，形态演进具有相对的"直接"性	往往有专职的规划设计师参与，城市形态的演进具有"间接"特征，建设理念需要通过设计师这一中介得以完成	
适用场合		村落、村镇、偏离政治中心的城市、基于市场动力的城市	—	—

① 方可. 复杂之道——探求一种新的旧城更新的规划设计方法［J］. 城市规划，1999，23（7）：28-33.

② 刘晓星. 中国传统聚落形态的有机演进途径及其启示［J］. 城市规划学刊，2007，169（3）：55-60.

续表

	"自然式"有机演进途径	"计划式"理性演进途径	附注
形态特征	尊重自然肌理，与环境相协调，自由、不规则、随机、有机，外在形态呈理想图景的拓扑形状	强调人为特征，环境为人服务，秩序鲜明，呈几何形态，外在形态接近于理想城市图景	形态演变的结果描述
结论	与自然合一；协同进化；彰显本土特征；形态多样化	一次性赋予、速成；统一化；自觉发展；形态简单化、几何图案化；摈弃个性	

资料来源：刘晓星. 中国传统聚落形态的有机演进途径及其启示 [J]. 城市规划学刊，2007，169（3）：55-60.

在当代，尤其在快速化的城市背景之下，如何在设计过程中建构和描述这种自发性，在规划控制和管理流程中实现这种自发的历程，如何合理地引导与控制，同时保证每一个参与者的积极性与灵活性是值得探讨的问题。

历史地段的改造，需要为街区引入新的资金、能源、人口、功用，使其融入当代的城市生活。[①]在保持资金、人口、功用开放性的同时，对建成环境的形态要素予以界定显得尤为重要。

对湖南凤凰旧城中心区[②]、襄樊陈老巷历史文化街区[③]等几个地段的分析与模拟，探讨了历史地段建筑形态重构的原理[④]。凤凰的工作是思考的开端，襄樊的研究是在同一思路下的延续。"对于涌现现象而言，生长出来的复杂性是一个基本的思想。"[⑤]这两个地区的实践，以有限模块生成了形态丰富的历史地段，检验了"由简单限定所产生的无尽新奇"[⑤]的可能。

湖南凤凰旧城中心区的改造针对其老城区中心地段县委县政府所在区域进行，目的在于恢复被县政府大院、县一中等单位破坏的古城肌理（图6-8）。凤凰是我国历史文化名城，其城市肌理是数百年自发建设演化而来的，恢复旧城的肌理，不仅需要研究古城的形态要素，更重要的是解读其生成机制。凤凰的研究中，对古城肌理的生成机制立足于以下三个发现：1）街道空间是消极空间；2）组成城市肌理的基本模块是有限的；3）有限的模块可进一步细分为组件，组件的数量也是有限的，但模块与组件的嵌套、拼接、重组使街区形态丰富。组件本身亦可细分、可变化、可重组，这个层次的细分在襄樊得到深入。

襄樊陈老巷历史文化街区位于湖北襄樊樊城区老城内，毗邻汉江，是连接中山前后街的一条小巷。对陈老巷的研究进一步对建筑组件进行了细分，揭示了民居可能的丰富变化。

---

① 参见本书有关系统开放与封闭关系的内容，以及：卢健松. 中部地区城市历史地段的保护与发展初探——以湖北襄樊市陈老巷历史文化街区为例 [J]. 华中建筑，2008，3：176-180. 对历史街区保护的认识。

② 详细资料可参见：张楠，卢健松，夏伟. 历史地段城市设计方法 [G]//会务组. 2005年中国建筑创作论坛论文集. 长沙，2005；以及：张楠，卢健松，夏伟. 历史地段城市设计构形方法——以凤凰的实验为例 [M]. 北京：人民交通出版社，2007.

③ 卢健松. 中部地区城市历史地段的保护与发展初探——以湖北襄樊市陈老巷历史文化街区为例 [J]. 华中建筑，2008（3）：176-180.

④ 根据功能与形式分离的观点，对于历史地段重构，功能的选定需要与原有的建筑形式契合。在功能尚未定位的前提下，单独对形态予以研究是合理的。

⑤ 约翰·霍兰. 涌现：从混沌到有序 [M]. 陈禹，译. 上海：上海译文出版社，2006：79.

图6-8 凤凰城区历史地段的图底关系

6.2.2 自发聚落中"消极的街道"

在未经规划导控的自发建造聚落[1]当中，街道空间的形态与走向不是预先规定好的空间，而是单体自发性建造、生长、聚集、连缀后遗留出的空隙。也正因如此，街道空间变化多样，曲折有致，引人入胜。街道与建筑实体共生[2]。生成方式消极，但也由此获得了多样性的活动，使用上变得很积极。这与现代规划当中以道路为骨架的组织模式有很大区别，正确理解自发性建造当中街道与建筑之间的图底关系，对避免简单延续现代主义城市规划方法，改进新农村建设、历史街区保护的工作方法有帮助。

在凤凰城市中心改造的过程中，通过对凤凰街巷空间图底关系所进行的分析可以发现：绝大多数的房屋，出于使用方便同时也有迷信禁忌的考虑，会尽可能修建得规整舒适，平面形式比较齐整，保持房间相对的方正（单元自律）。对于自发性建造而言，建造者更多考虑自身的利益，而不是从全局进行思考（微观决策）[3]。这个过程中，对街道的考虑相对是很少的，街道界面因此曲折变化。但各家在修建过程中，受山体形态的共同影响，出于对环境的尊重，对地形的适应，建筑的体量、朝向整体上也有一致性（信息共享），街道空间因此又会有大体一致的走向和宽度。两方面的原因共同作用，街道小曲大直，变化中又有规律。消极生成方式下产生的空间，使用上未必消极，无法预测的空间变化加上乡间传统生活方式，街道永远是生机勃勃的空间，是传统市镇当中最有活力的地方。

6.2.3 历史地段聚落模块的分解、重构与创新

6.2.3.1 建筑基本模块

将建筑分解为模块进行研究，是民居研究中的常用手法。早期研究民居的院落组合关系时，

---

① 我们在四川绵竹灾后重建工作中，与各地来的志愿者一起工作。未经良好训练的志愿者绘制总图，就是直接从房屋着手而不考虑街道，这与古城建设的机制相通，与现代规划理念相左。略记之。

② 参见图4-33，传统街区、古镇、村落对应模式a。

③ 参见5.3.1对自发建造生成机制的解读，短程通讯部分。

将基本院落进行组合，以探讨可能的组合形式。东南大学段进在《城镇空间解析：太湖流域古镇
空间结构与形态》中明确指出，古镇空间是由不同层次的空间要素结合而成（图6-9），并对古镇
空间物质环境，包括民居建筑进行了更进一步的层次细分。细分的方式由项目灵活决定，并没有
固定的模式，重点在于细分之后的元素，可以更新、发展、替换、重组，从而自下而上地促进整
个系统的变化。哈伯拉肯在2001年研究空间的聚合层次中认为环境是一种聚合之物[1]，并举例说
明了不同模式的分解方式（图6-10）。

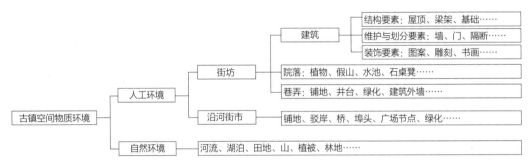

图6-9　古镇空间物质要素系统分析

资料来源：作者根据：段进，李松，王海宁. 城镇空间解析：太湖流域古镇空间结构与形态［M］. 北京：中国建筑工业
出版社，2002：7.绘制。

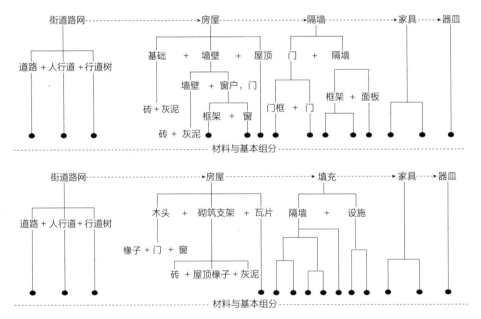

图6-10　环境围合层次及其集合图表

资料来源：作者根据原书不同图纸集合绘成，建筑和街道的分解方式是独立的。原书有注，认为现代建筑中，设备和
设施占据了非常重要的地位，它们和原有的隔墙一起，共同组成了新的填充体系。房屋的两种分解方式是殊途同归的。
HABRAKEN N J. The Structure of the Ordinary：Form Control in the Built Enviroment［M］. Cambridge，Massachusetts：
The MIT Press，2000：89-97.

---

① HABRAKEN N J. The Structure of the Ordinary：Form Control in the Built Enviroment［M］. Cambridge，Massachusetts：
The MIT Press，2000：90.

街道空间是消极空间，因此可以把研究的重点转移到建筑实体部分；同时，建筑可以通过不同级别的模块分组界定。在凤凰的工作中，对周边地段进行调查并结合总图进行分析发现：尽管城市肌理变化丰富，但组成平面的基本尺度单元只有七种（图6-11）；基本的平面形式也只有两种，一种是联排的普通住宅，一种是带天井、深宅大院的印子屋。因此，构成凤凰古城的基本模块，并不像表面上显示的那么变化多端，不可琢磨。在这七个基本尺度的模块基础上，借助结构的进一步细分与变化，民居生成有统一尺度、特征，但细节变化多样的群落。

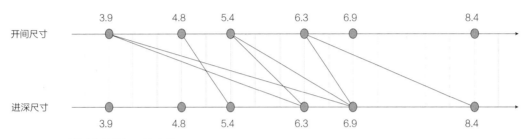

图6-11　凤凰古城房间的基本尺寸组合关系

6.2.3.2　模块的细分

对于建筑而言，不仅要认识到基本尺度与组合模块的存在，还要分析模块的细分与变化。只有让每一个模式都保持开放、可变化、可生长的状态，城市才会丰富、复杂。在凤凰的尝试中，由于只针对城市肌理进行研究，因此只完成"模块—组件"的分解工作。组件细分的层次大体以外形为依据，分为屋顶、墙体、基础三个部分。在这三个部分的基础上分析凤凰城镇民居的本土特征：马头墙宜平直，屋顶上多老虎窗、有凉亭；吊脚楼在不临水的区域实际很少。[1]

襄樊的工作，针对具体的街道对组件作进一步细分，关注了小尺度建筑构件的材料与基本组分，是对凤凰研究的补充。对民居的层次细分是为了更具体地提取本地造型元素。从对当地民居的分解、重组中可以深入认识以下几点。

1）一定地区，模块、尺寸、做法、样式都是有限的，不像民居外观表现出来那么复杂，可以通过调研进行梳理总结。不同部件的造型方法也有限，同样是马头墙，在一个地区可能的变化并不很多。由于工匠的技艺、地区审美的趋同，大致的样式只有有限的几种类型。

2）模块、组件、样式、做法数量有限，但拼接、组合的可能很多，数量庞大。模块的灵活搭配组合，是一个地区民居做法有限、样式多变的原因。构件样式的局限并不意味着单调，随着不同组件之间的搭配，以及对层次的进一步细分，组合方式的增多会使整体造型呈现多样性。就襄樊陈老巷马头墙变化所作的分析，充分说明了要素细分可能带来的多样性，尽管每个细节的变

① 孙大章. 中国民居研究［M］. 北京：中国建筑工业出版社，2004：114-115.

化方式只有数种,但整体上的变化却非常多样(图6-12、图6-13,是襄樊陈老巷马头墙要素组合的不完全举例,横列是挑檐花纹的变化,纵列是不同构件形式变化组合的结果)。

3)不仅要注意气候、地理、文化背景等因素产生的影响,还应对偶然因素产生的影响予以关注。在凤凰,外来传教士所建的教堂很好地结合了本地民居与外来文化,拱券窗给予当地民居一定影响,是值得注意的外来"语汇"。

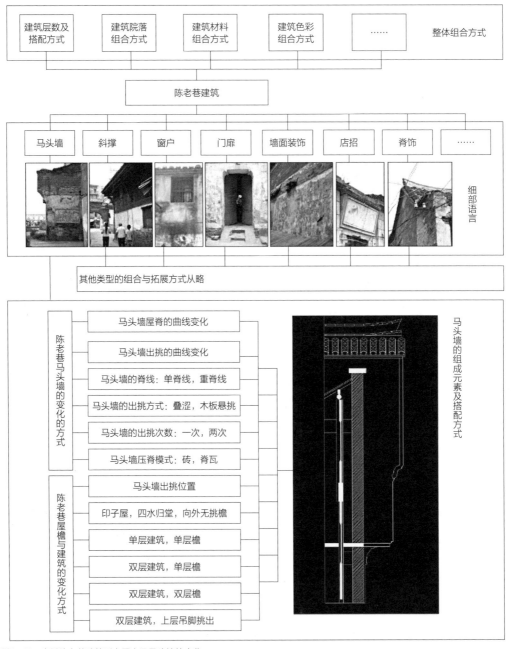

图6-12 襄樊陈老巷建筑形态层次及马头墙的变化

4）为了相对全面地分析当地民居的特征构成，理性思考各个要素独立变化的可能，可以通过表格对建筑的组成要素做出分析。凤凰探讨中所用的表格，横行是影响要素，竖列是建筑要素。值得说明的是，本表可以进一步细分，但并不能涵盖所有因素之间特殊的关联；表格只是辅助思考，不能替代建筑师创造性的思维；表格需要根据地区、项目的不同进行调试，反映不同的关注重点（表6-3）。在襄樊陈老巷历史文化街区的工作中，由于地段原来是一片很大的商业码头，形形色色的店招非常有特色。因此，在研究中有必要将店招单独作为重要元素列出（图6-14）。

5）历史地段的改造通常是一个开放的过程。对地段内模块、组件、做法进行的总结与界定，是为了确保在改造以及演进过程中，不丧失原有的地域特征。街区改造的核心是寻找历史地段重新回归城市生活的途径。历史街区不同于文物，不是静态孤立的系统，其存在的前提是保持合理的开放性；也正因如此，须对部分因素进行限定以保持系统的延续。在资金、设备、使用者、建设周期都保持开放的前提下，对形态要素的限定尤为重要。对于城市历史地段、历史街区，应充分研究街区、地段内积累的记忆，审慎创新。一些历史街区改造中，盲目借鉴其他街区的改造经验，模仿其他地区的做法，实际抹杀了历史街区作为传统自发性建造的地域性，清除了地段内丰富的社会、历史信息，以及富有当地特征的构造做法。

6.2.3.3　模块的重组与创新

不同的模块重组方式，显示了对聚落生成方式的不同认识。在凤凰的试验中以"语言"为喻阐释了民居重组过程中的自组织方式，表达了对传统聚落动态、开放生成方式的尊重。语言是比较为人熟悉的自组织系统：为了交流，语言必定具有可以辨

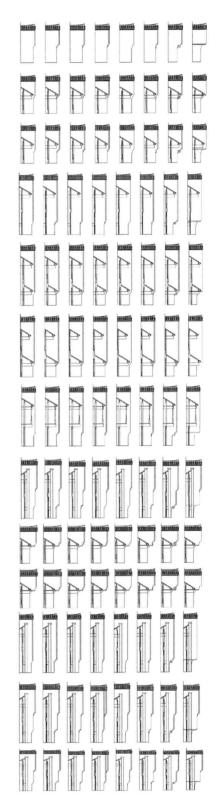

图6-13　襄樊陈老巷马头墙要素可能的组合
（纵向：做法及层数上的变化，横向：形态的变化）

凤凰中心区肌理恢复研究中建筑要素与影响因子之间的关联分析　　　表6-3

内容			气候							地理						社会							备注
			阳光	湿度	降水	温度	风向	风力	其他	海拔	山体	水体	坡度	土质	其他	习俗	民族	宗教	经济	技术	用途	其他	
立面	层数			□				□						□		□			■	■			
	层高			□				□								□			□	■			
平面	形式			□		■	□					□	□	■			■	■	■	□		■		
	尺寸											□	□	□			□			■	□	■		
朝向			■	□			■	□		■	■	□				□		□	□				
材料	种类			□															■	□			
	位置																		■	□			
屋顶	坡度				■			□								□	□	□					
	脊饰						■									□	■	■	□				
	老虎窗			■		■	□	□							□								
	凉亭			■		■									□								
	斜撑	■			■		■												□	□			
	马头墙															□			□	□	□	■	防火
构件	墙身	门厅 大小		■		■	□	□			□	□							■	■	□	□	防盗
		门厅 位置														□	□	□					
		门厅 形式														■	■	■	■		□	□	防盗
		窗户 大小		■		■	□	□			□	□							■	■	□	□	防盗
		窗户 位置														□					□		
		窗户 形式														■	■	■	■		□	□	防盗
		装饰 位置														□	■	■			□		
		装饰 题材														□	■	■	□		□		
		装饰 手段																	■	■	□		
基础	吊脚楼									■	■	■	□			□			□			

注：■表示较强相关，□表示较弱相关，空格表示基本不相关。

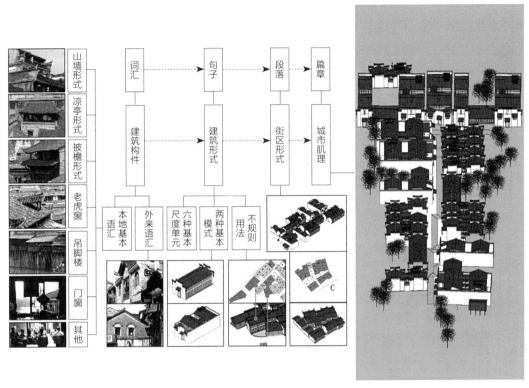

图6-14　凤凰建筑形态的分解与组合过程简图

识的结构；为了在不同环境实现功能，语言结构必须可以调节——尤其涉及意义的时候，所有这些调整不可能仅仅发生在个体决策层面上，变化来自大量个体的相互作用[①]。

　　和"语言"关联，也是研究建筑构成常用的方法，雷蒙德·亚伯拉罕在其1963年初版的《Elementare Architecture Architectonic》一书中含混地指出语言的统一规则与变化对建筑学的借鉴意义，"语言的特征是它先天就拥有不同形式的可能性[②]"。1977年，克里斯托弗·亚历山大提出了模式语言，意图建构描述城市、建筑的复杂网络体系，是划时代的思想著作。1984年《Process Architecture》杂志"东京城市语言"专刊中，室谷文治先生曾用"城市作为故事、街区作为章节、广场作为停顿、街道作为语句"（City as a story，Block as a chapter，Square as an intercept，City street as a sentence）[③]这样的方式释放了东京潜在的多层次含义，阐释了东京喧嚣、变化却又极富地方性的城市空间。在凤凰的探讨中，将建筑和语言类比，意图更好地解释建筑要素的自组织特征（图6-15）。

---

① 保罗·西利亚斯. 复杂性与后现代主义——理解复杂系统 [M]. 曾国屏，译. 上海：上海译文出版社，2006：126.

② ABRAHAM R. Elementare Architecture Architectonic [M]. Salzburg：Pustet，2001：XIX.

③ 室谷文治. PROCESS：Architecture [J]. TOKYO URBAN LANGUAGE，1984，49（7）：34-60.

　　将构件与词汇、建筑与语句、街区与段落、城市与篇章对应，解读了要素与整体的关系，阐释了局部元素、独立的建造如何汇集出整体的形态与意识。这样的比喻，更好地阐释有限的要素如何生成复杂的、变化丰富的城市景观。语言是自组织系统中特别的案例，语言当中，词汇的数量是有限的，但展现出的组合却是变化多样的。按照一定的层次结构将建筑形式分解，将特定地域内构件可能的形式进行"穷举"，似乎是很僵硬的办法，但这样的模式，得到的成果"被设计来作为过程，而不是静态的、逻辑的形式表述"[①]，似乎更有利于动态、开放地还原一个地段的特征。如果还能就每个部件深入探讨环境可能带来的影响，这个过程将更加开放，生成的形式更加灵活多样。

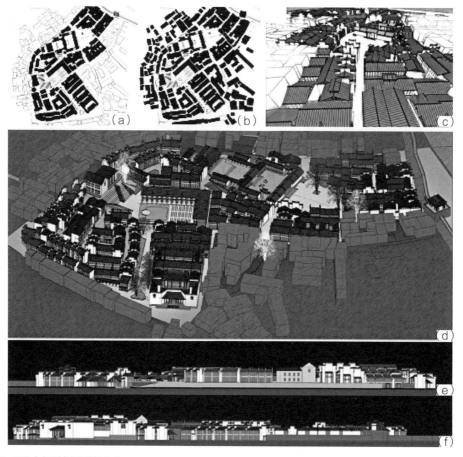

图6-15　凤凰中心区城市肌理的生成
每个街区、建筑，甚至构件都是开放的，可替换的，显示了设计对群众自发建设的包容性。由于界定了需采用当地语汇进行建造，无论局部如何变化，整体上总是呈现凤凰当地的特征
（a）总图示意；（b）与周边地块的融合；（c）局部鸟瞰；（d）整体鸟瞰；（e）南立面；（f）东立面

---

① 保罗·西利亚斯. 复杂性与后现代主义——理解复杂系统［M］. 曾国屏，译. 上海：上海译文出版社，2006：56，57，182.

6.2.4　自组织建成体系中非理性要素协同适应①

历史街区的自组织演化中，在某些特定的空间层次上会具有明显的非理性特征，但可以在其他空间层次的要素上予以纠正，在整体上呈现合理的关系。洪江滨水区城市历史地段肌理修复，以及滨水历史景观区建设过程中，首先研究了建筑单体的自适应原理，之后，构筑出相应的民居单元，模拟民居自下而上自适应生成过程（图6-16）。

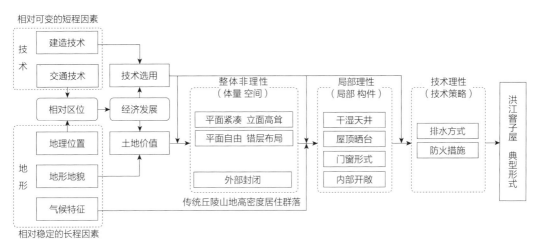

图6-16　洪江窨子屋基于多要素的复杂适应机制

6.2.4.1　洪江窨子屋

洪江窨子屋的分布，受河道防洪、山地地貌、水源使用等因素的综合影响；其聚落组团的布局与形态，由商帮自主管理协调形成。特定发展阶段的技术制约，以及产业、经济、气候等长程因素②，决定了洪江古商城窨子屋的选址。在公路、铁路出现之前，内河航运对于湘西地区经济发展具有重要价值。洪江地处沅水、巫水河的交汇之处。沅江自东向西流淌，巫水河由南往北注入沅江。为避免河水冲刷河岸以及泥沙的冲积，洪江码头群分布于沅江南岸以及巫水河西岸；依托码头自发生长的洪江古城，也因此主要集中分布于雄溪山的东、北麓的山坡上。洪江历史上未设县治，其城市发展由商帮自主管理，是典型的"先市后城"的自组织、高密度山地商埠聚落（图6-17）。

① 卢健松，朱永，吴卉，等. 洪江窨子屋的空间要素及其自适应性［J］. 建筑学报，2017（02）：102-107.

② 卢健松. 自发性建造视野下建筑的地域性［J］. 建筑学报，2009（学术专刊）：49-54.

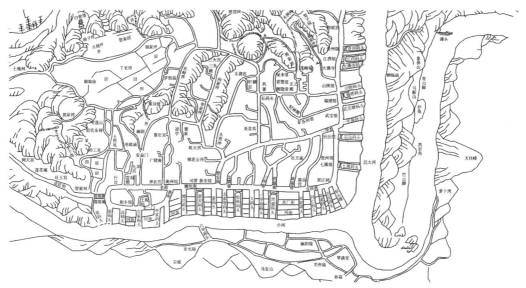

图6-17　洪江街市全境图

资料来源：光绪十五年天柱欧阳钟、伯吕绘制，苏妍描绘。

6.2.4.2　体量的非理性

　　洪江窨子屋的体量特征表现为整体上的封闭、集约，是对高密度山地聚落特征的积极适应，但并不符合当地的气候特征。

　　洪江窨子屋以院墙（三合院，一面为墙体）或房屋（四合院，四面房屋）围合高窄的院落叠套组合而成。与湘西其他地区窨子屋相比，昂贵的土地成本以及陡峭的丘陵山地制约了建筑的布局，因此洪江窨子屋的平面紧凑，一栋房屋只有一组院落；院落进深不超过3进；为提高空间的利用效率，院落的角部不设小天井，仍为房间；常为多层（2~3层）（图6-18）。

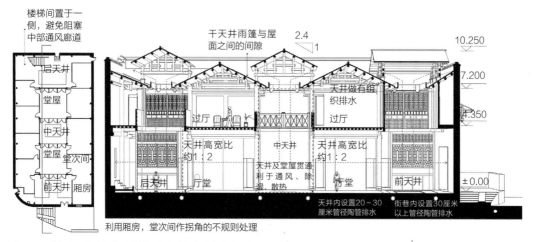

图6-18　洪江窨子屋空间典型案例示意图（以常德会馆为例）

洪江窨子屋用地紧凑，房屋开间与进深外尺寸分别在9.4～21米之间与12.2～32.2米之间。窨子屋的天井窄小，面宽为2.5～11.3米，进深通常为1.8～5.9米。堂屋是位于窨子屋中轴线上的系列空间。在洪江，窨子屋的上堂屋通常用来祭祀；中堂屋、下堂屋一般为过厅，用于家人起居生活；下堂屋也常常是对外经营的场所。根据使用功能的差异，堂屋进深略有不同（上堂屋较大，尺寸为3.3～5.9米；中堂屋的尺寸在2.7～5.2米；下堂屋尺寸为1.8～4.65米）。堂次间，是堂屋两侧的房间。在洪江，为保证房屋有足够的使用空间，窨子屋堂次间的开间尺寸一般不小于堂屋的尺寸，在2.7～4.8米之间。天井、堂屋和堂次间的尺寸，界定了窨子屋内部轴网的关系。当建筑受地形及外部道路影响时，中轴线上的堂屋及天井保持方正；但左右堂次间的开间尺寸会不完全相同；房屋用地呈异形平面时，一般改变堂次间与厢房的形态，使建筑平面适应基地形状，房间的尺寸因此变化更大。

为集约用地，洪江窨子屋多为2层，整体3层的亦不鲜见。不同于村落民居，洪江窨子屋的二楼和三楼日常使用频繁，有明确的功能，层高因此较高。窨子屋的首层为3.8～4.5米，二层3.6米，三层3.3米。由于所处山地坡度陡峭，基地标高变化复杂，很多洪江民居的内部标高前后不一致，形成错层，利用地形的变化增加建筑的层数，提高空间的利用效率，丰富了空间序列的变化（图6-19），弥补了建筑用地局促带来的不利影响。

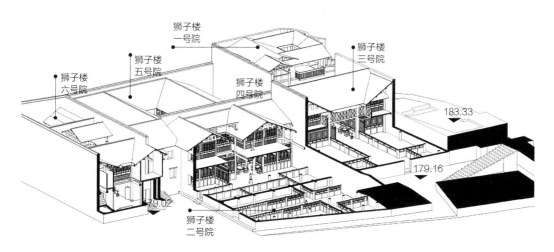

图6-19 洪江窨子屋组群随地形变化标高与入口方位（狮子楼组群）

6.2.4.3 子系统的适应性修正

在整体格局的基础上，特定空间以及局部构件的做法，有助于在特定气候条件下改善建筑物的舒适性。

洪江古城所处地区是典型的亚热带山地季风湿润气候，夏少酷暑、冬少严寒（年平均气温16～17℃，无霜期263～307天）；降水充沛，气候湿润，日照时间短（年日照仅在1300～1500小时）。在高密度的聚居模式中，洪江窨子屋主要通过屋顶晒台、干湿天井、内部开敞等具体手段，缓解天井高狭，气候潮湿、内部阴暗等问题。这些做法与手段是为了协调建筑形体与气候条件之间的矛盾而演化出的特定处理方式，在同地域的其他城镇与乡村民居调研中并未普遍采用。

1. 屋顶晒台

屋顶晒台在湘西其他地区窨子屋中非常鲜见，是洪江窨子屋在高密度商住混合使用过程里自发演化出的特殊构件。

晒台是窨子屋的屋顶之上，四面开敞的木质平台；常为悬山屋面，偶有简陋的歇山屋顶。由于气候湿润，衣物被服难以风干，而且商住一体，庭院晾晒有碍观瞻，洪江商家巨富的宅第通常都会在屋顶角部设置晒台。案例研究中，晒台是后期加建的附属构筑物，一般用童柱或砖块，草架在屋顶的梁架之上，形式与结构未与主体建筑有机融合。尽管如此，这一构件的设置，在窨子屋的屋顶上开辟出局部采光和通风良好的使用空间，有效地解决了当地潮湿季节中衣物的晾晒问题；除此，也兼具夏夜纳凉、火警匪情瞭望等功能；也使得天井、厅堂、走道等辅助空间保持体面，适于商业与商务活动的开展（图6-20）。

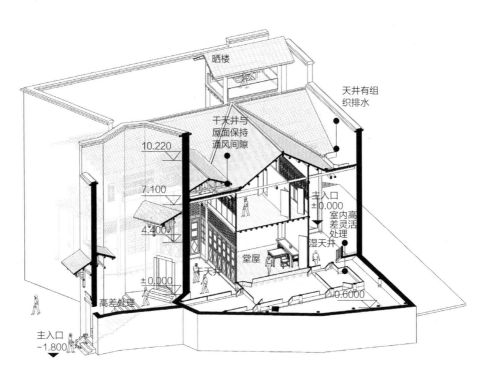

图6-20　洪江窨子屋的地域特征（烟馆）

2. 干湿天井

由于用地狭促，布局紧凑，洪江窨子屋的天井常覆以屋顶，形成类似于现代商业中的中庭，增加建筑的使用面积，利于商业经营活动的开展。完全露明，对外开敞，雨水可以落进来的天井，在当地被称为"湿天井"；与之相应，覆有屋顶，雨水有组织排放，不会随意洒落的被称为"干天井"。干天井的屋顶一般会略高于四周建筑的屋面，留出局部采光、通风的间隙；有的会局部或全部设置透光的玻璃亮瓦，确保天井内的亮度；有的还在天井的地面敷设光洁的木板，使天井与建筑的首层空间形成连续的整体，更好地为商业经营服务。由于洪江窨子屋的天井狭小，结构易于实施，一些生活宅院里也会采用干天井的做法，增加建筑的室内空间（参见图6-20）。

3. 内部开敞

窨子屋的外围护结构为青砖砌筑，利于防火防盗；内部支撑结构为木质框架，灵活多变；铁蝙蝠将砖砌表皮与木框架拉结，形成整体。由于房屋各户紧密相连，外壁上难以开窗，内部空间的贯通与开敞变得尤为关键。为了在封闭的外维护体系中组织内部通风，缓解潮湿气候的不利影响，也利于商业活动的有效开展，洪江窨子屋通过堂屋划分、柱间隔断、楼梯布局的调整，保持建筑内部空间的开敞与通透。

开敞堂屋贯通了多个天井，形成了窨子屋内部的开放主轴。这个开放的主轴，是洪江窨子屋内部空间组织与气候调节的重要手段。窨子屋的堂屋至少有一个界面向天井完全开敞（偶尔做挂落予以装饰），多个天井的垂直空间被贯通后，窨子屋的气候适应能力被强化。

柱间隔断布局灵活，根据不同的功能需求，形成基于窨子屋举架柱网平面的、组织灵活的可变体系。洪江窨子屋的内部隔断上常设以宽大的隔扇门（窗），界面轻薄通透，构件纤细小巧，使房间能充分利用开敞的主轴进行间接采光通风；用作商铺的院落，其周边首层房间与天井之间的隔断常被取消，与干天井做法相匹配，形成与天井贯通的连续经营空间（参见图6-18、图6-20）。

为保证中轴线上的空间贯通，利于湿热空气散除，与湘西其他地区的窨子屋相比，洪江窨子屋的楼梯通常不会设于堂屋的神龛照壁之后，而是位于轴线的一侧，一般置于入口处的堂次间与厢房之间，平面局促时，会利用一整间厢房作为楼梯间，解决垂直交通问题（参见图6-18）。

4. 入口形式

入口位置及做法的差异性，既是地形变化所造成，也是邻里间自主协调演化的明证。入口模式的多变，是洪江窨子屋内部空间组织与外部形态多样的关键原因。

洪江窨子屋的入口位置多变，没有禁忌与定式。为适应复杂地形的变化及左邻右舍的干扰，洪江窨子屋的建筑朝向及主入口方位，因时就势，不拘一格。洪江窨子屋的入口可以利用错层设在不同的标高之上；设在窨子屋的开间或进深方向均可；常设于次间，也可设在中轴（一般用于前店后宅）及拐角处。入口位置的多变与内部柱网的灵活划分，使得室内空间序列变化多样。

由于外墙高耸简洁，立面少有开窗，建筑形体敦厚完整；建筑形体上的变化由入口的做法所决定。洪江窨子屋入口的具体形式包含凸出、凹入（矩形、八角、斜角）、切角、附加建筑（建筑或院落）等具体的做法，每种做法又有不同的细节演变。入口的立面形式主要有三种：外墙凹入式会结合内凹的墙壁，嵌入小雨篷；外挑式则利用特殊的石质构件在墙壁上安放一个高高的出挑雨篷，雨篷上部用铁件与墙体拉结在一起；另外，受到西洋文化的影响，一些房屋的雨篷是线脚装饰的半圆拱（偶有方形）。尽管洪江窨子屋的墙身缺少变化，入口的灵活多变仍然使得建筑整体形态丰富多样（图6-21）。

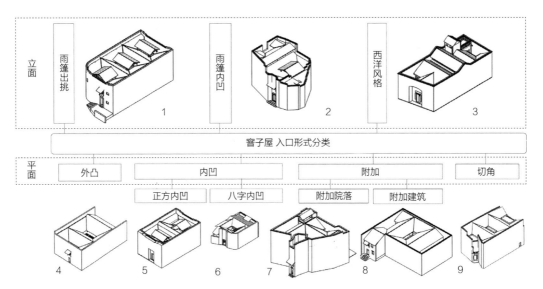

图6-21　入口位置与建筑空间模式
1-常德会馆，2-厘金局，3-盛丰钱庄，4-狮子楼3号栋，5-庆元丰货栈，6-狮子楼1号栋，7-烟馆，8-狮子楼5号栋，9-绍兴班

6.2.4.4　非理性要素的协同适应

建筑的适应性，不是特定主导因素与建筑形态特征之间的简单因果关联，而是在一定的技术条件下，建筑作为一个完整的体系与外部环境体系之间的复杂适应。数百年来，洪江窨子屋作为自发性城市的基本组成单元，历经长程的自主演化，形成了单元之间、单元体与外部环境之间，以及单元所形成的聚落与外部环境之间，三个不同层次的适应性。洪江窨子屋所呈现的状态能深刻揭示民居的自适应协同演化机制（参见图6-16）。

首先，在传统建筑的语境下，技术因素的可变性较小，长程因素（例如气候、地貌）的决定性被增大，组成特定聚落的建筑单元呈现出较明显的同一性。但社会、经济、文化所造成的差异仍然明显。区位造成的影响是基础性的，不可忽视。洪江窨子屋与湘西其他村镇（芷江、辰溪、黔城）窨子屋在尺度、形体上的分别清晰可辨。外部条件的多重复合交错的关联组合，是地区建筑形态多样化的原因之一。

除此，当密度增加到一定程度时，建筑单元之间的短程干扰逐渐明显。密度所造成的影响（体量紧凑，平面异形，入口多变）反映了邻里间的协同演化。邻里之间的竞争与协同导致外部条件及资源的分化，也是地区建筑多样性产生的另一途径。在局部空间及特定做法上，相同的外部制约有多种有效的因应手段，选择具体的技术策略具有偶然性。这种偶然性，进一步增强了地区建筑的多样性和复杂性。

此外，洪江窨子屋及其外部环境的复杂适应性研究，还进一步揭示了自适应机制的层次性（区位选址、建筑形态、局部构件、技术策略）与关联性。不同前提条件下，不同层级的建筑要素对外部条件的敏感度不同；高层级要素对低层级的适应性有制约作用，是较低层级建筑适应性发挥作用的前提；此外，同一层级的各种要素之间存在相互制衡、支撑的内在制约关联。两江交汇的区位条件结合民国以前湘西发展所依赖的内河航运系统，使得大量人口在洪江聚集；所形成的高密度商住混合的山地聚居模式，使其建筑用地与体量均受制约；商业的高度发达使土地集约利用成为主要矛盾，气候适应性因而在具体空间营造的层次上体现主导性；建筑空间的具体做法以及技术策略的采用，是在这些既定前提之下，对建筑性能的进一步优化；屋顶晒台、干湿天井、堂屋开敞、有组织排水是系统中具体关联的适应性措施，具有内在的依存关系。

利用不同层级建筑要素的差异性与关联性，可以通过不同的外部条件的改变对聚落形态、建筑单元特征演化予以引导，形成特定地域建筑群落及单体的更新设计方法。掌握聚落及单体适应外部环境的系统性，则可以厘清建筑空间、材料、构造做法之间的逻辑，并将其转换为历史地段的修复与还原方法。在洪江古商城滨水地段城市肌理修复中，基于当地窨子屋自适应特征研究，通过建筑要素分解与重组，辅以街巷空间生成导则的研究，本团队对沅江南岸滨水区的旧城肌理进行恢复；并在北岸生成具有自组织城市特征的城市旅游新区。相关案例已经得以实施。

6.3 建筑单体：界定式应答

场地内不仅蕴含亟待解决的矛盾，还蕴含着解决问题的地域性方法。查尔斯·柯里亚（Charles Correa）评价哈桑·法赛（Hassan Fathy）的一段话颇具启发："为穷人的建筑，不是说如何为穷人设计一栋建筑，而是要创造一种把那些实际已经存在的东西，加以继承发展，故其解决方案是有活力的。"[1] "界定应答"策略，旨在对设计策略、形态特征予以限定，使建筑融入聚落的群体，并不断强化聚落的某个整体特征，呈现强烈的地区特性。

既往设计中，强调对地方性问题的发现，却不注重对问题解决方法的界定。单体设计中的"界定式应答"，强调对建造规则的限定，主张在自然、人文因素的限定之下，尊重对"等价有效策略"的选择，关注随机因素对地方建构产生的既有影响。建筑的地域特征，不仅是可供把玩的艺术趣味，也是解决设计问题的具体手段。乡土建筑本身蕴含了解决当地设计问题的答案。对于建筑设计而言，并不存在普适的解决方案，"界定性应答"是解决问题的一种思路，并非固定的设计程式。建筑设计如果不能针对具体问题制定特定解决方案，也就失去了其本身的意义。湖南耒阳毛坪浙商希望小学的设计，隆回虎形山富寨小学的设计[2]从解读当地民居开始，一定程度上均可以印证、阐释"界定性应答"的设计思路。

---

① 吴良镛. 广义建筑学［M］. 北京：清华大学出版社，1989：78.

② 2006年7月19日夜，"碧利斯"台风引发的暴雨与山洪摧毁了毛坪小学的校舍。湖南省浙江商会于2006年7月29日紧急筹资50万人民币，用于新建小学。2006年8月5日，清华大学王路工作室踏勘现场，义务承担了希望小学的设计工作。到2007年12月8日，共一年零四个月，小学建成。建成后小学全称为"湖南耒阳市毛坪浙商希望小学"。清华大学王路工作室参与人员名单——项目主持：王路；参与设计：卢健松、黄怀海、郑小东；现场协调：卢健松、黄怀海。本案获中国建筑学会第五届中国建筑学会建筑创作奖优秀奖。发表于：王路，卢健松. 湖南耒阳市毛坪浙商希望小学［J］. 建筑学报，2008（7）：27-34. 等杂志。

在这个过程中，设计从现场分析和目标分析两个方面入手；通过对场地周密的调研分析，不仅确认目标，而且限定解决问题的方法。设计过程是随机却不随意的开放过程。设计师没有预设目标，通过在场地周边发掘问题并寻找解决问题的方法使建筑获得更为具体的地域性。在限定的范围内，建筑师仍然是组织者和决策者，个人的美学修养和专业技能仍然得到发挥。设计与建造过程中，参与者是开放的，村民、老师、学生家长都参与了建设，基于当地村民对地方资源的了解，一些节点做法进行了调整，使建筑在极低的造价之下保持了良好的性能，最初的设计构想也得以贯彻；家长偶尔参与的帮工，体现出对孩子淳朴的关怀，使一些设计图纸关注不到的细微之处得到优化，使建筑变得温情脉脉。

6.3.1　长程与短程因素的界定

强化建筑与环境的契合，需要各种因子对建筑地域性的影响具有整体性，但因子的影响范围和稳定程度是不一样的，需要划分为不同的空间、时间尺度来认识[①]。空间尺度越大、稳定时间越长的因素，所居的层次越高，对建筑地域性的界定越笼统。气候、大的地形地貌特征是相对稳定的因素，如果不通过文化，以及当地的技术、经济、政治条件进一步界定，不能形成具体的约束，无法凸显出清晰的地域性。据此，我们将界定分为"长程"与"短程"两类不同的界定。

长程与短程因素，对建筑形态的界定能力各不相同。长程因素相对稳定，所界定出的形态特征也相对持久，受其影响的因素也相对较多，与之相应的等价有效手段也比较多；而短程因素，由于本身是变化的，因此，所对应的形态、手段相对不稳定，变化较多，生成建筑地域性的能力也较弱。

6.3.1.1　长程界定

1. 气候界定

气候是生发建筑地域性最基本的要素之一，也是重要的"长程因素"。长程因素可以较稳定地对一定地区的建筑风貌特征形成影响，形成特定地区建筑风貌的深层逻辑。除非技术出现大的进步，否则，这种深层结构不会出现大的变动，与之相关的建筑形态特征也不会有根本性的变化。

湖南地处亚热带，位于东亚季风区，属亚热带季风湿润气候，气候温和，四季分明，雨水集中，年均气温17℃左右。湖南的不同地域，气候条件略有不同。湖南的南部气候湿热。农家小屋当中，常常用散热、通风较为便利的花隔墙来分割空间；简易的临时建筑，还有用木或竹制的格栅作为外墙的。这些做法虽然简单，却能很好地呼应气候，节省造价，稍作修饰还能做出许多细节的变化。这些遮阳、通风、隔热的措施，曾作为立面设计的主要语言，在毛坪小学的设计中多次使用（图6-22）。

[①] 单军. 建筑与城市的地区性［D］. 北京：清华大学建筑学院，2001：119.

图6-22　砖与木的格栅（耒阳毛坪村）是对气候条件的适应策略之一
（上排）花格墙的做法；（下排）篱笆与格栅

　　而在湘西，由于地势海拔较高，气候凉爽。以虎形山花瑶的聚居区为例，由于地处雪峰山脉海拔较高的山麓之中，其聚居村落的建成环境，既有湘西少数民族村寨的一般特征，同时也遵循高海拔寒冷地区的特殊要求。花瑶聚落的农村住宅中，1）室内至今保持着使用火塘、火铺的习俗；2）冬季，像北方地区那样，户外水管需要考虑防冻；3）由于常年气温较低，沼气难以使用；4）南方湿润，冬季倘若寒冷，会有雾凇、冰凌，檐口需要防止冰凌跌落；地面需要考虑结冰防滑的措施。这些细节，对建筑的形态塑造、节点构造都有很多的影响。

　　2．地理因素

　　地貌因素是影响建筑地区特性的重要客观因素之一。场地的坡度、坡向，河道、沟渠的布局，丰水位、枯水水位的标高等因素，都会影响到建筑的形态特征，生成一些特定的地区建筑语言，如高台建筑、吊脚楼等。但随着人类改造地貌能力的快速发展，地貌对建筑形态影响的程度日渐减弱。

　　区位因素反映了场地与周边环境关联的程度与方式。区位因素将影响地区的经济、技术发展程度，也影响建筑材料的采买、获取途径。随着人类技术、经济的日渐发展，区位因素对建筑风貌的影响也日渐扩大。

6.3.1.2　短程界定

　　"短程因素"是指影响建筑形态的技术、经济、观念、功用、材料等方面的因素。"短程因素"反应地域建筑在特定时期的发展状态，也是左右建筑具体形态、构造做法的直接因素。短程因素不是界定建筑地域特性长期演化的基础，但却是影响建筑单体快速演化方向的重要因素。

　　1．技术界定

　　要素决定了加工材料、构筑空间的基本能力。对技术手段、技术路径进行适当的界定，有助于聚落地区性的生成及强化。

２．材料界定

针对材料的分析，应关注材料的种类、材料的搭配、材料的演化与变异。

材料的沿袭。湖南村落民居的营建中，材料的种类并不多，主要包含木、竹、石、砖、瓦、土。在传统的地域建筑中，材料的类型少，但使用灵活，形态、做法、构造的变化丰富。不同的地区，不同的村子，主导性的材料会有差别，有的村子里，墙体的主材是砖（湖南耒阳毛坪村），有的地方是黏土（湖南麻阳干田村），有的地方则是木头（湖南隆回虎形山乡的村子）。

保持主材，或模仿主材的色彩、肌理，是延续地区建筑特征最简单、直接的方法。例如，在虎形山的厨卫改造中，结构体系被更换了，但立面借用家具的背板，依然将木头作为外观中的主材；另一些厨房的改造中，用白水泥加色粉及稻壳，模拟了传统的黄泥稻草抹灰，呼应了传统民居的外墙色彩。

主材的特点保留下来，辅助材料可以适度替换，为建筑增加一些变化，使得建筑有一种熟悉的陌生感。

材料的替换。传统的地方性建筑材料，在某些理化特性上，总存在一些缺陷；相互之间需要通过性能的搭配、组合予以弥补，使其适应使用的需求。替换材料时，应当遵循所使用的材料特性，有序地进行替换。例如黏土，其防水材料既可以是某种植物编织的表皮，也可以是阳光板、镀锌铁皮、玻璃等现代材料。这种材料上的搭配及局部的替换，在本书的5.1.1中已经较为详细地论述了。引入新材料，使其作为一种演进与变异的要素；但延续相互之间的搭配、合作关联；尊重材料的某种特性的使用，可以使建筑在保持地域特性的基础上，有序地发生演进。

不同的设计项目中，材料界定的比例、方式有所不同，建筑所展示出的传统性和当代性也呈现出差异。

构造的变化。界定某种立面主材后，辅助性的材料可以变化。选用某种特殊的辅材，形成某种特定的搭配，材料之间的连接方式、构造措施也会因此发生明显的变化，因此会给建筑的外观带来意想不到的趣味。

３．形式界定

应注重"等价有效手段"的具体界定。形式界定是指通过民居的形态分析，总结地域建筑的形态语言，并在设计中有意识地应用。形态界定，主要对建筑的尺寸、做法等要素予以限定。形态分析可以针对特定时段的风貌详加解析；也可以就某一时段的建筑形式演进予以详细分析。形态分析，可以从民居的平面、剖面两个方面着手。

平面分析主要了解村民在建筑选址、朝向上的观念，了解气候条件对建筑的影响，也可以得到平面尺度上的诸多要素。

剖面分析虽然也可以解析竖向尺度上的信息，但主要还是针对气候。分析民居的剖面，可以得到很多适应地域气候的细微方法。例如：1）屋檐出挑的宽度；2）前后窗户的开启方式及大小；3）檐口的做法；4）台阶的高度以及户外明沟的做法，等等。这些剖面形态上的要素，一般都可以解析出适应气候特征的地域设计方法。

6.3.2　花瑶厨房更新①

2013年，崇木凼村登录国家历史文化名村名录，有"花瑶古寨"之称。②

"花瑶"是指聚居于湖南西南腹地，海拔1300米左右的雪峰山上，溆浦、隆回两县交界之地的瑶族部落。据东汉应劭《风俗通义》记载，瑶族祖先"积织木皮，染以草实，好五色衣服"。③因其服饰独特、色彩艳丽，尤其是花瑶女性挑花技艺异常精湛，故称"花瑶"。花瑶目前人口仅2万左右，主要分布在小沙江镇、虎形山瑶族乡、麻塘山乡。虎形山瑶族乡是花瑶最主要的聚居区④，由12个行政村组成，其中富寨、铜钱坪、水栗凼、四角田、万贯冲、草原村是汉瑶杂居村落，崇木凼、虎形山、水洞坪、白水洞、大托、茅坳是以瑶族为主的少数民族村落。

6.3.2.1　长程界定：气候与地理

高寒的气候特点及地貌特征，决定了花瑶建筑特殊的房屋布局、饮食习俗与烹饪特征。

案例所在的崇木凼村，是虎形山瑶族乡海拔最高的地区，距隆回县城110公里，地处雪峰山脉东麓，平均海拔1320米，全年平均气温11℃，降雨丰富，气候凉爽。因此，在居住建筑中，花瑶人长期保持火塘间与厨房并置的习俗。取暖如同烹饪，都是花瑶人日常生活中的重要事件。

除此，由于地处山区，适于耕作的土地少，不足维持生计，花瑶人一直保持着狩猎与农耕结合的生活方式。特殊的地理环境、生活习惯和饮食烹饪要求使花瑶地区的厨房有着不同的特征，主食存于谷仓，农产品种植于菜地，肉类腌制好悬挂于柴灶上方，常年熏制储存。花瑶厨房从火塘中分离演化出来的历史不长，随着厨房功能的独立，花瑶农民住房的室内空间品质得以提升；灶具的不断更新，促进了厨房室内环境的改善。

尽管取得了长足的进步，虎形山乡的花瑶农民住宅，在建筑形式、建筑质量上仍存在诸多不足。自来水的引入、烟囱的建造极大地改善了花瑶农户住宅的品质，但花瑶农户自建房的厨房仍然存在建筑标准低劣、室内昏暗、流线混乱、柴草堆放杂乱等问题。作为附属用房，厨房的建设规律长期得不到关注，农户在自发建造过程中，也无力应对不断呈现的新需求。

由此，本研究拟研究厨房室内更新途径，使其既可以延续花瑶传统习俗，也可以满足现代烹饪设备要求，适应现代烹饪、饮食的需要，进而提升当地乡村住宅的整体发展。

① 花瑶厨房，湖南大学建筑学院苏妍、孙亚梅参与设计；获得国家十二五科技计划项目"传统村落空间格局和社会组织与传统建筑适应性保护及利用技术研究与示范"（2014BAL06B00-01）的经费支持。

② 米莉，黄勇军，李严昌，等. 花瑶民族的历史、文化与社会［M］. 北京：中国社会科学出版社，2014.

③ （东汉）应劭. 风俗演义［M］. 北京：中华书局，1973.

④ 米莉. 国家、传统与性别——现代化进程中花瑶民族的社会发展与制度变迁［M］. 北京：中国社会科学出版社，2014.

6.3.2.2 短程界定：系统建构与技术界定

1. 系统建构

　　烹饪是厨房的基本功能，"火"与"水"的合理使用，"食材"的加工、保存、处理是影响厨房品质及功能组合的关键性因素。基于"火""水""食材"三项基本元素，农村住宅中的厨房通常还包括取暖、餐饮、盥洗、祭祀以及邻里交往等多重功能（图6-23）。基于烹饪及其他功能的需求，厨房的组成要素可以归纳为采光照明、给水排水、排烟排气、物料存储，以及废弃物处理五个基本系统。当代，随着乡村经济、技术、外部环境的渐进式发展，新的设备、事物、功能不断在农村住宅发展过程中涌现。农村厨房的研究应充分考虑新的要素变化对乡村住宅及农村厨房发展的影响[①]。基于系统地梳理，有助于把控要素之间的关联（图6-24）。

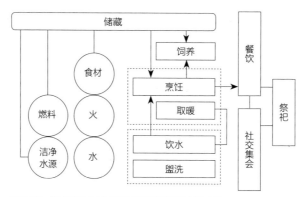

图6-23　湖南地区乡村厨房的关键性要素及主要功能

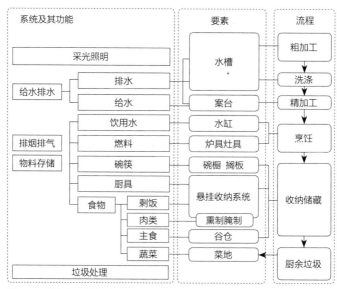

图6-24　湖南地区乡村厨房的构成系统及其关联分析

---

① 熊瑶，卢健松，姜敏. 燃料·灶·农宅——洞庭湖地区农宅调查研究［J］. 住区，2017（01）：54-63.

2．细节精致化

花瑶厨房的建设，注重建设品质的提升，强调建筑师介入乡村自建后，对自建系统的良性干扰，以期形成示范，推进乡村自建的整体优化。在设计与建造过程中，采用了在地陪伴式的策略，通过与农民的互动交流，对节点的具体做法进行了优化与精细控制。在与村民交往的过程中，重点对新旧材料（主要是混凝土与木结构的关联）的交接方式进行研究。根据当地施工技艺的发展水平以及建房中容易出现的主要问题，对泛水构造、卫生间防水、木构件与混凝土构件在不同位置的连接进行了深入研究。

实施案例为沈修恩与沈诗考的厨房改造。

如何完善厨房的功能性要素，保持、延续其地域文化特性，并逐步提升其与现代生活的适应性是本研究的重点。

在2013～2017年的花瑶厨房研究中，沈修恩（新建）、沈诗考（改造）家的介入周期长，完成改造项目多，对农户厨房实施了较为深入、全面的更新改造。两处重点案例的实施，主要针对自发建造过程中尚未解决的流线组织、采光照明、通风设置、储物设施等问题开展工作；除此，针对腊肉熏制与室内环境保洁、雨水收集与再利用、花瑶火塘社交功能的激活做了专门性研究。

沈修恩家的住宅原有厨房面积仅11平方米，木结构，土灶，无烟囱。改造过程中，拆除了原有的厨房及灶台，并根据农户意愿扩展了规模，使其适于商业经营的需求；资助材料费11.3万元，完成厨房（37.42平方米）、卫生间（29.97平方米）、火塘餐厅（57.94平方米）共计约120平方米的加建，介入过程着重验证设计更新策略的有效性。沈诗考家的厨房，灶台是两年前新建的，但灶台无烟囱；介入过程中，保留了灶台及原有建筑主体结构，重点研究既有农户厨房性能优化的策略，资助材料费1.8万元。资助经费由国家"十二五"科技支撑计划"传统村落空间格局和社会组织与传统建筑适应性保护及利用技术研究与示范"项目承担，建筑结构、采光照明、通风组织、储物设施、食材处理、雨水处理等方面的具体工作如下（图6-25～图6-36）。

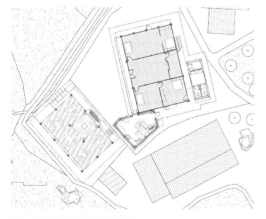
图6-25　沈修恩家改造平面图

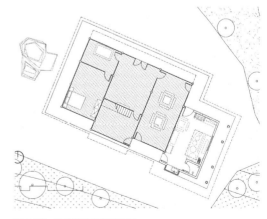
图6-26　沈诗考家改造平面图

图6-27 沈修恩家厨房外观

图6-28 沈诗考家厨房外观

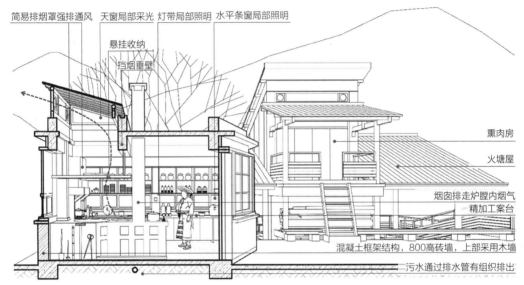

图6-29 沈修恩家厨房剖切示意

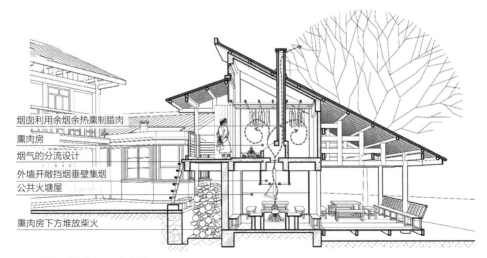

图6-30 沈修恩家火塘房、熏肉房剖切示意

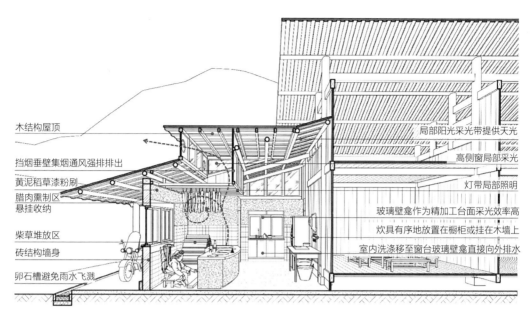

图6-31 沈诗考家厨房剖切示意

（1）结构更新。沈修恩家的新建厨房，为了提升木结构房屋的防火防潮性能，建筑采用混凝土框架结构，下方衬砌0.8米高砖墙；为传承地方建筑风貌，砖墙上部保留当地传统风貌的木墙。沈诗考家厨房留存了原有的砖结构，用黄泥稻草漆对裸露的砖墙进行了装饰，对木结构屋顶进行了改造。

（2）采光照明。采光不足是湘西农村住宅厨房最普遍的问题之一。为避免新建厨房对原有住宅的干扰，沈修恩家的厨房为平屋顶，设置屋顶天窗增加室内照度。沈诗考家的厨房：1）在原有坡屋顶上增设了高侧窗；2）另在原有屋架间设置玻璃，增强室内照度；3）除此，在单坡坡屋顶的屋脊处设置亮瓦采光，进一步优化室内的自然采光；4）精加工案台，利用原有窗台，设置玻璃壁龛作为精加工台面，采光效率高。室内灯光兼作夜间户外照明。

（3）通风组织。两个案例中均在厨房中增设窗户用以组织穿堂风；另外，均在屋顶天窗附近安装了排气扇，利用强排进一步减少室内烟气的集聚。沈诗考家保留了原有的灶台（无烟囱），为减少烟气对室内环境的影响，改造过程中在砖灶上方设置了下垂600厘米的木质挡烟垂壁，配合天窗下的排风扇进一步组织通风。

（4）储物设施。沈修恩家的厨房设计，在混凝土框架体系中设置了内嵌式的简易橱柜。橱柜下设置直接对应案台的水平条窗；除此，延续了传统厨房中经济实用的悬挂储物系统，用以放置大的木质锅盖，以及悬挂剩饭、熏制腊肉。

（5）腊肉熏制。结合厨房、火塘的布置，沈修恩家设计了专门的熏肉房。熏肉房置于火塘屋上方，通过梁下的集烟装置集聚火塘烟气。烟道通过熏肉房中地板上的阀门控制，分为两个不同的排烟路径。烟气既可以通过烟囱直接排走，也可以吸纳到熏肉房，熏制腊肉。

（6）雨水收集。沈修恩家的厨房屋面实施有组织排水。屋面雨水通过水道，有组织地排入集水水槽。屋面有组织排水，将减少屋檐飘落的雨水对墙面的侵蚀；也将减少屋檐滴水在地面飞溅，避免木柱、木墙的基础部分提前腐烂损坏；除此，收集来的雨水也可以洒扫庭园，或者作为食物粗加工的清洗水源。沈诗考家屋后有山泉，屋檐下方仅设置卵石檐沟，避免雨水飞溅。

图6-32　沈修恩家的厨房、熏肉房、火塘屋

图6-33　沈修恩家熏肉房、火塘屋

图6-34　沈修恩家的厨房

图6-35　沈修恩家厨房室内

图6-36　沈诗考家厨房室内

6.3.3　富寨小学[①]

　　富寨村是当地瑶、汉杂居的一个小村落，位于小沙江镇与虎形山镇之间。2014年底，村委会购置了一块坡地，拟在此修建一个6班小学（按教育点配置要求，需建设一个篮球场）与1个班的幼儿园（图6-37）。在富寨小学的设计过程中，建筑师注重地方认同的价值，主动传承文化，并学习当地老百姓建房中对气候适应性的认知，进而总结新的设计方法，使建筑具备现代性与地域性。

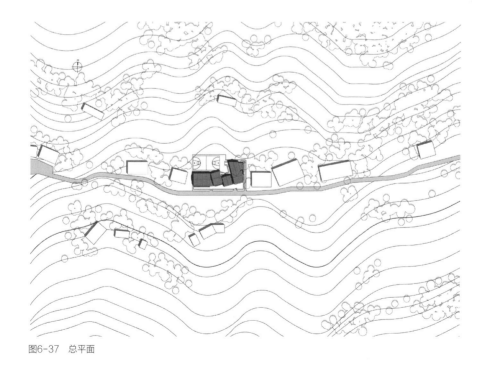

图6-37　总平面

① 富寨小学，湖南大学建筑学院涂文铎、周亚强、杨梦云、苏梦晞、杨沐昕、卿海龙参与设计。

在设计过程中，设计团队充分考虑了小学作为村落中的重要公共空间：1）对村民社会生活自组织的作用；2）应用当代观念、技术、材料，解决高寒山地传统民居聚落建设问题过程中的示范价值；3）低造价与可支付。

6.3.3.1　长程界定：气候与场地

在富寨小学的设计过程中，建筑师的任务是从场地中认知、发掘既有的方法，通过合理的安排解决新的问题。创新蕴含在原有方法的组合当中，不再是设计师的纯粹的自我表现。

1. 气候适应

富寨小学地处海拔较高的地区，冬季冰冻，雨季起雾的概率都较海拔较低地区的频率高，时间长。应对较为寒冷气候给建筑带来的不利影响，当地民居逐步自生成了一套简单适用的构造—造型体系，但尽管如此，这套策略并不能传承当地民居的传统风貌特色。如何综合协调新语境下的气候适应性与风貌传承之间的矛盾，需要做进一步的探讨。

本案例延续了民居的坡屋顶形式，便于屋面排水；屋面出挑0.9米，确保山墙、柱子不被雨水侵蚀；设置宽外廊，连接各个单元，便于雨季雪天孩子们不受淋漓之苦；檐廊的木柱采用了高柱础的做法，隔绝湿气，也避免风雨飘摇时，淋湿下面的柱身（图6-38、图6-39）。

2. 地形界定

建筑位于地势较高的陡坡上，面对一条风景优美的峡谷。如何处理建筑与地形的关联，并形成对民居的建设示范，是本案例应当承担的责任。设计把教师用房置于标高较低的位置，充分利用了高差；教师用房与山地挡土墙之间设置通风廊道，一方面作为交通空间，一方面可以避免潮气侵蚀教师公寓的墙体；另外，篮球场紧靠教师的外廊处，设置了小看台，看台下方设置通风格栅，使走道处保持通风，尽量干爽（图6-40）。

图6-38　山谷里的富寨小学

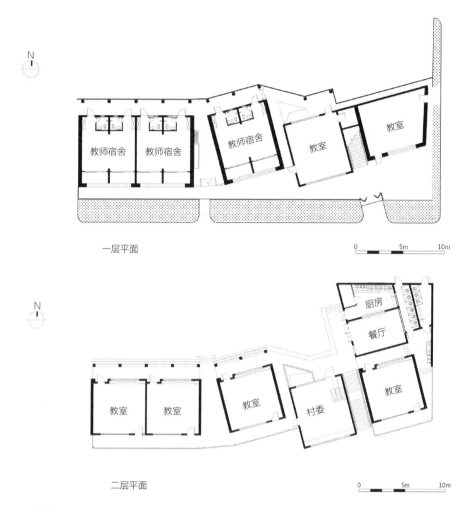

一层平面

0　　　5m　　　10m

二层平面

0　　　5m　　　10m

图6-39　富寨小学平面

图6-40　地形剖面

6.3.3.2   短程界定：地方知识与技术途径

1. 地方认同

与城市小学的属性不同，作为一处显性公共空间，村里的小学是村落里最重要的公共投资项目。对于富寨村，地处偏远山区的小山村而言尤为如此。由于山高路远，人口密度较低，周边公共服务设施稀少，如何以有限的投资，增强村落的自我认同与凝聚力是设计需要解决的额外课题。

为达成这一目标，设计通过功能复合性的增强来强化该地段的公共性。通过与村委会的协商，设计中，将村委会和图书室纳入进来，和小学、幼儿园建在一起，多种功能复合，使得项目的规模略有增加，但在日常生活中的使用频度大幅增强，有助于提高该项目的标识性、参与性与公共性。村委会和图书馆整合成一个高耸的体量，形成这所小学校的控制性要素，也将建筑形体分为东、西两个部分。农民在建房过程中，西侧忠实地执行了原有的设计意图；后面修造的东侧，在体量和构造上却沿袭了自家建房的既有做法，对设计进行了大刀阔斧的调整。最终矗立村口的建筑，一侧是建筑师的理想；一侧是乡民的固执，形成颇为有趣的一种对话（图6-41）。

2. 材料界定

近年来，随着出外打工及经济的发展，当地老百姓的居住习惯发生了改变；建造材料也由木结构为主，向砖混建筑为主发展；建筑形式也由传统的木结构坡屋顶建筑，转变为混凝土贴面砖的建筑为主，间或也有不少仿欧式住宅夹杂其中。为保护当地传统建筑风貌与地方文化，新的公

图6-41   富寨小学化整为零的尺度

共建筑应该展示一种传统形式与现代生活兼容的途径作为示范，使公共空间节点成为干预民居非理性演化的一种技术手段。本案例遵循地区材料演化的基本逻辑，没有按照文化部门的要求，做一栋木制的仿古建筑，也没有做全然的砖混结构（图6-42、图6-43）。

图6-42　富寨小学的山墙处理

图6-43　富寨小学山墙的室内外处理

3．形式界定

本案设计中，注重体量、形态上的协调。建筑的体量化整为零，与周边的民宅呼应。建筑的形式模仿周边地区的传统住宅，山墙露明，让光线洒入。房屋以混凝土为框架，砖砌外墙，木结构的梁架镶嵌其间，地方性与现代结构相适应。

4．材料界定

根据花瑶地区传统民居的特点，设计中在白色墙体之外，采用了花瑶地区最常见的两种材料：原木与麻石。花瑶传统住宅中，木材是最为常用的材料。但全木结构的花瑶住宅，耐久性、密闭性都需要改进；此外，防火、防水性能也都较差，不适宜在公共建筑中使用。因此，设计中尽力实现一种简单的、适于当地施工技艺的做法，让砖混结构与木结构混合，提升建筑品质的同时，传承当地的建筑风貌（图6-44）。

小青瓦屋面
屋面檩条
外檐廊框架结构
内部混凝土框架
图书馆混凝土内框架
通高立面山墙，混凝土内框架
木质立面框架

山墙砖填充部分
山墙混凝土结构框架
山墙木结构框架

图6-44　地形剖面

6.3.3.3　自发修正：建造过程的自发修正

虽然图纸画得很细致，但村民并不读图，而是按照自己的生活经验建造。设计师熟悉的建造程序被打乱，所有的事情必须放在现场中解决。如果不实施在地的督造，农民会自发地对设计予以修正。这种设计与修正之间的博弈，正是建筑地域性生成过程中不可回避的矛盾。在这个过程中，精细的设计图只是一份大致的参考，建造过程并不是按照蓝本有序推进，而是一段充满惊奇与挑战的旅程（图6-45）。

建筑物的西头，是设计师在现场辅导完成的；但在项目的东头，设计逐渐按照村民的意愿被修改。调整主要集中在以下几个方面。

1. 屋檐

屋檐舍弃了我们设计的小青瓦檐沟外排水的做法。实际上，我们在设计中曾考虑像大多数农村住宅那样，以PVC管作为小青瓦屋面的外檐沟，但是富寨村里农户对这一构造不熟悉，我们也

图6-45　富寨小学的形态修正

未在现场作有效的辅导，西头的檐口因此没有做有组织排水；实施完村委会高塔后，村民按照自己熟悉的做法，将檐口恢复成混凝土外天沟的做法。虽然造型上不那么美观，但是农民们认为，这样可以避免雨水落到地面上，冬季不会结冰，小朋友不会滑倒，更安全适用一些。

　　2．露台和台阶

　　为了建筑形体的灵活转折，我们将二层的建筑分组断开，形成一组前后错落的小体量建筑组合。这样，形成很多露台的空隙，以及没有屋顶遮盖的户外楼梯。由于村里的工匠不会在混凝土屋顶上做排水天沟，因此，同样处于冬季防滑的考虑，农户要求我们用屋顶将楼梯遮蔽起来，不要露明，确保在湿冷多雨的冬日，台阶、露台上也不会结冰，使小孩子们可以避免摔倒。

　　3．立面的毛石砌筑

　　富寨小学的建筑首层采用非承重的毛石墙，墙厚的构造预留为30厘米；根据立面的比例，墙高3.9米。砌筑过程中，毛石墙需要和砖砌内衬墙以钢筋拉结，构造比较繁琐；为避免和主体之间的不均匀沉降，建筑的基础需要适当扩大，在正负零标高之下，做一个与主体基础连接在一起的承台。在大型公共建筑中，这些措施或许并不显眼，但对于小体量的乡村建造，这些处理既显繁琐，造价也略微高昂；对于乡村的施工队，技术要求也较高。

　　在做西侧一楼的毛石墙体的时候，农户就提出，这么高的毛石墙，剥落坠下来伤及周边戏耍的孩子怎么办？我们耐心细致地解释了具体的构造及做法，尽量打消农户的顾虑。但在地服务中断的那一段时间里，村里人改变了策略，没有采用毛石砌筑，而是直接采用深灰色涂料涂刷。在后续的设计中，我们也曾专门撰文反思，作为一种文化象征的"毛石墙"是否有沿用的必要。"当下，随着建筑体量的增加，造价、环保问题的日益严重，'毛石墙'越来越'符号'化，正成为一种不合时宜的'符号'化的地域建筑语言。"2017年，由于粉尘、污水以及对山体的严重破坏，虎形山采石场被关停。获取石材，甚至边角料的成本也越来越高，途径越来越少。在村落民居中常见的毛石墙、毛石基础，在大体量的建筑中并不适用。毛石墙是看上去颇具风情的地方性材料；但在低造价乡村建房中，它的材料价格并不适宜，环保性能也不具优势。

　　富寨小学之后的项目，我们开始刻意回避毛石墙。虎形山民族团结学校实施时，我们将已有的毛石墙体换成了文化石贴面，虽然肌理没有那么自然，但工艺和造价却简单低廉了。再后期的一些设计，我们尽量用具有乡土风情的质感涂料来代替毛石砌体，努力找到新的、结合当代技术和需求的材料和做法。

6.3.4　益阳紫薇村住宅自建导控[①]

6.3.4.1　住宅自建单元

　　自建住宅是以家庭为基本单元，依托一定的社会制度形成的互助体系，由使用者自行筹措资

---

① 富寨小学，湖南大学建筑学院郭秋岩、唐华燕、苏妍、冯再明参与设计；村民钟从众参与测绘调研。

金，自主决策房屋选址及形式，全程参与施工的住房营建模式，是人类解决自身居住需求最基本的手段与方法。

我国的村落，由大量自建单体与相应的公共服务设施体系聚集而成。乡村的自建单元反映了农户家庭以自身需求为原点的居住意愿。乡村的自建单元与农户居住意愿结合在一起，形成在一定时期内具有可变性的单元，我们可视其之为自建的"主体"。

农村建房过程中，农户之间由血缘、地缘关联组成的社会系统发挥了重要的作用。以亲情、人情为纽带的互助关联，使得乡村建房成为村落内部的共同活动。尽管近年来，乡村建筑施工队的工匠们发挥了重要的作用，但农户之间的互助仍然占据了重要地位。互助建房的过程，既是人情交流、劳力换工的过程，也是乡村技术培训、经验传承的手段。首先，村民自建过程里的交流，是自建单元演化发展中协同的重要步骤。其次，数量巨大的自建"主体"之间，还存在相互之间在空间、资源上的竞争。为争夺更好的通风、采光、水源、交通条件，农户建房在尺度、高度、选址、风格上都存在攀比与竞争。这种竞争与协同的关系，使村落内的自建"主体"单元并非孤立的点，而是一个相互协同的动态演化体系。

6.3.4.2　住宅自建单元导控的基本类型

自建住宅的导控，不能简单地以"他组织"的方式，以具体的、指令性的方法进行控制，而应借助"资金引导"及"技术扶持"等指导性较强的方法加以引导。其中，"资金引导"包括直接资助、"以奖代投"等方式。"技术扶持"包含建筑师直接在地式的陪伴乡建、培训授课，以及指导性方法（案例示范、标准图集、导则导控等方式）。

指导性的技术扶持是一种潜移默化式的轻度干预。其中：

1)"案例示范"是指，以优秀的、公共投资的"样板房"作为示范，为农户建房提供可资借鉴的参考依据。由于大多数农民所受的专业训练有限，读图能力不强，因此，以案例直观地展示建成效果是最为直接有效的手段。2005年以来，建筑师在乡村地区的创作活动日渐频繁，这些设计创作活动，虽然不是直接以农户为主要服务对象，但也为相对封闭的乡村建设体系引入了新的观念、信息与技术；也将成为推动乡村建设发展的重要实物案例。

2)"标准图集"是指为了强化地区建筑的特异性，根据一定地区乡村建成环境，总结相应的细部造型及构造。这种方法本质上，是构造更微尺度的模块单元。导控过程中，强调细部设计的同一性，确保建筑风貌统一的前提下，避免建筑单体的模式化。由于研究地区建筑细部，需要耗费较多的人力，较长的时间周期；且覆盖范围大，界定建筑的地区性较为笼统，因此，该方法在传统民居导控中已经使用，却尚未在新的地区建筑聚落导控采用。

3)"导则导控"相对简单，使用较为普遍。"导则导控"一般是通过对不同设计要素的定性描述对房屋的形态特征予以引导与界定。目前，日本、美国、英国的乡村建设导控，一般应用导则手册的方式进行引导。导则的方法、技术指导、扶持的能力相对较弱，但灵活度高，实施性强，适于在村落建设中对自建民居引导控制（图6-46）。

图6-46　建筑教育的普及与自建房导控

（a）德国Frankfurt建筑博物馆里的乐高积木游乐，让孩子尽早接触到建筑相关知识；（b）利用影视技术，为农村自建房所做的可视化专业指南

资料来源：（a）作者自摄；（b）光盘封面：周瑛，鲁力佳. 农村自建房专业指南［CD］. 北京：北京水晶石影视动画科技有限公司，非常建筑工作室，2008.

6.3.4.3　紫薇村农村住宅立面的更新

1. 紫薇村

紫薇村在洞庭的南岸，位于益阳市资阳区长春镇西部，距离市区约6公里，是原保安村与桃子塘村合并而成的一个新村，沅益公路从其东部穿过，以传统农业、特色养殖，与苗木种植业为主导产业。

本章以紫薇村住宅立面更新改造为例，研究符合农村建设逻辑的住宅自建的自组织导控途径。

2. 空间理性及其界定

农村住宅在造价、材料、构造等方面具有天然的合理性，这种合理性应当予以尊重，并使其成为设计中需要遵从的一种界定要素。

农村住宅是一个生产与生活的集合体，是乡村生活、乡村生产的物质平台，也是农民生活经验、礼法信仰、经济诉求的外显，具有一定的复杂性。2017年，本团队在紫薇村的工作，主要是对其外立面予以改造，因此，本研究将仅就立面的界定因素进行研究，并应用"6.1.3层次划分与模块重构"的方法，研究其自组织适应性的更新途径。洞庭湖周边地区的农村住宅，自1990年的建房热潮以来，已经逐渐形成了适应当地气候、文化、经济的一整套理性的发展途径。

（1）造价

造价是农村住宅建设所遵循的首要原则。中国农民自有其精明、睿智的一面，建筑师的乡村实践，如果忽略了农民的智慧，仅仅揣着书本中的知识，则难以为继。农户判定、选择建筑技术、材料、形式的基本原则，并不是一味地追求价格上的低廉。农民注重生产上的投入，在改善生活品质上的投入相当谨小慎微，但在生产上的再投入较为慷慨；注重房屋的耐久性，更容易采纳那些可以增加房屋使用寿命、降低维修频次的设计方案；尊崇生活经验对方案进行判断，在朝向、尺寸（层高、窗户）上有一些心照不宣的规定，这些方面也不受经济性约束。

（2）材料

受经济性的影响，农村住宅大部分采用易获取、易施工、易维护的材料。因此，在传统社会的农村住宅建设中，农户大多选择一些地方性材料；当下，随着技术、交通的进步，农户获取材料的途径发生了变化。水泥、钢材、铝合金门窗更符合上述的要求。基于农户的经济理性原则，这些价廉、质优、耐久性好的现代建筑材料自然在乡村普遍使用。

除此，材料使用的部位也受经济性影响。昂贵的、耐久性高的材料，价格较昂贵，通常仅在局部、重点的部位使用。入口门廊处，既是建筑的前脸，同时也是人们使用频率最高的位置。因此，农村住宅通常会在正立面贴上面砖，既考虑美观，也避免使用过程中污损，磕碰，给建筑造成损害；如果难以为整面墙体贴上面砖，农民会为一楼正立面墙体贴上墙裙，保护最易受损的局部墙体。这种材料的使用方式，是经济性原则与功能性原则的实际结合，却与现代建筑强调简练、追求体积感的形式法则不尽相同。

（3）构造

与材料的使用法则相适应，建筑立面的细部构造也会发生相应的修改。从传统农村住宅到当代农村住宅的演变过程中，建筑的层数发生了变化，传统的无组织排水方式，逐渐向有组织排水转变；屋顶检修的人孔位置，也随着需求不断改变，这些都造成了檐口做法、屋檐高度等细部构造的改变，对建筑立面的细部语汇产生影响。

3. 模块与自组织

本案尊重农村住宅自发生成过程中的理性要素，以农村住宅自身的空间理性为界定，在此基础上实施立面改造。

紫薇村的农民住宅可以分解为几种基本模块的组合。

紫薇村所在的地段为典型的洞庭湖畔浅丘地区，地势较高、相对平坦、排水顺畅，农户住宅通常选址于丘陵南坡，利用局部"微地形"，形成面山背水的基本格局，既得地利之便，又无水患之苦，建筑基础因而平缓，且室内外高差不大；建筑的基本形式适应本地区湿润多雨的气候特征，坡屋顶、大挑檐、四面悬山，前后开窗较大，利于组织穿堂风；形式上常沿旧制，多为一明两暗三开间的汉族民居基本模式，少数兄弟合建的四开间住宅，也尽量调整为三开间的样式；近十年来的新建住宅，多为砖混结构，2层为多，1∶2的坡屋顶，砖砌隔墙，硬山搁檩；由于层高与层数的增加，通常都采用了混凝土天沟的有组织排水模式；建筑外立面通常采用砂浆抹灰，正立面通常会贴瓷砖，或刷油漆进行装饰，保证立面的整洁；卫生间通常集成在农村住宅中，厨房一般与杂屋、牲畜栏一道设于偏屋之中。

本案中，不对建筑做任何结构上的改造，立面设计根据既有的空间形式逻辑对局部构件进行修饰；为避免群众的抵触情绪，保留建筑外立面上的瓷砖及装饰，延续农户原有的门窗颜色及面砖材质。

为保持建筑造型的多样性，本案未对房屋做统一化的处理，而是根据既有的农村住宅特征，将其分解为不同层次的模块。村民可以根据各自的不同喜好，选择不同的模块进行组合，使其建筑的外观在同一性与多样性中取得平衡，且不破坏农宅自身既有的逻辑。

模块分解遵循其自身的逻辑，包含建筑主体（中间段+山墙端）+偏屋（A+B+C）（图6-47～图6-51）等几个层次。

每个层次之下，建筑构件的语言有多种可能的变化，但这种变化遵循：1）当地农民自建房既有的建筑规律；2）具有现代主义建筑语言。这样，在实施的过程中，农户可以有选择地选用不同的细节与做法，同时也不会干扰整体的风貌。紫薇村是洞庭湖区一个平凡的小村落，地域特色和传统文化特征并不明显，通过这样的民居更新方法，紫薇村生成了一种既适应地方经济、气候特征，同时兼具现代美学气息的新的乡村风貌（图6-52）。

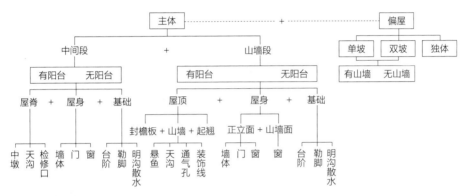

图6-47 模块的细分要素

图6-48 立面不同的模式变化

图6-49 紫薇村农民住宅的基本模块及其组合

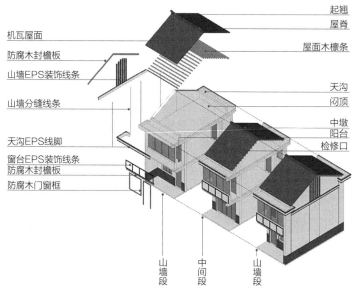

起翘
屋脊
机瓦屋面
防腐木封檐板
山墙EPS装饰线条   屋面木檩条

山墙分缝线条   天沟
闷顶
中墩
阳台
天沟EPS线脚   检修口
窗台EPS装饰线条
防腐木封檐板
防腐木门窗框

山墙段   中间段   山墙段

图6-50   要素的重组

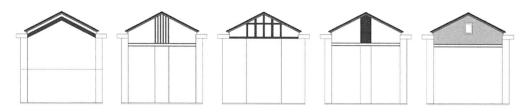

图6-51   可供选择的几种山墙设计

图6-52   建成后的新乡村面貌

6.4   小结

　　借助自组织相关理论为框架，通过解读自发性建造的自组织机制的研究，提出了城市设计尺度下"层次划分与模块重构"的设计方法；基于"等价有效"手段的选择方式上，提出了"界定式应答"的建筑单体设计方法，以期在不同空间尺度下实现对地域性的生成与演化进行导控与干预。

7

结语：自发生成的建筑地域性

长江麓山南路（2021年）

　　行文至此，掩卷而思，对本书的主要观点做一个总结与梳理，并对可进一步研究的话题予以展望。

7.1　观点总结

　　1）自组织理论框架引入建筑地域性研究，较贴切地对建筑的自发性特征进行了再阐释，对建筑地域性的概念、机制、研究对象进行了合理的拓展。2）基于其自组织特征，违章建筑、加建、改建，非正式部门经营场所、设施，农村住宅变迁方式得以在一个共同的框架下进行研究，拓展了地域建筑的研究视野。3）建筑的地域性，是一定地区建筑物共同特征的涌现。4）建筑地域性的生成机制是普适原理、宏观因素影响下，非理性要素的聚集、成核、临界、扩散的过程。

7.1.1　空间的自组织

　　自组织理论作为研究框架引入自发性建造中建筑地域性的研究，主要基于以下两个方面：自发性建造与自组织系统在组织形式上的相似性；地域性研究与自组织系统在关注点上的一致性。

7.1.2　自发建造

7.1.2.1　自发性建造

　　为强调地域性建筑的组织特征，本研究以"自发性"为题概括传统民居、城乡住宅自建、违章建造、街头非正式经营设施的自组织内涵。本研究中，自发性建造是指：为改善自身生存环境，以家庭为决策单元，不受外界特定指令控制，自主决策房屋的选址、形式、投资的行为。在此基础上的分析，将城镇与乡村民居、传统与当代自建纳入统一视野，直接对现象进行研究，排除了理论纷争、美学偏见、传统包袱可能的影响。自组织原理已经在地理学、城市规划领域得到应用，但在邻里尺度之下鲜有尝试。自发性建造聚落中，单体动态、开放，各自独立。单体层面的开放性降低了自组织理论应用的空间尺度，以自组织原理阐释建筑的地域性具有创新性。

7.1.2.2　自发性建造的内涵

　　对自发性建造的解析，分为城市与乡村两个大的部分。非正规城市是城市自发性建造的研究背景。住宅自建的概念解析则进一步界定了自发建造的内涵，厘清了自发建造中的目的性、互助共建、专家参与等因素与"自发"一词的关联。街头非正式部门的经营设施大多轻巧简便，可拆卸、可移动，它们描述了极简练的情形下，结构如何应答环境。对违章建造的探讨主要关注其理性因素，违章建造不仅有经济理性，还具有构造理性、地域理性。作为对既有建成环境的修正与改良，违章加建、改建是窥探一个地区地域特性的窗口。

我国农村住宅近40年的变化，浓缩了地域建筑演化发展的过程。在选址、形式、材料、设备、观念上都发生极大变化的同时，我国农村大部分地区以家庭为决策单元，以血缘、地缘关系为纽带，以当地施工人员为技术保障的建造组织方式变化相对较小。目前，我国城市中自发建造的行为，一般周期较短，缺乏时间深度；而农村住宅的建设既是传统生活的延续，又是当代经济、社会环境更新的结果，能更加合理地阐释建筑地域性自发生成的机制。本研究主要基于国家统计年鉴相关数据以及在洞庭湖周边地区的调研对农村住宅进行研究，不仅能了解自发性建造的一般特征，而且更清晰地分析了经济、文化、技术变化的前提下，房屋建造方式的转变历程；探讨自发性建造如何从传统向现代转型；理解建筑地域性动态变化的实质。

历史地段的自组织特征在第6章的案例阐释中有涉及。

7.1.2.3　自发性建造的特征

各个不同层面的自发性建造，共同具有真实性、敏感性[①]，以及存在广泛、实施开放、表现多元等特征，其中"开放性"最为核心，是对其他概念的进一步概括，具体表现在参与者开放、规则开放、过程开放、形态开放等更具体的方面。自发性建造纳入研究视野后，建筑地域性的认知领域得到了拓展。不同社会层级的建筑，对建筑地域性关注的范畴各不相同，且随着经济、技术、文化等要素的变化发生改变。自发性建造尽管表现多元，却可以基本归纳为五种基本形式，反映了土地使用、产权机制对建筑布局、形态构成、立面发展的影响。

7.1.3　建筑的地域性

在自组织的理论框架下，建筑的地域性可以视为在自然要素（气候、地理）、人文要素（技术、经济、文化）条件约束下，一定地区大量建筑单体自组织演进过程中，共同特征的涌现，受基本原理、理性要素、随机要素三个不同层次的影响因素共同作用。

7.1.4　建筑地域性的生成机制

7.1.4.1　建筑地域性的生成机制

自发性建造系统的自组织属性，包括两个方面的内容：一部分内容阐释了系统的属性，另一部分阐释了地域性的生成机制。前者包含记忆与遗忘、形式与功能分离、结构的动态适应、形式

---

① 前两条在1.3.1中论述，后面几条在第4章论述。

不可预测等内容；后者包括短程通讯、特征涌现。短程通讯、特征涌现阐释了在基本原理、理性要素影响之下，随机要素"生成、聚集、成核、临界、成为序参量、导控、扩散"的过程。生成机制的流程参见图5-50。

　　自组织框架下对建筑地域性生成机制的解释，比较清晰地阐释了宏观与微观、主观与客观因素对地域性的影响；不仅如此，成核与扩散的过程还描述了地域性生成所需的周期，进一步明确了时间因素在建筑地域特征形成中的关键作用。

7.1.4.2　自发性建造与自发的地域性

　　本研究中，与自觉、自省的地域性相比，自发的地域性是群体共性特征的自发涌现；是系统在一定时间周期里内在生成的、动态变化的地域性；强调对过程的描述；不具备批判性。[①]

　　既往研究中，对自发的地域性关注较少，自发的地域性被简单归结为前现代阶段，受客观环境制约的、"不得不"的、被动的地域性。通过本研究的论述，可以重新认识自发的地域性[②]。1）首先，自发的地域性不是只存在于前现代阶段，目前仍广为存在，由开放的建造组织方式生成。2）其次，自发性建造不是经济、技术手段落后的反映，而与建造组织方式相关，所形成的聚落不是统一蓝图预先规划的结果，而是单元独立决策，小规模建造，经过一定周期发展的聚合体。3）再者，自发的地域性并非被动的、"不得不"的地域主义，主观因素决定了建筑地域特征的最终形式。主观因素[③]体现在应对气候、地理因素等价有效手段的选择；对材料的应用与选择；对局部装饰的选择、变化等方面。在自发性建造中，单个个体的主观因素作用有限，但经过聚集成核、序参量形成等过程之后，能对周边环境产生影响。

7.1.4.3　自发到自觉

　　较为清晰地界定了普适原理、客观因素、主观因素之间的关系之后，可以进一步思考建筑地域性强化过程中建筑师的作用（参见图6-2）。建筑师的创造性劳动，既不能被夸大，也不应被忽视。建筑师强化建筑地域特征的基本途径有两条：1）尊重宏观因素，同时尊重并合理应用业已成形的"序参量"；2）环境变迁，新政策、新材料、新技术出现的前提下，反思既有"序参量"，合理创新，推动新地域特征形成。值得注意的是，建筑师的创新也需要经历"成核—扩散"的过程，才能真正有效地推动地区建筑的发展，使建筑自发的地域性进入新一轮的涨落。过于变化频繁的环境，不利于建筑地域性的形成；相对周期的稳定期是建筑地域性成形的必要条件。

---

① 自觉、自省的地域性，是建筑师在建筑创作中对地域元素的自觉应用，是外显的、稳定的；强调通过结果对环境的阐释。设计过程中，建筑师刻意强化的地域性是自觉还是自省，由外界环境决定。当"外部的政治力量无视地方的独特性——无论是城市还是景观——并给其强加某种国际化、全球化和普适性的建筑模式时"，建筑师的这种努力就会被视为对这种趋势的抵抗与反叛，其作品所蕴含的地域性将具有批判性。

② 自发的地域性是不断变化的建成环境本身性质的涌现，强调真实性，不等同于传统的地域性。因此，自发的地域性既不具备批判性，也不是批判地域主义批判的对象。

③ 大量建筑师的作品，也可以凸显某种集体特征，展示出某种地域性。可以参考刘易斯·芒福德有关湾区学派的论述。参见本书的3.1.3。

本研究提出的"界定性应答"方式强调运用基地内蕴含的方法，解决基地内产生的问题：1）遵循地块内已经成形的序参量；2）倡导对"同等有效"手段既有选择的尊重，催生新的序参量；3）在尊重场地原有建构方法的前提下，合理导入建筑师的个人观念，审慎创新，适度推进建筑的地域性发展。本书所举的三个案例，分别展示了在城市建设、历史地段保护、乡村建设中"界定性应答"策略的应用。其中毛坪小学的案例更为典型，在这个案例中，1）湖南夏季湿热、冬季湿冷的气候条件被尊重；2）对气候条件所采取的应答策略、构造措施全部来自当地民居；3）但简洁的形体，当地做法适度的陌生化则展示了建筑师的智慧。

7.2　本研究的应用价值

合理认知自发性建造的地域性，不仅对当前的建筑创作具有启发性，更重要的还可以改变传统规划管理的思维，应对我国部分地区规划管理人员缺失、技术力量薄弱等问题。对我国旧城改造、新农村建设、小城镇建设、移民建镇、灾后重建等课题都有意义。

尽管经历了四十多年的高速发展，我国城乡建设管理人员、建筑专业人员的比例仍然较低，在小城镇以及广大农村尤为如此。鉴于规划管理成本的考虑，囿于人力、物力、经费上的困境，广大乡村还缺少相应的建筑技术服务，在基层城镇还"只能对重点地段单位建设到现场把关"[1]，建设过程中的自发性特征明显[2]。村镇建设中管理人员缺乏，按照标准，平均每万人才配置一个建设助理员协管村镇建设，但这样的标准也很难做到，很多乡镇，连一个协管员也没有。即便配有协管员的地区，管理人员的专业水平也不高，城镇空间发展中自上而下的管理较为松散[3]。

这样的情境下，进一步深入研究自发性建造的原理大有裨益。合理制定激发群众创造力的框架原则，比具体的实施方案更为重要。规划、建筑设计人员要在大量实地调研的前提下，"轻轻地"推动系统趋向有利于自发生长和特征突现的合理结构。"无为而治"中，"无为"的前提是充分了解事物的客观规律，其核心还是在于"治"。对自发性建造进行研究，并非主张建设过程中的放任自流，任其发展；而是主张在充分掌握当地气候、地形、文化、习俗、资源的情况，通晓其内部运行机制的前提下，对其进行合理导控。导控的方式不能以具体的指令指导设计，而应合

---

① 龚立峰. 对小城镇规划管理体制改革的探讨［J］. 城镇建设研究，2003（8）.

② 中小城镇规模小，布局分散，管理成本相对高；经费不足，规划编制深度较浅，规划管理较为粗放；丁级设计资质的单位取消之后，缺少相应配套服务的设计机构，村镇建设领域基本处于无资质管理的混乱状态。"由于农村技术力量薄弱，按照现行技术和企业资质管理办法，取消丁级资质之后，农村建设行业基本无法取得相应资质，从而导致村镇建设领域又回到了无资质管理的混乱状态。"详参：建设部村镇建设办公室. 围绕"三农"主题切实加强小城镇规划建设管理［J］. 城乡建设，2003（8）.

③ "基层建设管理机构和人员不足。按照减轻农民负担的要求，村镇建设方面涉及的各种收费都已经基本取消，县乡级财政又拿不出相应资金给予支持，乡镇级村镇建设管理机构生存困难。到2001年底，全国有1/4的乡镇都未设立建设管理机构，平均每个建制镇只有1.36个建设助理员，每个集镇只有0.83个。单靠这些机构和人员，很难胜任繁重的村镇建设管理工作。"详参：建设部村镇建设办公室. 围绕"三农"主题切实加强小城镇规划建设管理［J］. 城乡建设，2003（8）.

理利用自发性建造的自组织特征，通过适当的奖惩措施进行导控；或人为地创造基核；加强教育、普及知识等手段进行引导，逐步推进建筑地域性的良性发展（图7-1）。

图7-1　湖南浏阳步行街与绵竹年画上墙

（a）湖南浏阳步行街，两侧的建筑由当地农民、商户自行建设；景观由政府投资，城市设计控制了基本的形体与指标。浏阳步行街是在一个基本框架之下，共同参与建造的典型案例。虽然仍然有很多不完善的地方，却是当地人自豪的城市空间。相关信息由浏阳市规划局李仁泰介绍。（b）政府的号召契合当地的习俗，能更加有效地调动民间自组织的力量。作为年画之乡，以政府号召为起点，以民众积极的回应为结果，四川绵阳的农村建筑上，各式各样的壁画使得当地民居颇有特色。符合传统习俗，具有地方文化根基，满足当代需求的倡导，更容易得到回馈与传播。根据作者调研以及绵竹日报记者周静的介绍

7.3　值得继续研究的几个问题

本研究主要以既有的建成环境为研究对象，对建筑形态特征中所展示出的地域性进行了分析，对其自发的生成机制做了进一步剖析。作为一个过程与结果都开放的体系，自发性建造的规律和应用前景可以进一步研究，以下三点值得关注。

1. 计算机模拟

随着计算机运算能力的迅速提高，可以对自发性建造中的自组织特征适度进行模拟，通过程序算法设计与数理计算方法融入建筑学方法，可适当模拟建筑地域特征的生成过程[①]。目前，建筑生成设计的研究在探索建筑可能的形态上已经取得相应成果，但如何与建筑地域限定要素相结合，如何理解地域特征元素的生成机制并进行建模转化，是值得进一步探讨的话题。

2. 与其他自组织行为的复合

建筑的地域性与其所处环境紧密相关，生物环境、社会环境、经济环境本身也是具有自组织特性的复杂系统，如何与这些系统的自组织特性叠合，进一步探讨建筑地域性的产生、变化机制是值得进一步探讨的问题。对于一定地段而言，功能定位也是自组织的。目前，我们已经对自发

---

① 李飚，李荣. 建筑生成设计方法教学实践［J］. 建筑学报，2009，3：97-99. 其中在"多智能体系统"中，对智能体无意识的"自私"行为的模拟，在"简单进化算法"中以"KeySection"建构简单进化模型的做法都颇具启发性。除此，David Fisher、Yi Cheng Pan等人运用计算机对建筑可能形态的探讨，基于简单模型探讨原型可能的变化，也具有启发性，详参见：Jeong，Kwang Young. Digital Diagram：Architecture+Interior［J］. Archiworld，2007：270，304.

性商业环境中商业业种构成进行了研究①，得到了一定地段自发聚集的商业业种构成比例的规律。下一步研究中，可以试通过计算机程序模拟，将这些规律与建筑形态的自组织特征叠合。

3. 具体应用的深入

本研究以自组织原理为框架，对自发性建造中建筑地域性的生成机制进行了分析。这些从自发性建造现象中抽取的原理，如何对自发性建造本身产生积极影响，在旧城改造、新农村建设、小城镇建设、移民建镇、灾后重建等具体建设工作中起到作用，尚需结合具体的案例做长期探讨。

对建筑中的"自发性"现象予以关注，并非认可其简陋的形态，而是关注其对所处环境的朴实应答、对生活诉求的真实展现。自发的建成环境从局部开始建造，由大量的细节组成。自组织原理的引入，使我们可以更清晰地在此视野下，对建筑地域性的概念以及生成机制进行探讨，阐明宏观与微观、个体与群体、静止与变化之间的辩证关系。作为一种思考方式，而不是具体的设计方法，对地域性进一步的认知可以解释建筑创作中的困惑，却不能解决其困境。不断思考建造规律，善待各类影响因素，向场地学习，在项目的制约之下踏踏实实地造房子，是强化建筑地域性的有效手段。创新是必要的，任何微小的创新都弥足珍贵，但创新工作只有融入地域性生成的自组织流程，才能真正成为推动建成环境特征演变、改善人居环境的力量。

----

① 姜敏，卢健松. 高校周边自发性商业空间研究——以湖南大学为例探讨 [J]. 华中建筑，2008（9）：140-143.

参考文献

英文文献

[1] PORTUGALI J. Self-Organization and the City [M]. Berlin: Springer Verlag, 2000.

[2] ALLEN P M. Cities and Regions as Self-Organizing Systems: Models of Complexity [M]. Netherlands: Gordon and Breach, 1997.

[3] LAUGIER M A. An Essay on Architecture [M]. Translated by Wolfgang and Anni Herrmann. Los Angeles: Hennessey & Ingalls, INC, 1977.

[4] RUDOFSKY B. Architecture without Architects [M]. New York: Museum of Modern Art, 1964.

[5] MUMFORD, L. Roots of Contemporary American Architecture [M]. New York: Dover Publications, Inc., 1972.

[6] KAHN L, EASTON B. Shelter [M]. California: Shelter Publication, 1973.

[7] FATHY H. Architecture for the Poor: An Experiment in Rural Egypt [M]. Chicago: The University of Chicago Press, 1973.

[8] HOUGH M. City Form and Nature Process: Towards a New Urban Vernacular [M]. London: Croom Helm, 1984.

[9] WOJTOWICZ J. Illegal facades: Architecture Hong Kong made Unknown Binding [M]. Hong Kong: Privately published, 1984.

[10] OLIVER P. Dwellings: The House across the World [M]. Oxford: Phaidon Press, 1987.

[11] THIIS-EVENSEN T, WAALER R, CAMPBELL S. Archetypes in architecture [M]. Oslo: Norwegian University Press, 1987.

[12] GRENIER G J. Spontaneous Shelter: International Perspectives and Prospects [M]. Philadelphia: Temple University Press, 1988.

[13] BERKE D, HARRIS S . Architecture of the Everyday, New York: Princeton Architecture Press, 1988.

[14] WOODBRIDGE S. Bay Area houses [M]. Salt Lake City: Peregrine Smith Books, 1988.

[15] YOSHINOBU A. The Hidden Order: Tokyo Through the Twentieth Century [M]. Tokyo: Kodansha International, 1989.

[16] LAGUERRE M S. The Informal City [M]. New York: St. Martin's Press, 1994.

[17] HABRAKEN N. J. The Structure of the Ordinary: Form Control in the Built Environment [M]. Cambridge, Massachusetts: The MIT Press, 2000.

［18］ HUGHES J, SADLER S. Non-Plan: Essays on Freedom, Participation and Change in Modern Architecture and Urbanism ［M］. Oxford: Architectural Press, 2000.

［19］ TZONIS A, LEFAIVR L, STAGNO B. Tropical Architecture: Critical Regionalism in the age of Globalization ［M］. New York: Wiley-Academy, 2001.

［20］ ABRAHAM R. Elementare Architecture Architectonic ［M］. Salzburg: Pustet, 2001.

［21］ RICHARDSON V. New Vernacular Architecture ［M］. 1st ed. New York: Watson-Guptill, 2001.

［22］ PEARSON J. University/Community Design Partnerships ［M］. New York: Princeton Architectural Press, 2002.

［23］ UN-HABITAT. The Challenge of Slums: Global Report on Human Settlements ［M］. London and Sterling: Earthscan Publications Ltd., 2003.

［24］ ASQUITH Y, VELLINGA M. Vernacular Architecture in the 21st Century: Theory, Education and Practice ［M］. New York: Taylor & Francis Group, 2006.

［25］ CANIZARO B. Architectural Regionalism: Collected Writings on Place, Identity, Modernity, and Tradition ［M］. New York: Princeton Architecture Press, 2007.

［26］ URHAHN G. The Spontaneous City: Urhahn Urban Design ［M］. Netherlands: Urhahn , 2007.

［27］ CEPT University. Papers Presented at the 4th ISVS ［M］. Ahmedabad: Faculty of Architecture CEPT University, 2008: 90-99.

［28］ SORKIN M. Local Code: The Constitution of a City at 42 degrees North Latitude ［M］. 1st. New York: Princeton Architectural Press. 1993.

［29］ YEATES M. The North American City ［M］. London: Longman Pub Group, 1997.

［30］ AALTO A. Alvar Aalto ［M］. Basel: Birkhäuser Verlag, 1999.

［31］ WHITTEN M, KOEPER F. American Architecture 1607-1976 ［M］. Cambridge, Mass.: MIT Press, 1981.

［32］ ALEXANDER C. The Nature of Order Book 1: The Phenomenon of Life ［M］. Berkeley, California: Center for Environmental Structure, 2004.

［33］ ALEXANDER C. The Nature of Order Book 2: The Process of Creating Life ［M］. Berkeley, California: Center for Environmental Structure, 2004.

［34］ ALEXANDER C. The Nature of Order Book 3: A Vision of a Living World ［M］. Berkeley, California: Center for Environmental Structure, 2004.

［35］ ALEXANDER C. The Nature of Order Book 4: The Luminous Ground ［M］. Berkeley, California: Center for Environmental Structure, 2004.

［36］ KEMR K, Stiftung Insel Hombroich (Neuss) (ed.). Museum und Raketenstation ［M］. 4. Aufl, Neuss: Stiftung Insel Hombroich, 2004.

［37］ MINKE G, MAHLKE F. Building with Straw: Design and Technology of a Sustainable Architecture ［M］. New York: Princeton Architectural Press, 2005.

［38］ KEEFE L. Earth Building: Methods and Materials, Repair and Conservation ［M］. New York: Taylor & Francis, 2005.

［39］ SEWELL W. R. Public participation in planning ［M］. New York: Wiley. 1977.

［40］ SAOFF H. Designing with Community Participation ［M］. New York: McGraw-hill, 1978.

［41］ BROMLEY R. A. The Urban Informal sector: Critical Perspectives on Employment and Housing Policies ［M］. New York: Pergamon Press, 1979.

［42］ LESNIKOWSKI WG. Rationalism and Romanticism in Architecture ［M］. New York: McGraw-hill, 1982.

［43］ SMITH P. Sustainability at the Cutting Edge: Emerging Technologies for Low Energy Buildings

[M]. Oxford: Architecture Press, 2000.

[44]   KENNEDY M I, KENNEDY D. The Inner City [M]. Hoboken, New Jersey: John Wiley and Sons, 1974.

[45]   ROSSI A. The Architecture of the City [M]. Cambridge, Massachusetts: The MIT Press, 1982.

[46]   The Aga Khan Award for Architecture. Development and Urban Metamorphosis: Volume I Yemen at the Crossroads [M]. Singapore: Concept Media Ltd., 1984.

[47]   The Aga Khan Award for Architecture. Development and Urban Metamorphosis: Volume II Yemen background papers [M]. Singapore: Concept Media Ltd., 1984.

[48]   The Aga Khan Award for Architecture. The Expanding Metropolis Coping with the Urban Groeth of Cairo [M]. Singapore: Concept Media Ltd., 1984.

[49]   The Aga Khan Award for Islamic Architecture. Large Housing Project: Design, Technology, and Logistics [M]. Cambridge, Massachusetts: Harvard University and the Massachusetts Institute of Technology, 1985.

[50]   The Aga Khan Award for Islamic Architecture. Continuity and Change: Design strategies for Large Scale Urban Development [M]. Cambridge, Massachusetts: Harvard University and the Massachusetts Institute of Technology, 1985.

[51]   CURTIS W J. R. Modern Architecture Since 1900 [M]. London: Phaidon Press, 1996.

[52]   HYDE R. Climate Responsive Design: A Study of Buildings in Moderate and Hot Humid Climates [M]. London and New York: Taylor & Francis Group, 2000.

[53]   DEKAY M, BROWN G. Z. Sun, Wind & Light: Architectural Design Strategies [M]. New York: John, Wiley & Sons, INC, 2000.

[54]   ROY A, AlSAYYAD N, et al. Urban Informality: Transnational Perspectives from the Middle East, Latin America, and South Asia [M]. Lanham: Lexington books, 2004.

[55]   CAMBERT M. Top Young European Architecture [M]. New York: Atrium Publishers Group, 2005.

[56]   JEONG, K-Y. Digital Diagram: Architecture + Interior [M]. Seoul: Archiworld, 2007.

[57]   NICOLIS G, PRIGOGINE I. Self-Organization in Non-Equilibrium System: Dissipative Structures to Order through Fluctuations [M] , New York: Wiley, 1977: 60.

[58]   ANANYA R. Urban Informality: Transnational Perspectives from the Middle East, Latin America, and South Asia [M]. Washington DC: Lexington Books,2004.

[59]   KAYDEN J S. Privately Owned Public Space: The New York City Experience [M]. New York: Wiley, 2000.

[60]   COLIN BUCHANAN AND PARTNERS LTD, MIKE SHANAHAN + ASSOCIATES, ARCHITECTS. CORK RURAL DESIGN GUIDE: Building a New House in the Countryside [M]. Ireland: Cork County Council, 2003.

[61]   Clare County Council. County Clare Rural House Design Guide: The Essential Guide for Anybody Planning, Designing or Building a House in Rural County Clare [M]. Ireland: Clare County Council, 2005.

[62]   Mayo County Council. MAYO RURAL HOUSING DESIGN GUIDELINES 2008 [M]. County Mayo, Ireland: Mayo County Council, 2008.

[63]   Wellington City Council. Rural Area Design Guide [M]. County Wellington, New Zealand: Wellington City Council, 2009.

[64]   Housing New Zealand Corporation. Design Guide-Rural-Housing New Zealand [M]. New Zealand: Kāinga Ora-Homes and Communities, 2002.

［65］ Clare County Council. Tithe Faoin Tuath, Contae An Chláir: County Clare Rural House Design Guide［M］. Ireland: County Clare, 2005.

［66］ Braintree Rural District Councill. Braintree Rural District, Essex: The Official Guide［M］. Creydos: Home Publishing Company,2005.

［67］ CUNLIFFE M. The Literature of the United States［M］. London: Penguin Books, 1986.

［68］ FATHY H. Architecture for the Poor: An Experiment in Rural Egypt［M］. Chicago: University of Chicago Press, 1973.

［69］ MAYHEW S. A Dictionary of Geography［M］. Oxford: Oxford University Press,1992, 1997, 2004.

［70］ ALEXANDER C. Timeless Way of Building［J］. A+U, 1975, 51(3): 49-60.

［71］ EMMANUEL J. The economics of self-help housing: Theory and some evidence from a developing country［J］. Journal of Urban Economics, 1982(11): 205-228.

［72］ PAUL S. Community Participation in Development Projects: The World Bank Experience［J］. Washington, The World Bank, 1987: 11-17.

［73］ RAPOPORT A. Spontaneous settlements as vernacular design［J］. Spontaneous shelter: International perspectives and prospects, 1988: 51-77.

［74］ KELLETT P, NAPIER M. Squatter architecture? A critical examination of vernacular theory and spontaneous settlement with reference to South America and South Africa［J］. Traditional Dwellings and Settlements Review, 1995: 7-24.

［75］ 室谷文治. TOKYO URBAN LANGUAGE［J］. PROCESS Architecture, 1984, 49 (7): 34-60.

［76］ HASAN A. The Informal City［J］. UNCHS (Habitat) Regional Symposium on Urban Poverty in Asia Fukuoka, 1998(10): 27-29.

［77］ HARRIS R. The silence of the experts: "Aided self-help housing", 1939–1954［J］. Habitat International, 1998, 22(6): 165-189.

［78］ PUGH C. Squatter settlements: Their sustainability, architectural contributions, and socio-economic roles［J］. Cities, 2000, 17(5): 325-337.

［79］ SRILESTARI R N. Squatter Settlement? Vernacular or Spontaneous Architecture? Case Study: Squatter Settlement in Malang and in Sumenep, East Java［J］. DIMENSI TEKNIK ARSITEKTUR, 2005, 33(12): 125-130.

［80］ GECI V, JERLIU F, NAVAKAZI V. Archis Interventions in Prishtina［J］. Volume: Cties Unbuilt, 2007, 11(1): 80-89.

［81］ GAURI B. A Discourse in Transition? Examining the idea of vernacular architecture through the case of slums as a vernacular form［J］// CEPT University. Papers presented at the 4th ISVS. Ahmedabad: Faculty of Architecture CEPT University, 2008: 90-99.

［82］ DUMREICHER H. Chinese villages and their sustainable future: The European Union-China Research Project "SUCCESS"［J］. Journal of Environmental Management, 2008, 87(2): 204-215.

［83］ SMITH K. Spontaneous Architecture［A］. School of Architecture, McGill, 2008-07-21.

［84］ HOLTZMAN A. INFORMAL CITIES-The housing crisis in Caracas inspires solutions by urbanists from around the world［J］. Architecture-American Institute of Architects, 2003, 92(10): 31-36.

［85］ HOLTZMAN A. City ways and means［J］. American Anthropologist, 2003, (10): 31-32.

［86］ HERZOG & DE MEURON. Art for Art［J］. Techniques & architecture, 2004, 469(12): 64-68.

［87］ ROY A. Urban Informality: Toward an Epistemology of Planning［J］. Journal of the American

Planning Association, 2005, 71(2): 147-158.

［88］ MOHANTY M. Urban Squatters: Informal Sector and Livelihood Strategies of Poor in Fiji Islands ［J］. Development bulletin, 2006, 70(4): 1-7.

［89］ BARR K J. Squatters in Fiji: thieves or vicyims? ［J］. CCF (Citizens Constitutional Forum) Housing and Social Exclusion Policy Paper No. 1, Ecumenical Centre for Research, Education and Advocacy, Suva: ECREA, 2007.

［90］ BEARDSLEY J, WERTHMANN C. Improving informal settlements ［J］. Harvard Design Magazine Spring, 2008: 31-34.

［91］ PAMUK A. Elusive Boundaries of the Informal Housing Sector ［J］. Berkeley Planning Journal, 1992,7(1): 139-146.

［92］ CHUTAPRUTTIKORN R. The Transformation of Domestic Architecture Vernacular Modification in Bangkok ［C］//Proceedings of the 4th International Seminar on Vernacular Settlement. 2008: 131-142.

［93］ RISTILAMMI Per-M. Reviewed Work: The Informal City by Michel S. Laguerre ［J］. American Ethnologist, 1998,25(01): 40.

［94］ DONNA M. Regionalism and Local Color Fiction,1865-1895 ［A/OL］. Washington: Washington State University, 1997 ［2019-12-18］. https://public.wsu.edu/~campbelld/amlit/lcolor.html.

［95］ WIKIPEDIA. 关于Regionalism (international relations)的介绍 ［EB/OL］. ［2019-12-18］. https://en.wikipedia.org/wiki/K%C4%81inga_Ora_%E2%80%93_Homes_and_Communities.

［96］ AMERICAN ANTHROPOLOGICAL ASSOCIATION（美国人类学网）［EB/OL］. ［2019-12-18］. https://www.americananthro.org/.

［97］ SRINIVAS H. Defining Squatter Settlements（全球发展研究中心GDRC关于squatter的定义）［EB/OL］. Kobe, Japan: Global Development Research Center. ［2019-12-18］. https://www.gdrc.org/uem/squatters/define-squatter.html.

［98］ The World Bank. Do you have data for informal sectors?（世界银行关于"Informal Sector"的解释）［EB/OL］. ［2019-12-18］. https://datahelpdesk.worldbank.org/knowledgebase/articles/114951-do-you-have-data-for-informal-sectors.

［99］ WIKIPEDIA. 关于"五铳距"的解释 ［EB/OL］. ［2019-12-18］. https://zh.wikipedia.org/wiki/%E4%BA%94%E8%85%B3%E5%9F%BA.

［100］ Southern Maryland Tri-County Community Action Committee, Inc. 南马里兰州三郡议会行动组织关于自建住宅的信息 ［EB/OL］. ［2019-12-18］. https://www.smtccac.org/.

［101］ Greater Minnesota Housing Fund. 美国明尼苏达住房基金会对自建的研究 ［EB/OL］. ［2019-12-18］. http://www.gmhf.com/research/programs/self_help.htm.

［102］ People's Self-Help Housing. 关于PSHH Peoples' Self-Help Housing Awards and Recognition的解释 ［EB/OL］. ［2019-12-18］. https://www.pshhc.org/.

［103］ U.S. DEPARTMENT OF AGRICULTURE（美国农业部官方网站）［EB/OL］. ［2019-12-18］. http://www.rurdev.usda.gov/rhs/sfh/brief_selfhelpsite.html.

［104］ Casa da Flor（巴西Casa da Flor公园官方网站）［EB/OL］. ［2019-12-18］. http://www.casadaflor.com.br/.

［105］ About Chris（克里斯托弗·亚历山大在伯克利分校的个人网站）［EB/OL］. ［2019-12-18］. http://www.patternlanguage.com/leveltwo/ca.html.

［106］ Centrul de Resurse pentru participare publica. CeRe: Resource Center for Public Participation（公众参与资源中心）［EB/OL］. ［2019-12-18］. https://cere.ong/english-version/.

［107］ RUKMANA D. Urban Planning and the Informal Sectorin Developing Countries ［EB/OL］.

(2007-05-07)［2019-12-18］. https://www.planetizen.com/node/24329.

［108］Mockbee Coker Architects. The Official Website of Samuel Mockbee［EB/OL］.［2019-12-18］.
　　　http://samuelmockbee.net.

中文文献

［109］恩格斯. 自然辩证法［M］. 北京：人民出版社，1971.

［110］恩斯特·卡西尔. 人论［M］. 甘阳，译. 上海：上海译文出版社，1985.

［111］马库斯·坎利夫. 美国的文学［M］. 方杰，译. 北京：中国对外翻译出版公司，1985.

［112］杰弗里·斯科特. 人文主义建筑学——情趣史的研究［M］. 张钦楠，译. 北京：中国建筑
　　　工业出版社，1989.

［113］C. 亚历山大. 建筑模式语言［M］. 王听度，周序鸿，译. 北京：中国建筑工业出版社，
　　　1989.

［114］克里斯蒂安·诺伯格–舒尔兹. 存在·空间·建筑［M］. 尹培桐，译. 北京：中国建筑工
　　　业出版社，1990.

［115］罗德·霍顿，赫伯特·爱德华兹. 美国文学思想背景［M］. 房炜，孟昭庆，译. 北京：人
　　　民文学出版社，1991.

［116］阿摩斯·拉普卜特. 建成环境的意义——非语言表达方法［M］. 黄兰谷，等，译. 北京：
　　　中国建筑工业出版社，1992.

［117］埃里克·詹奇. 自组织的宇宙观［M］. 曾国屏，吴彤，何国祥，等，译. 北京：中国社会
　　　科学出版社，1992.

［118］费尔南·布罗代尔. 资本主义论丛［M］. 顾良，张慧君，译. 北京：中央编译出版社，
　　　1997.

［119］伊利亚·普里戈金. 确定性的终结：时间、混沌与新自然法则［M］. 湛敏，译. 北京：上
　　　海科技教育出版社，1998.

［120］克劳斯·迈因策尔. 复杂性中的思维：物质、精神和人类的复杂动力学［M］. 曾国屏，译.
　　　北京：中央编译出版社，1999.

［121］约翰·霍兰. 隐秩序：适应性造就复杂性［M］. 周晓牧，韩晖，陈禹，等，译. 上海：上
　　　海科技教育出版社，2000.

［122］阿诺德·汤因比. 历史研究［M］. 刘北成，郭小凌，译. 上海：上海人民出版社，2000.

［123］曼纽尔·卡斯特. 网络社会的崛起［M］. 夏铸九，王志弘，译. 北京：社会科学文献出版
　　　社，2001.

［124］C.亚历山大，等. 俄勒冈实验［M］. 赵冰，刘小虎，译. 北京：知识产权出版社，2002.

［125］齐格蒙·鲍曼. 个体化社会［M］. 范祥涛，译. 上海：三联书店，2002.

［126］C. 亚历山大，等. 住宅制造［M］. 高灵英，李静斌，葛素娟，译. 北京：知识产权出版
　　　社，2002.

［127］C.亚历山大，等. 城市设计新理论［M］. 陈治业，童丽萍，汤昱川，译. 北京：知识产
　　　权出版社，2002.

［128］C.亚历山大. 建筑的永恒之道［M］. 赵冰，译. 北京：知识产权出版社，2002.

［129］联合国人居署. 贫民窟的挑战：全球人类住区报告［M］. 于静，斯淙曜，程鸿，译. 北
　　　京：中国建筑工业出版社，2003.

［130］黑川纪章. 黑川纪章城市设计思想与手法［M］. 覃力，黄衍顺，徐慧，吴再兴，译. 北
　　　京：中国建筑工业出版社，2004.

［131］斯皮罗·克斯托夫. 城市的形成：历史进程中的城市模式和城市意义［M］. 单皓，译. 北京：中国建筑工业出版社，2005.

［132］勒·柯布西耶. 走向新建筑［M］. 陈志华，译. 西安：陕西师范大学出版社，2004.

［133］肯尼斯·弗兰姆普敦. 现代建筑——一部批判的历史［M］. 张钦楠，等，译. 北京：生活·读书·新知三联书店，2004.

［134］汉诺-沃尔特·克鲁夫特. 建筑理论史——从维特鲁威到现在［M］. 王贵祥，译. 北京：中国建筑工业出版社，2005.

［135］伊·普里戈金，伊·斯唐热. 从混沌到有序［M］. 曾庆宏，沈小峰，译. 上海：上海译文出版社，2005.

［136］赫尔曼·哈肯. 协同学：大自然构成的奥秘［M］. 凌复华，译. 上海：上海译文出版社，2005.

［137］安东尼·M.奥罗姆，陈向明. 城市的世界：对地点的比较分析和历史分析［M］. 曾茂娟，任远，译. 上海：上海世纪集团集团，上海人民出版社，2005.

［138］约瑟夫·里克沃特. 城之理念——有关罗马、意大利及古代世界的城市形态人类学［M］. 刘东洋，译. 北京：中国建筑工业出版社，2006.

［139］罗伯特·文丘里，斯科特·布朗. 向拉斯维加斯学习［M］. 徐怡芳，王健，译. 北京：知识产权出版社，中国水利水电出版社，2006.

［140］罗伯特·文丘里. 建筑的复杂性与矛盾性［M］. 周卜颐，译. 北京：知识产权出版社，中国水利水电出版社，2006.

［141］约翰·霍兰. 涌现：从混沌到有序［M］. 陈禹，译. 上海：上海译文出版社，2006.

［142］戴维·玻姆. 整体性与隐缠序［M］. 洪定国，张桂权，查有梁，译. 上海：上海科技教育出版社，2006.

［143］保罗·西利亚斯. 复杂性与后现代主义——理解复杂系统［M］. 曾国屏，译. 上海：上海译文出版社，2006.

［144］阿摩斯·拉普卜特. 宅形与文化［M］. 常青，徐菁，李颖春，等，译. 北京：中国建筑工业出版社，2007.

［145］亚历山大·楚尼斯，利亚纳·勒费夫尔. 批判性地域主义——全球化世界中的建筑及其特性［M］. 王丙辰，译. 北京：中国建筑工业出版社，2007.

［146］尤纳·弗莱德曼. 为家园辩护［M］. 秦屹，龚彦，译. 上海：上海锦绣文章出版社，2007.

［147］哈罗德·伊罗生. 群氓之族——群体认同与政治变迁［M］. 邓伯宸，译. 桂林：广西师范大学出版社，2008.

［148］戴维·史密斯·卡彭. 建筑理论 勒·柯布西耶的遗产——以范畴为线索的20世纪建筑理论诸原则［M］. 王贵祥，译. 北京：中国建筑工业出版社，2007.

［149］詹妮弗·泰勒. 槙文彦的建筑——空间·城市和建造［M］. 马琴，译. 北京：中国建筑工业出版社，2007.

［150］斯坦·艾伦. 点+线——关于城市的图解与设计［M］. 任浩，译. 北京：中国建筑工业出版社，2007.

［151］Walter Kaiser, Wolfgang König. 工程师史——一种延续六千年的职业［M］. 顾士渊，孙玉华，胡春春，等，译. 北京：高等教育出版社，2008.

［152］富兰克林·托克. 流水别墅传［M］. 林鹤，译. 北京：清华大学出版社，2008.

［153］赫尔曼·哈肯. 信息与自组织［M］. 郭治安，译. 四川：四川教育出版社，1988.

［154］铃木博之. 日本当代建筑1958-1984［M］. 魏光莒，译. 台北：詹代书局，1989.

［155］石井和纮，原广司，槙文彦，黑川纪章. 都市地球学：日本三大建筑家的都市论集［M］. 谢宗哲，译. 台北：田园城市文化，2004.

［156］费孝通. 内地农村［M］. 上海：生活书店，1947.

［157］梁思成. 中国建筑史［M］. 天津：百花文艺出版社，1991.

［158］建筑工程部设计总局. 城市及乡村居住建筑调查资料汇编［M］. 北京：建筑工程出版社，1959.

［159］陈训炬. 都市计划学［M］. 台北：台湾商务印书馆，1978.

［160］吴良镛. 广义建筑学［M］. 北京：清华大学出版社，1989.

［161］彭一刚. 传统村镇聚落景观分析［M］. 北京：中国建筑工业出版社，1992.

［162］金其铭. 人文地理概论［M］. 北京：高等教育出版社，1994.

［163］王诺. 系统思维的轮回［M］. 大连：大连理工出版社，1994.

［164］陆元鼎. 民居史论与文化［M］. 广州：华南理工大学出版社，1995.

［165］陈榕霞. 进化的阶梯［M］. 北京：中国社会科学出版社，1996.

［166］曾国屏. 自组织的自然观［M］. 北京：北京大学出版社，1996.

［167］吴耀东. 日本现代建筑［M］. 天津：天津科技出版社，1997.

［168］戴相龙，黄达. 中华金融辞库［M］. 北京：中国金融出版社，1998.

［169］吴焕加. 20世纪西方现代建筑史［M］. 郑州：河南科技出版社，1998.

［170］辞海编辑委员会. 辞海［M］. 上海：上海辞书出版社，1999.

［171］K. 弗兰姆普敦，张钦楠，R. 英格索尔. 20世纪世界建筑精品集锦1900-1999：第一卷［M］. 英若聪，译. 北京：中国建筑工业出版社，1999.

［172］吴良镛. 国际建协《北京宪章》——建筑学的未来［M］. 北京：清华大学出版社，2002.

［173］陆元鼎. 中国客家民居与文化［M］. 广州：华南理工大学出版社，2001.

［174］刘致平. 中国建筑类型及结构（第三版）［M］. 北京：中国建筑工业出版社，2000.

［175］吴良镛. 人居环境科学导论［M］. 北京：中国建筑工业出版社，2002.

［176］王明珂. 华夏边缘——历史记忆与族群认同［M］. 北京：生活·读书·新知三联书店，2004.

［177］刘敦桢. 中国住宅概说［M］. 天津：百花文艺出版社，2004.

［178］孙大章. 中国民居研究［M］. 北京：中国建筑工业出版社，2004.

［179］汪芳. 查尔斯·柯里亚［M］. 北京：中国建筑工业出版社，2003.

［180］蒋新林. 绿色生态住宅设计作品集［M］. 北京：机械工业出版社，2003.

［181］张彤. 整体地区性建筑［M］. 南京：东南大学出版社，2003.

［182］李景汉. 北平郊外之乡村家庭［M］. 上海：商务印书馆，1929.

［183］人民出版社编辑部. 马克思主义经典作家论历史科学［M］. 北京：人民出版社，1957：112.

［184］李晓峰. 乡土建筑——跨学科研究理论与方法［M］. 北京：中国建筑工业出版社，2005.

［185］吴彤. 多维融贯：系统分析与哲学思维方法［M］. 昆明：云南人民出版社，2005.

［186］行龙. 走向田野与社会［M］. 北京：三联书店，2007.

［187］沈克宁. 建筑现象学［M］. 北京：中国建筑工业出版社，2008.

［188］曾健，张一方. 社会协同学［M］. 北京：科学出版社，2000.

［189］吴彤. 自组织方法论研究［M］. 北京：清华大学出版社，2001.

［190］张勇强. 城市空间发展自组织与城市规划［M］. 南京：东南大学出版社，2006.

［191］陈建平. 看永修·农宅［M］. 个人调研报告，2007.

［192］胡惠琴. 世界住居与居住文化［M］. 北京：中国建筑工业出版社，2008.

［193］王笛. 街头文化：成都公共空间、下层民众与地方政治，1870-1930［M］. 北京：中国人民大学出版社，2006.

［194］张楠，卢健松，夏伟. 历史地段城市设计构形方法——以凤凰的实验为例［M］. 北京：人民交通出版社，2007.（本书香港版：张楠，卢健松，夏伟. 凤凰·印象——历史地段城市设计构形方法［M］. 香港：科讯国际出版有限公司，2005.）

［195］地方传统建筑（徽州地区）：03J922-1［S］. 中国建筑标准设计研究院，2004.

［196］策展小组. 超越欲望台湾新地方、台湾新地景［Z］. 香港：2007香港·深圳城市/建筑双城双年展，2008.

［197］周瑛，鲁力佳. 农村自建房专业指南［CD］. 北京：北京水晶石影视动画科技有限公司，非常建筑工作室，2008.

［198］吴锦绣. 建筑过程的开放化研究［D］. 南京：东南大学，2000.

［199］单军. 建筑与城市的地区性［D］. 北京：清华大学，2001.

［200］鲁欣华. 城市发展中的自组织现象研究［D］. 上海：同济大学，2001.

［201］卢健松. 变迁中的乡村生活［D］. 长沙：湖南大学，2002.

［202］陈晓杨. 基于地方建筑的适用技术观研究［D］. 南京：东南大学，2004.

［203］黄国昌. 轻钢构系统房屋再生构法研究——以台湾"铁皮屋"精致化为例［D］. 台湾科技大学，2004.

［204］谢家铭. 屋顶上的"家"——以台湾县市公寓"顶楼加建"的居住空间作为人与空间关系的研究［D］. 台北：私立中原大学，2006.

［205］郑粤元. 触发城市活力的资源组织：兰桂坊、三里屯自发现象启示［D］. 北京：清华大学，2006.

［206］綦伟琦. 城市设计与自组织的契合［D］. 上海：同济大学，2006.

［207］霍博. 汉正街系列研究之诊所［D］. 武汉华中科技大学，2006.

［208］林揖世. 台湾"自力造屋"、"协力造屋"的脉络历史总结［D］. 台北：云林科技大学，2007.

［209］邓志勇. 民居研究中的启发式偏见——对中国民居研究的研究［D］. 北京：清华大学，2008.

［210］卢健松. 自发性建造视野下建筑的地域性［D］. 北京：清华大学，2009.

［211］姜敏. 自组织理论视野下当代村落公共空间导控研究［D］. 长沙：湖南大学，2015.

［212］城乡建设环境保护部，城镇个人建造住宅管理办法［R/OL］.（1983-06-04）［2019-12-18］. https://baike.baidu.com/item/%E5%9F%8E%E9%95%87%E4%B8%AA%E4%BA%BA%E5%BB%BA%E9%80%A0%E4%BD%8F%E5%AE%85%E7%AE%A1%E7%90%86%E5%8A%9E%E6%B3%95/10247918.

［213］国家计划委员会，对外经济贸易部. 中外合作设计工程项目暂行规定［R/OL］.（1986-06-05）［2019-12-18］. http://www.mofcom.gov.cn/aarticle/b/g/200407/20040700242732.html.

［214］国家计划委员会，对外经济贸易部. 成立中外合营工程设计机构审批管理规定［R/OL］.（1992-04-16）［2019-12-18］. http://www.mofcom.gov.cn/aarticle/b/f/200207/20020700031408.html.

［215］第八届全国人民代表大会常务委员会第二十八次会议，中华人民共和国主席令第91号令. 中华人民共和国建筑法［R］.（1998-03-01）［2019-12-18］. http://www.npc.gov.cn/wxzl/gongbao/2000-12/05/content_5004693.htm.

［216］中华人民共和国住房和城乡建设部. 建筑工程设计招标投标管理办法［R/OL］.（2000-10-18）［2019-12-18］. http://www.gov.cn/gongbao/content/2001/content_60868.htm.

［217］中华人民共和国建设部，关于国外独资工程设计咨询企业和机构申报专项工程设计资质有关问题的通知［R/OL］.（2000-03-29）［2019-12-18］. http://www.mohurd.gov.cn/wjfb/200611/t20061101_153189.html.

［218］张开济，陈登鳌，陆仓贤，等. 写在北京市农村住宅设计竞赛评选之后［J］. 建筑学报，1981，5：1-7.

［219］竞赛办公室. 为农村建房提供优秀设计方案——全国农村住宅设计方案竞赛评比结束［J］.

建筑学报，1981，10：1-2.

［220］若山滋. 风土与建筑构法（上）：气候、植物生态与构法分布［J］. 林宪德，译. 建筑师，1983，9：40-45.

［221］若山滋. 风土与建筑构法（下）：气候、植物生态与构法分布［J］. 林宪德，译. 建筑师，1983，10：46-49.

［222］刘重义. 哈桑·法希与土坯建筑［J］. 世界建筑，1985（06）：62-67+86.

［223］陈贵铺，彭圣钦. 上海地区农村住宅的特征和设计标准化、多样化的初探［J］. 建筑学报，1986，12：29-32.

［224］吴海青. 上海郊区农村住宅设计得奖方案简介［J］. 住宅科技，1986，4：27-28.

［225］李泽厚. 康德哲学与建立主体性论纲［M］//李泽厚. 哲学美学文选. 湖南人民出版社：长沙，1985.

［226］杨嵩林. 中国近代建筑复古初探［J］. 建筑学报，1987，3：59-63.

［227］业祖润. 大学生为农民设计新住宅［J］. 小城镇建设，1987，3：15-16.

［228］徐卫国. 亚历山大其人其道［J］. 新建筑，1989，2：24-26.

［229］王文卿，周立军. 中国传统民居构筑形态的自然区划［J］. 建筑学报，1992（04）：12-16.

［230］林楠. 在神秘的面纱背后——埃及建筑师哈桑·法赛评析［J］. 世界建筑，1992（06）：67-72.

［231］翟辅东. 论民居文化的区域性因素——民居文化地理研究之一［J］. 湖南师范大学社会科学学报，1994（04）：108-113.

［232］余卓群. 民居隐形"六缘"探析［J］. 规划师，1994（02）：10-13.

［233］王文卿，陈烨. 中国传统民居的人文背景区划探讨［J］. 建筑学报，1994（07）：42-47.

［234］汪之力. 中国传统民居概论（上）［J］. 建筑学报，1994（11）：52-59.

［235］单德启. 中国乡土民居述要［J］. 科技导报，1994（11）：29-32.

［236］徐巨洲. 空间论怎样评论城市的混乱——读《隐藏的秩序》［J］. 国外城市规划，1994（04）：49-52.

［237］石井和纮，胡惠琴，译. 自我变革时代的建筑［J］. 建筑学报，1995，5：57-59.

［238］李晓东. 从国际主义到批判的地域主义［J］. 建筑师，1995，8：91-94.

［239］吴良镛. 开拓面向新世纪的人居环境学——《人聚环境与21世纪华夏建筑学术讨论会》上的总结发言［J］. 建筑学报，1995（03）：9-15.

［240］吴良镛. 建筑文化与地区建筑学［J］. 华中建筑，1997（02）：13-17.

［241］沙润. 中国传统民居建筑文化的自然观及其渊源［J］. 人文地理，1997（03）：29-33.

［242］康德美学中几个有关建筑的基本问题［J］. 东南大学学报，1998（02）：3-5.

［243］方可. "复杂"之道——探求一种新的旧城更新规划设计方法［J］. 城市规划，1999（07）：3-5.

［244］王澍. 业余的建筑［J］. 今日先锋，1999，8：28-32.

［245］王路. 农村建筑传统村落的保护与更新——德国村落更新规划的启示［J］. 建筑学报，1999（11）：16-21.

［246］杨雪冬. 西方全球化理论：概念、热点和使命［J］. 国外社会科学，1999（03）：3-5.

［247］R. 英格索尔. 建筑、消费者民主和为城市奋斗［M］// K. 弗兰姆普敦，张钦楠，R. 英格索尔. 20世纪世界建筑精品集锦　1900-1999：第一卷. 英若聪，译. 北京：中国建筑工业出版社，1999：17.

［248］王路. 村落的未来景象——传统村落的经验与当代聚落规划［J］. 建筑学报，2000（11）：16-22.

［249］谢明哲. 视而不见、存而不论——铁窗与铁皮屋现象：被忽略之本土意义［R］. 台北：台

北科技大学建筑与都市设计研究所，2001.

［250］赖明茂. 从使用者参与的角度探讨社区建筑概念中居民合作与空间营造课题［J］. 环境与艺术学刊，2001，2（12）：79-103.

［251］刘安国，杨开忠. 克鲁格曼的多中心城市空间自组织模型评析［J］. 地理科学，2001（04）：315-322.

［252］张兰，阮仪三. 历史文化名城凤凰县及其保护规划［J］. 城市规划汇刊，2001（03）：61-63+80-83.

［253］王路. 纳西文化景观的再诠释——丽江玉湖小学及社区中心设计［J］. 世界建筑，2004（11）：86-89.

［254］王丽方，谭朝霞. 清华大学北院景园设计随笔［J］. 中国园林，2001（02）：23-25.

［255］业祖润. 传统聚落环境空间结构探析［J］. 建筑学报，2001（12）：21-24.

［256］吴彤. 自组织方法论纲［J］. 系统辩证学学报，2001（02）：4-10.

［257］吴良镛. 《中国建筑文化研究文库》总序（一）——论中国建筑文化的研究与创造［J］. 华中建筑，2002（06）：1-5.

［258］李培林. 巨变：村落的终结——都市里的村庄研究［J］. 中国社会科学，2002（01）：168-179+209.

［259］龚立峰. 对小城镇规划管理体制改革的探讨［J］. 城镇建设研究，2003（8）.

［260］卢健松，姜敏. 燃料·灶·农宅——洞庭湖地区农宅调查研究［J］. 中外建筑，2003（06）：54-57.

［261］刘洋. 混沌理论对建筑可持续发展的启示［C］// 中国建筑学会. 中国建筑学会2003年学术年会论文集. 北京：中国建筑学会，2003.100-106.

［262］邓建伟，卢健松. 关于农宅建设的调查与思考［J］. 长沙民政职业技术学院学报，2003（02）：13-15.

［263］陈雪明. 美国城市化和郊区化历史回顾及对中国城市的展望［J］. 国外城市规划，2003（01）：51-56.

［264］建设部村镇建设办公室. 围绕"三农"主题 切实加强小城镇规划建设管理［J］. 城乡建设，2003（08）：5-7.

［265］魏威. 违法建筑就能"杀无赦"吗［J］. 新西部，2003，10：1-70.

［266］宋晔皓. 绿色更新：苏南传统水乡地区生态住宅研究［M］//蒋新林. 绿色生态住宅设计作品集. 北京：机械工业出版社，2003：8.

［267］沈克宁. 批判的地域主义［J］. 建筑师，2004（05）：45-55.

［268］闫小培，魏立华，周锐波. 快速城市化地区城乡关系协调研究——以广州市"城中村"改造为例［J］. 城市规划，2004（03）：30-38.

［269］金吾伦，郭元林. 复杂性科学及其演变［J］. 复杂系统与复杂性科学，2004（01）：1-5.

［270］谭长贵. 对非平衡是有序之源的几点思考［J］. 系统辩证学学报，2005（02）：29-32.

［271］卢健松，姜敏. 洞庭湖区农村住宅的模式方言［J］. 住区，2005，2：06-15.

［272］卢健松，姜敏. 建筑师到农村去——关于洞庭湖区农民住宅状况的调查研究［J］. 住区，2005，2：16-23.

［273］王志刚，单军. 建筑的复杂性——塞缪尔·莫克比及其乡村工作室的作品解读［J］. 世界建筑，2005（03）：86-91.

［274］秦佑国. 墨西哥城的教训与"拉美化"的防止［J］. 瞭望新闻周刊，2005（23）：52-53.

［275］霍顺利，吕富珣. 建筑比雨水更重要吗?——"建筑电讯"创作历程初探［J］. 世界建筑，2005（10）：106-109.

［276］黄刚. 违法建筑之上存在权利吗?［J］. 法律适用，2005（09）：54-56.

［277］田时纲. 一切历史都是当代史学——《克罗齐史学名著译丛》概论［J］. 哲学动态，2005
　　　（12）：65-68.

［278］袁牧. 国内当代乡土与地区建筑理论研究现状及评述［J］. 建筑师，2005（03）：18-26.

［279］张楠，卢健松，夏伟. 历史地段城市设计方法［G］// 中国建筑创作论坛会务组. 2005年
　　　中国建筑创作论坛论文集. 长沙：中国建筑创作论坛会务组，2005：66-70.

［280］房艳刚，刘鸽，刘继生. 城市空间结构的复杂性研究进展［J］. 地理科学，2005（06）：
　　　6754-6761.

［281］汪原. 亨利·列斐伏尔研究［J］. 建筑师，2005（05）：42-50.

［282］赖明茂. 轻量、使用者协力参与之系统住家产品所透露的讯息——开放式营建到民居临时
　　　组合屋的本土化议题［J］. 空间设计学报，2006，12：83-96.

［283］洪鸿. 话说违章建筑［J］. 建筑，2006（16）：1.

［284］郑炘. 康德论建筑艺术［J］. 建筑学报，2006（11）：35-38.

［285］龙元. 汉正街——一个非正规性城市［J］. 时代建筑，2006（03）：136-141.

［286］汪原. 生产·意识形态与城市空间——亨利·列斐伏尔城市思想述评［J］. 城市规划，
　　　2006，30（6）：81-83.

［287］刘晓星. 中国传统聚落形态的有机演进途径及其启示［J］. 城市规划学刊，2007（03）：
　　　55-60.

［288］李菁. 读《加摹乾隆京城全图》中的"六排二"与"六排三"［G］// 清华大学. 清华大学
　　　第165期博士生论坛论文集. 北京：清华大学，2007：272-282.

［289］魏秦，王竹. 防避·适用·创造——民居形态演进机制诠释［G］// 西安建筑科技大学、中
　　　国民族建筑研究会民居建筑专业委员会. 第十五届中国民居学术会议论文集. 西安：西安
　　　建筑科技大学、中国民族建筑研究会民居建筑专业委员会，2007：4.

［290］吴婧，郭黎霞. 自组织城市理论研究进展与当代城市发展导向［J］. 徐州工程学院学报，
　　　2007（09）：37-41.

［291］刘怀玉. 日常生活批判：走向微观具体存在论的哲学［J］. 吉林大学社会科学学报，2007
　　　（05）：14-23.

［292］王晖. 城市的非正规性：我国旧城更新研究中的盲点［J］. 华中建筑，2008（03）：152-
　　　155+159.

［293］赵煦. 英国城市化的核心动力：工业革命与工业化［J］. 兰州学刊，2008（02）：138-
　　　140+143.

［294］邓智勇，王俊东. 对我国民居分类问题的几点思考［J］. 建筑师，2008（02）：19-22.

［295］单军. 批判的地区主义批判及其他［M］// 中国民族建筑研究会编. 中国民族建筑研究. 中
　　　国建筑工业出版社：北京，2008：113.

［296］姜敏，卢健松，叶强. 高校周边自发性商业空间研究——以湖南大学为例探讨［J］. 华中
　　　建筑，2008（09）：140-143.

［297］卢健松，姜敏. 民居的分类与分区方法研究［G］// 中国民族建筑研究会民居建筑专业委员
　　　会，华南理工大学建筑学院. 第十六届中国民居学术会议论文集，广州：中国民族建筑研
　　　究会民居建筑专业委员会，华南理工大学建筑学院，2008.

［298］卢健松. 建筑地域性研究的当代价值［J］. 建筑学报，2008（07）：15-19.

［299］卢健松. 中部地区城市历史地段的保护与发展初探——以湖北襄樊市陈老巷历史文化街区
　　　为例［J］. 华中建筑，2008（03）：176-180.

［300］王路. 简单、从容的改变［J］. 建筑与文化，2008，8：22-23.

［301］王路，卢健松. 湖南耒阳市毛坪浙商希望小学［J］. 建筑学报，2008（07）：27-34.

［302］王靖. 源于自然，回归自然——RCR建筑作品评析［J］. 世界建筑，2009（01）：17-21.

［303］李飚，李荣. 建筑生成设计方法教学实践［J］. 建筑学报，2009（03）：96-99.

［304］卢健松. 自发性建造视野下建筑的地域性［J］. 建筑学报，2009（S2）：49-54.

［305］卢健松，姜敏. 燃料·灶·农宅——洞庭湖地区农宅调查研究［J］. 中外建筑，2003（06）：54-57.

［306］卢健松，彭丽谦，刘沛. 克里斯托弗·亚历山大的建筑理论及其自组织思想［J］. 建筑师，2014（05）：44-51.

［307］卢健松，刘一琳，徐峰. 中国南方拱形大跨竹建筑的特征及应用［J］. 建筑学报，2014（S2）：1-6.

［308］卢健松，姜敏，苏妍，等. 当代村落的隐性公共空间：基于湖南的案例［J］. 建筑学报，2016（08）：59-65.

［309］卢健松，姜敏，苏妍，等. 当代村落的隐性公共空间：基于湖南的案例［J］. 建筑学报，2016（08）：59-65.

［310］卢健松，朱永，吴卉，等. 洪江窨子屋的空间要素及其自适应性［J］. 建筑学报，2017（02）：102-107.

［311］卢健松，刘一琳，傅济. 彩陶源村茶亭［J］. 住区，2017（01）：87.

［312］卢健松，苏梦曦，涂文铎，等. 虎形山富寨小学［J］. 住区，2017（01）：86.

［313］卢健松，伍梦瑶，郭秋岩. 短程可变建筑的自适应性［J］. 城市建筑，2017（19）：31-35.

后记

2000年，Juval Portugali出版了著作《自组织与城市》(*Self-Organization and the City*)，提出了不同的自组织城市模型。空间具有自组织特性逐渐成为一种共识。城市与城市群的自组织特性被众多的学者研究，并在一些城市的规划、管控中发挥了作用。

引入自组织理论，以系统的观念重新认知空间，在研究过程中，首先需要将大的人居空间体系划分为若干小的、具有自主特性的"子空间"系统。随着空间尺度的降低，认证与划分"子系统"越来越困难，如何降低空间自组织的研究尺度成为富于挑战的命题。

2004～2009年，在博士论文《自发性建造视野下建筑的地域性》的研究中，借由特定的研究对象选择，我们以历史地段、乡村聚落、城市违建等特殊的人居聚落为对象，将大量的自发建造单元视为具有自主性的"子系统"，从而将自组织理论在人居环境体系中的应用尺度降低到了邻里、街区的尺度上，并对聚落地域性的生成原理进行了有效阐释，使自组织理论与建筑学研究关联起来。2010～2012年，博士后阶段，我们试图在实践项目中应用聚落地域性的自组织生成机制，相关经验集结成出站报告《自组织理论与当代建筑实践》。

之后，研究进一步转向对理论的深化、修正及应用。2015年，研究得到国家自然科学基金面上项目"作为设计方法的湘西农村自建住宅自适应机制研究（51478169）"及多项部省级课题的资助。在基金的支持下，研究继续深化对自发建造的现象阐释，在湘西三个不同地区选取二十余个村子进行研究；同时，注重在住宅自建、乡村建设、历史街区更新等领域的应用探索。2015年至今，团队在"空间自组织与建筑地域性"的相关领域，发表了二十余篇论文，指导完成1篇博士论文，30余篇硕士论文，对自组织理论在人居环境领域的应用过程、自组织理论与建筑地域性的契合方式、住宅自建的理论与实践均作了不同程度的深化。

本书是对这一过程的总结与回顾。为保证内容的连贯性，本书并未过多引述后续各专题论文中的研究素材，也未将一些分支的研究拓展（比如有关模式语言的研究）纳入。自组织理论在建筑学领域的应用，存在巨大的空间和诸多的可能，本书保持了在博士论文中的思想和文字的粗糙，以便留存该领域的好奇心和开放性；根据近十年来的设计实践，本书对一些应用案例进行了替换，以便更好地论证主要观点的实用性；此外，本书还对一些概念的应对关系做了适当的修正。

　　"空间自组织与建筑地域性"是一个宏大且开放的命题，探索过程中不免存在纰漏，恳请读者们原谅。本书的研究及写作充满挑战和乐趣，在此过程中，感谢我的博士导师、清华大学建筑学院王路教授，博士后导师、清华大学人文学院吴彤教授的指导，感谢清华大学单德启教授的启发与关心，感谢湖南大学魏春雨教授、徐峰教授给予本研究的支持，感谢本团队所有老师及同学的付出，感谢苏妍、唐华燕、郭秋岩同学在插图整理、绘制中的工作，感谢中国建筑工业出版社陆新之、刘静在本书出版过程中的工作。

　　感谢家人对我在各个方面的支持。

卢健松

2018年12月4日于岳麓山